单元型近场动力学
——理论及其应用
Element-Based Peridynamics
Theory and Its Applications

梁 军 刘 硕 方国东 著

科学出版社

北 京

内 容 简 介

本书基于作者团队近几年的研究成果，旨在对单元型近场动力学理论进行系统的阐述。首先介绍了单元型近场动力学的理论框架，随后给出了关于弹性问题、弹塑性问题、热传导问题、热力耦合问题的单元型近场动力学模型，最后介绍了单元型近场动力学与局部理论的耦合方案、梁结构的单元型近场动力学模型以及单元型近场动力学在复合材料层合板、复合材料性能细观建模等方面的应用情况。

本书可为高等院校、科研人员、研究生提供单元型近场动力学理论与实践应用参考，也可作为非局部计算力学以及材料损伤破坏方面的理论教程。

图书在版编目(CIP)数据

单元型近场动力学 ：理论及其应用 / 梁军，刘硕，方国东著. -- 北京 ：科学出版社，2025.3. -- ISBN 978-7-03-081605-4

I. O313

中国国家版本馆 CIP 数据核字第 2025TJ4262 号

责任编辑：刘信力　田轶静 / 责任校对：彭珍珍
责任印制：张　伟 / 封面设计：无极书装

科学出版社 出版
北京东黄城根北街 16 号
邮政编码：100717
http://www.sciencep.com
北京中科印刷有限公司印刷
科学出版社发行　各地新华书店经销
*
2025 年 3 月第 一 版　开本：720×1000　1/16
2025 年 3 月第一次印刷　印张：14 1/2
字数：287 000
定价：148.00 元
(如有印装质量问题，我社负责调换)

前　言

材料的损伤、断裂一直是航天、航空、交通、机械等领域的重要研究课题。在进行材料损伤和破坏分析时经常会遇到诸如裂纹、孔隙、分层等不连续性情况，基于连续性假设的传统连续介质力学在处理这类问题时都会造成解的奇异性。由于近场动力学理论是在物质点的邻域内建立积分方程，在处理相似损伤、断裂等非连续问题方面具有独特优势，可以方便地表征裂纹萌生、扩展、分叉和融合过程。因此，该理论经过二十余年的发展，受到全球众多学者的关注，并在许多领域获得应用。

然而，经典的近场动力学理论还存在许多问题，包括：泊松比只能取固定值，考虑塑性变形时不能表征体积不可压缩性，描述复合材料各向异性时无法使材料性能随角度连续变化，以及不稳定性等问题。针对此类问题，作者团队提出了一套单元型近场动力学理论，该理论没有泊松比的限制，包含非局部应力与非局部应变的概念。在表征复合材料时，材料参数可以随角度连续变化，模型可以区分体积变形和形状变形，在描述材料塑性变形时，可以表征体积不可压缩性，不存在计算不稳定问题，弥补了经典近场动力学理论和方法的不足，并且方便与传统的有限元方法结合，极大地丰富了近场动力学理论的内涵，在各类材料损伤与断裂分析方面发挥出优势。

本书的内容涵盖了作者团队近些年的研究成果，共分为 9 章，内容主要包括单元型近场动力学的理论框架；弹性问题、弹塑性问题、热传导问题、热力耦合问题的单元型近场动力学模型；单元型近场动力学与局部理论的耦合方案；梁结构的单元型近场动力学模型以及复合材料层合板模型、复合材料细观模型。本书得到了国家自然科学基金 (11732002，11672089，12202051)，第九届中国科协青年人才托举工程 (2023QNRC001) 等项目的支持。

由于作者水平有限，书中难免存在不妥之处，敬请读者批评指正。

梁　军　刘　硕　方国东

2024 年 7 月

目　　录

第1章 绪 论

1.1 断裂问题研究方法

固体材料和结构的破坏问题一直是力学研究中的经典难题。目前，针对无缺陷材料的失效问题研究已经比较深入。然而，材料以及结构中的裂纹等各种缺陷使得材料和结构在低于强度值时就已经发生破坏，这些现象采用传统的强度观点很难做出解释。因此，针对材料以及结构断裂问题的研究是一个重要的课题[1-3]。

材料以及结构在失效过程中不可避免地会产生裂纹等不连续特征，而经典的连续介质力学将模型定义为连续体，需要对位置求导数，在求解不连续问题时会遇到奇异性问题[4-6]。断裂力学将含裂纹模型定义为新的连续体，将裂纹作为边界加入到模型当中[7]。然而断裂力学理论只能处理较为规则、简单的模型，针对工程中的复杂问题，还需要采用有限元法等数值算法进行求解。有限元法在划分单元时将裂纹考虑为边界，使裂纹与单元的边重合，如果裂纹发生扩展，则需对新的连续体进行网格划分，这一过程不但费时费力，位移和应力等信息在新旧网格之间的传递还会带来额外的误差[8,9]。内聚力模型在单元的边界设置内聚力单元，通过内聚力单元的破坏表征裂纹的扩展[10-12]，裂纹只能沿着单元边界进行扩展，裂纹扩展路径与网格相关[13]，此外，过多地插入内聚力单元会改变模型的刚度[7]。扩展有限元法允许裂纹穿过单元内部，裂纹可以在单元中沿任意方向进行扩展[14,15]，然而该方法在处理裂纹形核、融合、分叉、多裂纹相互作用以及三维裂纹扩展问题时仍显乏力[7,16]。

无网格法按坐标点构造插值函数，无须生成网格，在处理不连续问题时可能需要对裂纹进行特殊处理，且需要对大型矩阵进行求逆运算，计算效率较低[17,18]。相场法利用最小势能原理得到模型损伤场，可方便表征裂纹，然而，需要细致的网格划分获得相场梯度项，此外，相场法引入了一个额外的自由度，增加了模型规模[19,20]。分子动力学利用原子之间的相互作用模拟裂纹的形核和扩展[21]，由于计算资源的限制，分子动力学只适合微观尺度的模型[7,22,23]。连续介质的非局部理论在宏观尺度考虑物质的非局部作用[24-37]，分为积分型模型和梯度型模型。然而，大多数非局部理论仍需对位置求导数，不利于处理不连续问题[7]。近场动力学通过求解空间积分方程表征物质点之间的相互作用，不需要对位置求导数，可方便表征裂纹等不连续问题[4-6]。

1.2   近场动力学理论

近场动力学理论于 2000 年由 Silling 博士提出，该理论基于非局部思想，通过积分方程建立物质点之间的相互作用，抛弃了连续性假设，无须对位置求导数，可以方便表征不连续问题，裂纹在模型中可以自由形核、扩展、分叉和融合。由于其在表征破坏问题方面的优异表现，自诞生以来经历了蓬勃的发展 [38−41]。目前，已发展出键型理论、常规态理论、非常规态理论以及其他近场动力学理论。其应用范围也拓展至材料以及结构的脆性断裂、弹塑性断裂、复合材料、岩石材料、冲击破坏、热力耦合问题，等等。

1.2.1   键型理论

早期的近场动力学理论被称为键型理论，其运动方程为 [4]

$$\rho \ddot{\boldsymbol{u}}(\boldsymbol{x}_i, t) = \int_H \{\boldsymbol{t}(\boldsymbol{u}_j - \boldsymbol{u}_i, \boldsymbol{x}_j - \boldsymbol{x}_i, t) - \boldsymbol{t}(\boldsymbol{u}_i - \boldsymbol{u}_j, \boldsymbol{x}_i - \boldsymbol{x}_j, t)\}\, \mathrm{d}H + \boldsymbol{b}(\boldsymbol{x}_i, t)$$

$$(1\text{-}1)$$

式中，ρ 代表材料的质量密度；$\boldsymbol{t}(\boldsymbol{u}_j - \boldsymbol{u}_i, \boldsymbol{x}_j - \boldsymbol{x}_i, t)$ 和 $\boldsymbol{t}(\boldsymbol{u}_i - \boldsymbol{u}_j, \boldsymbol{x}_i - \boldsymbol{x}_j, t)$ 分别为物质点 j 对物质点 i 的力密度矢量和物质点 i 对物质点 j 的力密度矢量；$\boldsymbol{x}_k$ 和 $\boldsymbol{u}_k$ 分别为物质点 k $(k = i, j)$ 的坐标和位移矢量；$\boldsymbol{b}(\boldsymbol{x}_i, t)$ 代表物质点 i 的体力密度矢量；H 代表物质点 i 的作用范围 [38]。如图 1-1 所示，物质点 i 与物质点 j 的作用等大反向，且不受其他物质点的影响 [4]，它们之间的力密度矢量表示为 [7]

$$\boldsymbol{t}(\boldsymbol{u}_j - \boldsymbol{u}_i, \boldsymbol{x}_j - \boldsymbol{x}_i, t) = \frac{1}{2}\boldsymbol{f}(\boldsymbol{u}_j - \boldsymbol{u}_i, \boldsymbol{x}_j - \boldsymbol{x}_i, t) \qquad (1\text{-}2)$$

$$\boldsymbol{t}(\boldsymbol{u}_i - \boldsymbol{u}_j, \boldsymbol{x}_i - \boldsymbol{x}_j, t) = -\frac{1}{2}\boldsymbol{f}(\boldsymbol{u}_j - \boldsymbol{u}_i, \boldsymbol{x}_j - \boldsymbol{x}_i, t) \qquad (1\text{-}3)$$

式中，$\boldsymbol{f}$ 表示本构力函数 [16]。

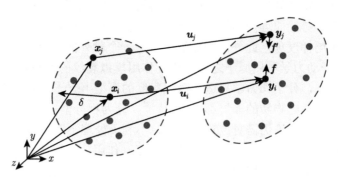

图 1-1   键型近场动力学理论中的力密度矢量

式 (1-1) 可以改写为

$$\rho \ddot{\boldsymbol{u}}\left(\boldsymbol{x}_i, t\right) = \int_H \boldsymbol{f}\left(\boldsymbol{u}_j - \boldsymbol{u}_i, \boldsymbol{x}_j - \boldsymbol{x}_i, t\right) \mathrm{d}H + \boldsymbol{b}\left(\boldsymbol{x}_i, t\right) \tag{1-4}$$

假设各向同性材料的本构力函数与伸长率符合线性关系 [4,7,42]，则本构力函数可以改写为

$$\boldsymbol{f}\left(\boldsymbol{u}_j - \boldsymbol{u}_i, \boldsymbol{x}_j - \boldsymbol{x}_i, t\right) = cs \frac{\boldsymbol{y}_j - \boldsymbol{y}_i}{|\boldsymbol{y}_j - \boldsymbol{y}_i|} \tag{1-5}$$

式中，c 和 s 分别代表微模量系数和伸长率；$\boldsymbol{y}_k$ 表示物质点 k $(k=i,j)$ 的现时位置，

$$\boldsymbol{y}_k = \boldsymbol{x}_k + \boldsymbol{u}_k \tag{1-6}$$

伸长率 s 写为

$$s = \frac{|\boldsymbol{y}_j - \boldsymbol{y}_i| - |\boldsymbol{x}_j - \boldsymbol{x}_i|}{|\boldsymbol{x}_j - \boldsymbol{x}_i|} \tag{1-7}$$

微模量系数 c 可以取常数，也可以取和距离 $|\boldsymbol{x}_j - \boldsymbol{x}_i|$ 相关的量 [43−46]。当 c 取常数时可以写为 [42,45,47−49]

$$c = \begin{cases} \dfrac{2E}{A\delta^2}, & \text{一维} \\[2mm] \dfrac{9E}{\pi h\delta^3}, \quad \dfrac{48E}{5\pi h\delta^3}, & \text{二维平面应力, 平面应变} \\[2mm] \dfrac{12E}{\pi\delta^4}, & \text{三维} \end{cases} \tag{1-8}$$

式中，E 和 δ 分别表示杨氏模量和物质点的作用半径；h 和 A 分别表示厚度和横截面积。

式 (1-5) 表明，键型理论只存在一个独立的材料参数 c，而微模量系数 c 不能同时表征杨氏模量 E 和泊松比 ν。因此，键型理论的泊松比只能取固定值。此外，键型理论不能区分体积变形和形状变形，不包含非局部应力和非局部应变。键型理论还可以用来表征材料的弹塑性变形以及失效过程 [50−57]。文献 [50] 和文献 [57] 分别给出了键型理论的理想塑性模型和线性强化模型，并模拟了材料的弹塑性失效过程。

1.2.2 常规态理论

为了克服键型理论的不足，Silling 博士在 2007 年提出了常规态理论。常规态理论在键型理论的基础上增加了体积变形的概念，从而打破了模型泊松比的限

制，可以区分体积变形和形状变形，可以表征体积不可压缩性 [5,7]。然而，常规态理论仍然不包含非局部应力和非局部应变。如图 1-2 所示，物质点之间的力密度矢量方向相反，大小可以不相等。物质点 j 作用于物质点 i 的力密度矢量以及物质点 i 作用于物质点 j 的力密度矢量分别写为 [7]

$$t\left(\boldsymbol{u}_j - \boldsymbol{u}_i, \boldsymbol{x}_j - \boldsymbol{x}_i, t\right) = \frac{1}{2}A_1 \frac{\boldsymbol{y}_j - \boldsymbol{y}_i}{|\boldsymbol{y}_j - \boldsymbol{y}_i|} \tag{1-9}$$

$$t\left(\boldsymbol{u}_i - \boldsymbol{u}_j, \boldsymbol{x}_i - \boldsymbol{x}_j, t\right) = -\frac{1}{2}A_2 \frac{\boldsymbol{y}_j - \boldsymbol{y}_i}{|\boldsymbol{y}_j - \boldsymbol{y}_i|} \tag{1-10}$$

式中的参数 A_1 和 A_2 分别写为

$$A_1 = 4\omega \left\langle |\boldsymbol{x}_j - \boldsymbol{x}_i| \right\rangle \left\{ da \frac{\boldsymbol{y}_j - \boldsymbol{y}_i}{|\boldsymbol{y}_j - \boldsymbol{y}_i|} \cdot \frac{\boldsymbol{x}_j - \boldsymbol{x}_i}{|\boldsymbol{x}_j - \boldsymbol{x}_i|} \theta_i + b\left[|\boldsymbol{y}_j - \boldsymbol{y}_i| - |\boldsymbol{x}_j - \boldsymbol{x}_i|\right] \right\} \tag{1-11}$$

$$A_2 = 4\omega \left\langle |\boldsymbol{x}_j - \boldsymbol{x}_i| \right\rangle \left\{ da \frac{\boldsymbol{y}_i - \boldsymbol{y}_j}{|\boldsymbol{y}_i - \boldsymbol{y}_j|} \cdot \frac{\boldsymbol{x}_i - \boldsymbol{x}_j}{|\boldsymbol{x}_i - \boldsymbol{x}_j|} \theta_j + b\left[|\boldsymbol{y}_i - \boldsymbol{y}_j| - |\boldsymbol{x}_i - \boldsymbol{x}_j|\right] \right\} \tag{1-12}$$

式中，θ_k 表示物质点 $k(k = i, j)$ 的体积应变；$\omega \left\langle |\boldsymbol{x}_j - \boldsymbol{x}_i| \right\rangle$ 代表影响函数，表示物质点 i 与物质点 j 之间作用的强弱，

$$\omega \left\langle |\boldsymbol{x}_j - \boldsymbol{x}_i| \right\rangle = \frac{\delta}{|\boldsymbol{x}_j - \boldsymbol{x}_i|} \tag{1-13}$$

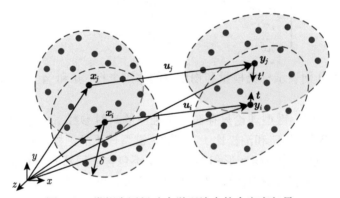

图 1-2   常规态近场动力学理论中的力密度矢量

物质点 i 的体积应变 θ_i 写为

$$\theta_i = d \int_H \left\{ \omega \left\langle |\boldsymbol{x}_m - \boldsymbol{x}_i| \right\rangle \frac{|\boldsymbol{y}_m - \boldsymbol{y}_i| - |\boldsymbol{x}_m - \boldsymbol{x}_i|}{|\boldsymbol{x}_m - \boldsymbol{x}_i|} \frac{\boldsymbol{y}_m - \boldsymbol{y}_i}{|\boldsymbol{y}_m - \boldsymbol{y}_i|} \cdot (\boldsymbol{x}_m - \boldsymbol{x}_i) \right\} \mathrm{d}H \tag{1-14}$$

式中，$\boldsymbol{x}_m$ 表示物质点 m 的坐标。

对于一维、二维平面应力和三维问题，参数 a、b 和 d 分别写为

$$\begin{cases} a = 0, \quad b = \dfrac{E}{2A\delta^3}, \quad d = \dfrac{1}{2\delta^2 A}, & \text{一维} \\[3mm] a = \dfrac{1}{2}\left(\kappa - 2\mu\right), \quad b = \dfrac{6\mu}{\pi h\delta^4}, \quad d = \dfrac{2}{\pi\delta^3}, & \text{二维平面应力} \\[3mm] a = \dfrac{1}{2}\left(\kappa - \dfrac{5}{3}\mu\right), \quad b = \dfrac{15\mu}{2\pi\delta^5}, \quad d = \dfrac{9}{4\pi\delta^4}, & \text{三维} \end{cases} \quad (1\text{-}15)$$

式中，κ 和 μ 分别表示体积模量和剪切模量。

由于常规态理论不包含非局部应力与非局部应变的概念，在处理弹塑性本构关系时需要在模型中找到与塑性相关的量相对应的表达式，流程较为烦琐。然而，常规态理论可以区分体积变形和形状变形，可以描述材料的不可压缩性。相比于键型理论，该理论更适合表征材料弹塑性变形 [5,58−67]。文献 [5] 和文献 [63] 分别提出了常规态理论的理想塑性模型和非线性强化模型。

1.2.3 非常规态理论

与键型理论、常规态理论不同，非常规态理论采用近似非局部变形张量表示非局部应力与非局部应变。由于包含本构矩阵，非常规态理论的模型参数不存在限制，可以采用经典连续介质力学中的本构关系来描述复杂的材料响应 [68]。如图 1-3 所示，物质点之间的力密度矢量的方向和大小都可以不同。物质点 j 作用于物质点 i 的力密度矢量以及物质点 i 作用于物质点 j 的力密度矢量分别写为 [7]

$$\boldsymbol{t}\left(\boldsymbol{u}_j - \boldsymbol{u}_i, \boldsymbol{x}_j - \boldsymbol{x}_i, t\right) = \omega\left\langle|\boldsymbol{x}_j - \boldsymbol{x}_i|\right\rangle \boldsymbol{P}_i \boldsymbol{K}_i^{-1}\left(\boldsymbol{x}_j - \boldsymbol{x}_i\right) \quad (1\text{-}16)$$

$$\boldsymbol{t}\left(\boldsymbol{u}_i - \boldsymbol{u}_j, \boldsymbol{x}_i - \boldsymbol{x}_j, t\right) = \omega\left\langle|\boldsymbol{x}_i - \boldsymbol{x}_j|\right\rangle \boldsymbol{P}_j \boldsymbol{K}_j^{-1}\left(\boldsymbol{x}_i - \boldsymbol{x}_j\right) \quad (1\text{-}17)$$

$\boldsymbol{K}_i$ 代表物质点 i 的形状张量 [69−71]，

$$\boldsymbol{K}_i = \int_H \omega\left\langle|\boldsymbol{x}_j - \boldsymbol{x}_i|\right\rangle\left[(\boldsymbol{x}_j - \boldsymbol{x}_i) \otimes (\boldsymbol{x}_j - \boldsymbol{x}_i)\right]\mathrm{d}V_j \quad (1\text{-}18)$$

$\boldsymbol{P}_i$ 代表物质点 i 的第一皮奥拉-基尔霍夫 (Piola-Kirchhoff) 应力张量 [71]，

$$\boldsymbol{P}_i = \boldsymbol{S}_i^{\mathrm{T}} \boldsymbol{F}_i^{\mathrm{T}} \quad (1\text{-}19)$$

$\boldsymbol{S}_i$ 代表物质点 i 的第二皮奥拉-基尔霍夫应力张量 [71]，

$$\boldsymbol{S}_i = \frac{1}{2}\boldsymbol{C} : \left(\boldsymbol{F}_i^{\mathrm{T}} \boldsymbol{F}_i - \boldsymbol{I}\right) \quad (1\text{-}20)$$

式中，C 和 F_i 分别表示弹性张量和物质点 i 的变形张量。

物质点 i 的变形张量 F_i 写为 [69−71]

$$F_i = \left[\int_H \omega \langle |\boldsymbol{x}_j - \boldsymbol{x}_i| \rangle [(\boldsymbol{y}_j - \boldsymbol{y}_i) \otimes (\boldsymbol{x}_j - \boldsymbol{x}_i)] \mathrm{d}V_j \right] \cdot \boldsymbol{K}_i^{-1} \qquad (1\text{-}21)$$

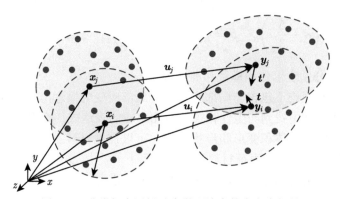

图 1-3   非常规态近场动力学理论中的力密度矢量

虽然非常规态理论在很大程度上克服了键型理论和常规态理论的不足，但非常规态理论存在不稳定性问题 [70]，计算结果表现出数值振荡，特别是在边界附近区域以及变形梯度较大的区域，严重时会造成计算结果失真 [71]。对于不稳定性问题产生的原因，学者们给出了各种解释，并给出了不同的解决方案 [69−88]。Littlewood[72] 提出采用惩罚函数来控制模型的不稳定性问题。文献 [70] 对比了互联弹簧、平均位移状态和惩罚函数方法对不稳定性问题的控制效果。文献 [79] 利用高阶变形梯度张量代替一阶变形梯度张量，从而减小了计算结果的振荡。Luo 等 [82] 提出应力点方法，在应力点处而非物质点处计算应力。Gu 等 [83] 提出利用近场动力学微分算子 [89−91] 改进不稳定性问题。Silling[69] 提出了一种稳定的非常规态模型，但是需要通过大量的数值计算来确定模型中的未知参数。Li 等 [71] 通过线性化的键型模型推导出一种不需要任何参数的稳定的非常规态模型。虽然这些控制方案可以有效地抑制模型的不稳定性问题，但是会降低模型的计算效率，有些甚至还会改变模型的刚度。

非常规态理论包含有本构矩阵，可以方便地表征材料的弹塑性本构关系 [72,92−95] 以及黏塑性本构关系 [73]。Littlewood[72] 采用非常规态理论模拟了具有线性强化弹塑性本构的材料在高速冲击中的断裂过程。Tupek 等 [92] 将非常规态理论应用于金属延性损伤情况的模拟。Lai 等 [93] 将非常规态理论用于表征德鲁克-布拉格 (Drucker-Prager) 弹塑性本构关系，并用来模拟边坡稳定性问题。

1.2.4 其他近场动力学理论

文献 [96, 97] 在键型理论的基础上增加了共轭键，提出了共轭键模型，为了打破键型理论泊松比的限制，本书的作者又将共轭键模型推广至各向异性材料 [98] 和复合材料层合板结构 [99]。与之类似，近场动力学微极理论 [100-106] 在键型理论的基础上增加了转动刚度。随后，Chen 等 [107] 将微极理论推广至黏弹性本构。Javili 等 [108] 提出了基于连续运动学的近场动力学理论，除了考虑两个物质点之间的相互作用之外，还将三个物质点、四个物质点之间的相互作用考虑进模型当中。随后，文献 [109] 将该理论拓展至弹塑性材料。在此基础上，Zhou 和 Tian[110] 提出了线性化弹性各向同性连续体运动学的近场动力学模型，又将该模型推广至各向异性材料 [111]。

1.2.5 破坏准则及求解方案

近场动力学理论通过物质点的损伤程度表征裂纹，物质点 i 的损伤程度定义为 [7]

$$\phi_i = 1 - \frac{\sum_{j=1}^{N} \mu_{ij}}{N} \tag{1-22}$$

式中，μ_{ij} 表示物质点 i 与物质点 j 之间的键的状态，$\mu_{ij} = 1$ 表示键完好，$\mu_{ij} = 0$ 表示键被破坏。

目前，近场动力学已经发展出了多种失效准则，例如基于断裂的临界伸长率准则 [7,48,49,112-114]、基于能量的断裂准则 [106,115] 和基于强度的应力应变准则 [68,71,116,117]，等等。其中临界伸长率准则使用最为广泛，准则规定如果键的伸长率超过了临界伸长率，键就会发生断裂，即

$$\mu_{ij} = \begin{cases} 1, & s_{ij} < s_{c} \\ 0, & s_{ij} \geqslant s_{c} \end{cases} \tag{1-23}$$

式中，s_{c} 和 s_{ij} 分别为临界伸长率和物质点 i 与物质点 j 之间键的伸长率。

物质点 i 与物质点 j 之间键的伸长率 s_{ij} 定义为

$$s_{ij} = \frac{|\boldsymbol{y}_j - \boldsymbol{y}_i| - |\boldsymbol{x}_j - \boldsymbol{x}_i|}{|\boldsymbol{x}_j - \boldsymbol{x}_i|} \tag{1-24}$$

临界伸长率 s_{c} 由生成新裂纹需要的能量与结构释放的能量相等来确定。对于键型理论，临界伸长率 s_{c} 的表达式为 [48,49]

$$s_{\mathrm{c}} = \begin{cases} \sqrt{\dfrac{5G_{\mathrm{IC}}}{6E\delta}}, & \text{二维} \\[3mm] \sqrt{\dfrac{4\pi G_{\mathrm{IC}}}{9E\delta}}, \quad \sqrt{\dfrac{5\pi G_{\mathrm{IC}}}{12E\delta}}, & \text{二维平面应力, 平面应变} \end{cases} \tag{1-25}$$

式中，G_{IC} 表示临界能量释放率。

对于常规态理论，临界伸长率 s_{c} 的表达式为 [7]

$$s_{\mathrm{c}} = \begin{cases} \sqrt{\dfrac{G_{\mathrm{IC}}}{\left[3\mu + \left(\dfrac{3}{4}\right)^3 \left(\kappa - \dfrac{5\mu}{3}\right)\right]\delta}}, & \text{三维} \\[5mm] \sqrt{\dfrac{G_{\mathrm{IC}}}{\left[\dfrac{6}{\pi}\mu + \dfrac{16}{9\pi^2}(\kappa - 2\mu)\right]\delta}}, & \text{二维平面应力} \end{cases} \tag{1-26}$$

对于各向异性材料，很难得到其临界伸长率的解析表达式。文献 [114] 通过对比实验破坏荷载和预测破坏荷载的方法确定了纤维键和基体键的临界伸长率。文献 [112] 通过纤维方向的性能计算纤维键的临界伸长率，通过垂直纤维方向的性能计算基体键的临界伸长率。文献 [113] 将键的临界伸长率考虑为与方向相关的函数，临界伸长率的数值随着键与纤维方向的夹角变化而变化。

Foster 等 [115] 提出了基于临界能量密度的断裂准则。对于二维平面应力问题，临界能量密度 w_{c} 写为

$$w_{\mathrm{c}} = \frac{4G_{\mathrm{IC}}}{\pi\delta^4} \tag{1-27}$$

物质点 i 和物质点 j 之间键的应变能密度为

$$w_{ij} = [\boldsymbol{t}(\boldsymbol{u}_j - \boldsymbol{u}_i, \boldsymbol{x}_j - \boldsymbol{x}_i, t) - \boldsymbol{t}(\boldsymbol{u}_i - \boldsymbol{u}_j, \boldsymbol{x}_i - \boldsymbol{x}_j, t)] \cdot (\boldsymbol{u}_j - \boldsymbol{u}_i) \tag{1-28}$$

如果键的应变能密度 w_{ij} 达到临界能量密度 w_{c}，则键发生破坏。

非常规态理论包含非局部应力和非局部应变，这使得经典连续介质力学中基于应力应变的失效准则可以在非常规态理论中使用。文献 [68] 提出了两种基于应变的破坏准则。第一种准则认为两个相互作用物质点的平均应变对应的等效应变大于临界等效应变，则键发生破坏；第二种准则认为两个相互作用物质点的平均应变对应的体积应变大于临界体积应变，则键发生破坏。与之类似，Zhou 等 [116,117] 采用最大拉应力准则来判断键的拉伸破坏，采用摩尔-库仑 (Mohr-Coulomb) 破坏准则来判断键的剪切破坏。

对于复杂的模型,往往很难得到解析解。因此,需要采用数值方法对模型进行求解。近场动力学理论常用配点法将模型离散为一系列带有一定体积的粒子,将积分项转换为对域内粒子所占体积的求和项。离散后近场动力学运动方程写为 [7]

$$\rho \ddot{\boldsymbol{u}} (\boldsymbol{x}_i, t) = \sum_{j-1}^{N} \left\{ \boldsymbol{t} (\boldsymbol{u}_j - \boldsymbol{u}_i, \boldsymbol{x}_j - \boldsymbol{x}_i, t) - \boldsymbol{t} (\boldsymbol{u}_i - \boldsymbol{u}_j, \boldsymbol{x}_i - \boldsymbol{x}_j, t) \right\} V_j + \boldsymbol{b} (\boldsymbol{x}_i, t)$$

$$(1-29)$$

对时间的积分可以使用向前或向后积分的方法 [7,118]。如果第 n 个时间步粒子 i 和粒子 j 的位移可以写为 $\boldsymbol{u}_i^n$ 和 $\boldsymbol{u}_j^n$,则式 (1-29) 可以改写为

$$\rho \ddot{\boldsymbol{u}}_i^n = \sum_{j=1}^{N} \left\{ \boldsymbol{t}^n \left(\boldsymbol{u}_j^n - \boldsymbol{u}_i^n, \boldsymbol{x}_j - \boldsymbol{x}_i \right) - \boldsymbol{t}^n \left(\boldsymbol{u}_i^n - \boldsymbol{u}_j^n, \boldsymbol{x}_i - \boldsymbol{x}_j \right) \right\} V_j + \boldsymbol{b}_i^n \qquad (1-30)$$

由式 (1-30) 得到第 n 个时间步的加速度后,第 $n+1$ 个时间步的速度写为

$$\dot{\boldsymbol{u}}_i^{n+1} = \ddot{\boldsymbol{u}}_i^n \Delta t + \dot{\boldsymbol{u}}_i^n \qquad (1-31)$$

式中,Δt 表示时间步长。

第 $n+1$ 个时间步的位移写为

$$\boldsymbol{u}_i^{n+1} = \dot{\boldsymbol{u}}_i^{n+1} \Delta t + \boldsymbol{u}_i^n \qquad (1-32)$$

为了保证计算过程收敛,还需要对时间步长进行限制,文献 [7, 42] 通过冯·诺伊曼 (von Neumann) 稳定性分析计算达到收敛的最大时间步长。

对于静力学问题,可以采用动态松弛法在模型中添加人工阻尼的方法 [119] 对静力学问题进行求解。此外,还可以将近场动力学方程写为有限元格式,并通过高斯消元法求解线性方程组从而得到近场动力学方程的解 [120]。

1.3　热传导模型和热力耦合模型

热传导过程可以利用局部微分方程表示 [121]。然而,热流梯度很大时,热传导问题会显现出非局部特性 [122]。此外,局部理论在处理具有任意裂纹分布、裂纹扩展、合并以及分支物体的热传导问题时仍然面临很大的挑战。近场动力学不但考虑了物体的非局部特性,还可以方便处理不连续问题 [7]。因此,近场动力学已经被应用于热传导问题 [123-130] 和热力耦合问题 [131-153]。

Bobaru 等基于键型理论提出了近场动力学热传导模型 [123,124],模型可以方便处理含绝热裂纹模型的热传导问题。文献 [120] 将键型热传导模型写为有限元

格式, 并采用商业软件 ANSYS 对模型进行求解。Oterkus 等 [127] 给出了基于常规态理论的热传导模型。对于各向异性材料的热传导问题, Bobaru 等 [151] 研究了纤维增强复合材料的瞬态热传导问题。

在热力耦合方面, Beckmann 等 [131] 采用键型理论分析了双材料模型在热荷载下的分层问题。文献 [132] 采用键型理论对薄板和厚板的热冲击行为进行了模拟。文献 [133, 135] 对陶瓷热冲击问题进行了研究。文献 [152, 153] 采用键型理论模拟了各向异性材料的热力耦合问题。Gao 等给出了各向同性材料 [139] 和各向异性材料 [140] 的常规态近场动力学热力耦合模型。Zhang 等 [138] 利用常规态模型对双材料结构在热–机械载荷下的裂纹扩展行为展开了研究。此外, 文献 [141—145] 也对常规态热力耦合模型进行了研究。文献 [146] 提出了基于非常规态理论的可以表征固体结构变形以及脆性破坏的热力耦合模型。文献 [147] 将约翰逊-库克 (Johnson-Cook) 本构模型引入到非常规态热力耦合模型当中。Rahaman 等 [148] 将热黏塑性本构模型引入到热力耦合模型当中。文献 [149] 在热黏塑性模型中考虑了加载速率、热软化、塑性变形和断裂行为, 定量地捕捉了金属材料在冲击载荷下的响应。

1.4   近场动力学模型与局部理论模型耦合

近场动力学理论属于非局部理论, 模型计算量远远高于局部理论模型。学者们采用并行编程计算 [7,154] 和 GPU 加速计算的方案 [155—158] 来提高模型计算效率。此外, 可以采用近场动力学与局部理论模型耦合的方案降低模型计算量, 其中含裂纹区域和危险区域采用近场动力学进行离散从而方便表征不连续问题, 其他区域采用局部理论模型进行离散从而降低模型计算量 [7,159]。文献 [53, 160] 提出了位移协调约束耦合方案, 将模型划分为近场动力学区域和有限元区域。重叠区域内近场动力学粒子的位移由该区域内有限元节点的位移插值得到, 从而实现两种模型的位移协调。文献 [161, 162] 提出在重叠区域内设置界面单元, 将界面单元内的近场动力学粒子受到的该单元外粒子的力分配到界面单元的节点上, 从而实现两者的耦合。文献 [163] 通过混合函数方法实现了键型模型与局部理论模型的耦合, 通过耦合区域内两模型的平滑过渡降低了耦合误差。随后, 该方法又被推广至各向异性材料 [164] 以及常规态模型和局部理论模型的耦合 [165]。文献 [166, 167] 又通过自适应区域划分的方案进一步提高了模型计算效率。文献 [49, 168] 提出了混合建模方法, 界面附近的近场动力学粒子和有限元节点分别采用近场动力学的方式以及有限元的方式与其他粒子 (节点) 相互作用。该方法不需要设置耦合区域, 使用简便。随后, 该方法又被拓展至非均匀网格离散的情况, 仅在危险区域采用细网格离散, 其他区域采用粗网格进行离散从而进一步降低了模型计算量[169]。本书的作者也将混合建模方法推广到了键型理论与有限元耦合求解热传导问题[170]、复合材料变形以及失效问题[171]、键型理论与扩展有限元耦合[172]、常规态理论与有限元耦合[173] 以及非常规态理论与有限元耦合[174] 求解变形以及失效问题。

1.5 梁板壳模型

近场动力学理论在处理不连续问题方面具有优势，但与经典连续介质力学相比，其计算成本过高[172]。除了 1.4 节提到的并行编程、GPU 加速计算以及与局部理论模型耦合的方法以外，还可以考虑将三维模型合理地简化为梁、板、壳模型[175-182]。Silling 等[175] 提出了一种具有轴向作用的一维杆模型。Diyaroglu 等[176] 提出了铁木辛柯 (Timoshenko) 梁和明德林 (Mindlin) 板的键型近场动力学模型，该模型可以表达横向剪切变形。基于键型近场动力学理论，文献 [177] 建立了具有 6 个自由度 (3 个平动自由度和 3 个转动自由度) 的三维 Timoshenko 梁模型，模型包含了轴力、弯矩、剪力和扭矩。文献 [178] 提出了一种基于常规态近场动力学理论的欧拉-伯努利 (Euler-Bernoulli) 梁模型。文献 [179] 和文献 [180] 分别建立了基于非常规态近场动力学理论的 Euler-Bernoulli 梁模型和 Kirchhoff-Love 板模型。文献 [181] 提出了近场动力学和经典连续介质力学相结合的 Timoshenko 梁静力和自由振动分析方法。

1.6 复合材料模型

复合材料是由两种或两种以上材料经过物理或化学方法组合而成的新材料，具有强度高、质量轻、可塑性强等优点，在航空航天、船舶、新能源等领域得到了广泛的应用。复合材料在制备过程中不可避免地会存在一些初始缺陷，此外，复合材料在服役过程中破坏模式复杂，包括基体开裂、纤维断裂、分层破坏等，这些破坏模式之间还会相互影响，使得其破坏过程异常复杂。而以偏微分方程为基础的传统连续介质力学并不能很好地对复合材料的初始缺陷进行表征，在模拟复合材料多种破坏模式相互耦合的情况时也颇显乏力。近场动力学理论在裂纹等不连续处仍然适用，可以方便表征复合材料初始缺陷以及复杂的破坏模式。

如图 1-4(a) 所示，键型理论在描述复合材料面内性能时分为纤维键和基体键。纤维方向同时存在纤维键和基体键，其他方向只存在基体键，面内键的微模量系数表示为[183,184]

$$c = \begin{cases} c_{\rm f} + c_{\rm m}, & \theta_1 = \theta_2 \\ c_{\rm m}, & \theta_1 \neq \theta_2 \end{cases} \tag{1-33}$$

式中，c_f 和 c_m 分别代表纤维键和基体键的微模量系数；θ_1 和 θ_2 分别表示键与 x 轴之间以及纤维方向与 x 轴之间的夹角。

如图 1-4(b) 所示，键型理论在描述复合材料面外性能时将键分为层间键和剪切键，其中法向方向的键定义为层间键，其他方向的键定义为剪切键。层间键和剪切键只在相邻层之间存在，不相邻的两层之间不存在键的作用。层间键的微模量系数表示为[183,184]

$$c = \begin{cases} c_{\text{in}}, & \theta_3 = 0^\circ \\ c_{\text{is}}, & \theta_3 \neq 0^\circ \end{cases} \tag{1-34}$$

式中，c_{in} 和 c_{is} 分别表示层间键和剪切键的微模量系数；θ_3 代表键与 z 轴之间的夹角。

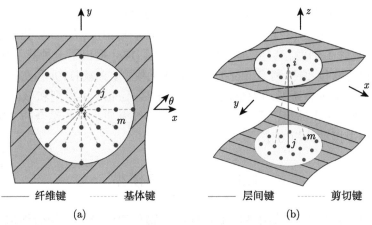

图 1-4　复合材料面内模型和层间模型
(a) 面内模型；(b) 层间模型

连续介质力学在表征复合材料面内作用时包含四个独立的材料参数，分别是纤维方向的弹性模型 E_{11} 和垂直于纤维方向的弹性模型 E_{22}、剪切模量 G_{12} 和泊松比 ν_{12}。键型理论在表征复合材料面内作用时只包含两个独立的材料参数，分别为纤维方向的弹性模型 E_{11} 和垂直于纤维方向的弹性模型 E_{22}。剪切模量 G_{12} 和泊松比 ν_{12} 只能取固定值。此外，键型理论只能针对特定角度 (在对应角度上有键存在) 的复合材料面内性能进行表征，例如 0°、45° 和 90°。最后，键型理论只在纤维方向和其他方向分别给出了两种不同的材料属性，不能描述随角度连续变化的材料参数[183-185]。文献 [112, 113] 提出的键型理论复合材料模型在表征面内性能时其微模量系数可以随角度连续变化，方便表征任意铺层的复合材料层合板，然而该模型仍然只有两个独立的材料参数。郑国君等[186,187] 通过增加弯曲刚度使得模型在面内存在四个独立的材料参数，但模型的刚度仍不能随角度连续变化。

文献 [7] 给出了常规态近场动力学理论的复合材料模型。如图 1-5(a) 所示，面内作用包括纤维键、基体键和横向键。纤维键只存在于纤维方向，横向键只存在于垂直纤维方向，基体键存在于任意方向。物质点 j 对物质点 i 的力密度矢量 $\boldsymbol{t}\left(\boldsymbol{u}_j - \boldsymbol{u}_i, \boldsymbol{x}_j - \boldsymbol{x}_i, t\right)$ 仍由式 (1-9) 表示，参数 A_1 写为

$$A_1 = 4\omega \left\langle |\boldsymbol{x}_j - \boldsymbol{x}_i| \right\rangle \left\{ da \frac{\boldsymbol{y}_j - \boldsymbol{y}_i}{|\boldsymbol{y}_j - \boldsymbol{y}_i|} \cdot \frac{\boldsymbol{x}_j - \boldsymbol{x}_i}{|\boldsymbol{x}_j - \boldsymbol{x}_i|} \theta_i + \left(b_{\mathrm{FT}} + \mu_{\mathrm{F}} b_{\mathrm{F}} + \mu_{\mathrm{T}} b_{\mathrm{T}}\right) \left[|\boldsymbol{y}_j - \boldsymbol{y}_i| \right.\right.$$
$$\left.\left. - |\boldsymbol{x}_j - \boldsymbol{x}_i| \right] \right\} \tag{1-35}$$

式中，d、a 表示 PD 参数；θ_i 表示物质点 i 的体积应变；b_{FT}、b_{F} 和 b_{T} 分别表示基体键、纤维键和横向键的微模量系数；μ_{F} 和 μ_{T} 写为

$$\mu_{\mathrm{F}} = \begin{cases} 1, & \text{矢量 } (\boldsymbol{x}_j - \boldsymbol{x}_i) \text{ 平行于纤维方向} \\ 0, & \text{其他情况} \end{cases} \tag{1-36}$$

$$\mu_{\mathrm{T}} = \begin{cases} 1, & \text{矢量 } (\boldsymbol{x}_j - \boldsymbol{x}_i) \text{ 垂直于纤维方向} \\ 0, & \text{其他情况} \end{cases} \tag{1-37}$$

物质点 i 对物质点 j 的力密度矢量 $\boldsymbol{t}\left(\boldsymbol{u}_i - \boldsymbol{u}_j, \boldsymbol{x}_i - \boldsymbol{x}_j, t\right)$ 仍由式 (1-10) 表示，参数 A_2 写为

$$A_2 = 4\omega \left\langle |\boldsymbol{x}_i - \boldsymbol{x}_j| \right\rangle \left\{ da \frac{\boldsymbol{y}_i - \boldsymbol{y}_j}{|\boldsymbol{y}_i - \boldsymbol{y}_j|} \cdot \frac{\boldsymbol{x}_i - \boldsymbol{x}_j}{|\boldsymbol{x}_i - \boldsymbol{x}_j|} \theta_j + \left(b_{\mathrm{FT}} + \mu_{\mathrm{F}} b_{\mathrm{F}} + \mu_{\mathrm{T}} b_{\mathrm{T}}\right) \left[|\boldsymbol{y}_i - \boldsymbol{y}_j| \right.\right.$$
$$\left.\left. - |\boldsymbol{x}_i - \boldsymbol{x}_j| \right] \right\} \tag{1-38}$$

常规态近场动力学理论的复合材料模型可以表征复合材料面内的四个独立的材料参数。然而，模型仍然只能表征特定角度 (在该角度上有键存在) 的复合材料单层板。此外，该模型不能描述随角度连续变化的材料性能。文献 [188] 限定模型中与纤维方向存在一定夹角的范围内均存在纤维键，使得模型可以方便处理任意角度的单层板。然而，模型的材料参数仍然只是几个独立的值，并不能随角度连续变化。如图 1-5(b) 所示，常规态复合材料模型仍然采用层间键和剪切键表示面外作用。和键型理论相同，法向方向和其他方向的键分别定义为层间键和剪切键。层间作用只存在于相邻层之间。

文献 [189] 提出了非常规态近场动力学理论的复合材料模型。由于模型中包含本构矩阵，模型可以方便地描述任意铺层角度的单层板，材料参数可以随角度连续变化。然而文献 [189] 并没有对模型的不稳定性进行控制，这导致模型存在不稳定性问题。本书的作者 [190] 将文献 [71] 中提出的控制方案推广到了针对非常规态复合材料模型的不稳定性控制方案中，有效地降低了计算结果的波动。

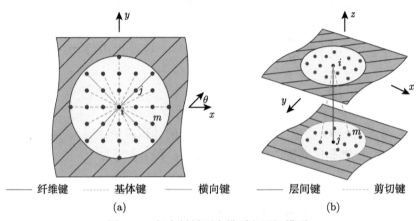

图 1-5   复合材料面内模型和层间模型
(a) 面内模型；(b) 层间模型

虽然从宏观的角度可以预报复合材料的力学性能，然而复合材料具有非均质性且含有固有缺陷，其破坏机制极其复杂。其损伤模式还取决于各组成材料的性能、界面性能和几何微结构特征等多种因素。因此，通过细观力学的方法研究复合材料变形破坏的微观机制与宏观性能之间的关系就显得尤为重要。近年来，同步辐射计算机断层扫描、声发射和数字图像相关等实验检测技术在复合材料结构损伤评估中得到了广泛应用。不同尺度的原位损伤检测极大地促进了对复合材料 [191] 损伤过程和破坏机制的理解。然而，实验研究需要大量的时间和资源，特别是在评估复杂应力状态下的损伤起始和扩展时。在复合材料的微观力学建模与分析中，数值方法比以均匀化理论 [192] 为代表的分析模型表现出更突出的优势。数值方法不仅可以准确地考虑夹杂物的几何形状和空间分布的影响，而且可以在微观尺度上获取完整的应力应变场，从而精确地预测失效强度和断裂损伤行为。因此，众多学者采用代表性体积单元系统地研究了不同环境荷载作用下复合材料的有效力学性能、渐进损伤过程和破坏强度 [193]。

基于经典连续介质力学理论框架的数值方法在分析材料的应力、应变时可以得到满意的结果。然而，在处理裂纹等不连续问题时仍然存在奇异性问题 [194]。复合材料的微观损伤模式极其复杂，包括界面脱黏、纤维断裂、基体裂纹扩展以及多种损伤模式之间的相互作用。采用偏微分控制方程的数值方法不适合模拟复杂的多裂纹扩展、分支、聚合和相互作用[195]。鉴于近场动力学处理不连续问题的优势，已经有学者将近场动力学应用于复合材料细观模型的力学性能分析评价[196-205]。Madenci 等[196,197] 开发了一种近场动力学单胞模型来预测具有缺陷和空洞的微结构的有效热弹性性能。基于以上工作，Diyaroglu 等[198,199] 利用 APDL 编程在有限元商业软件 ANSYS 中实现了近场动力学单胞模型的分析，并预测了正交各向异性材料微结构和多孔结构的有效性能。考虑到键的旋转作用，Li 等[200] 采用近场动力学单胞模型得到了纤维增强复合材料的等效材料性能。文献 [201, 202] 采用常规态模型来研究周期性微结构材料和随机非均质复合材料的有效性能。与之类似，文献 [203, 204] 采用常规态模型分别对颗粒增强复合材料和纤维增强复合材料的弹塑性变形、渐进损伤行为进行了预测。此外，Galadima 等[205] 在非常规态理论框架下提出了一种用于预报复合材料等效性能的非局部均匀化理论。

1.7　本书主要研究内容

针对以上各类近场动力学理论的不足，本书从最小势能原理和 Euler-Lagrange 方程出发，推导出了新的近场动力学理论——单元型近场动力学理论。与经典动力学理论相比，单元型近场动力学理论没有泊松比的限制，包含非局部应力与非局部应变的概念；在表征复合材料时，材料参数可以随角度连续变化，且模型包含四个独立的材料参数；模型可以区分体积变形和形状变形；在表征塑性变形时，可以表征体积不可压缩，模型中存在本构矩阵，可以方便地描述各类本构关系，包括弹塑性本构，且不存在不稳定问题。本书的主要内容如下：首先，介绍了单元型近场动力学理论的基本概念，例如单元构成规则、单元刚度密度矩阵、应变能密度、微模量系数和表面修正系数等。随后，通过最小势能原理推导了弹性问题和弹塑性问题的单元型近场动力学模型的平衡方程，通过 Euler-Lagrange 方程推导了弹性问题的单元型近场动力学模型的运动方程。其次，提出了稳态以及瞬态热传导的单元型近场动力学模型，并在此基础上提出了热力耦合问题的单元型近场动力学模型。为了减小模型计算量，又提出了单元型近场动力学与局部理论的耦合模型。随后，给出了三维梁模型的单元型近场动力学模型。最后，将单元型近场动力学理论推广至复合材料层合板模型和复合材料细观模型。

参 考 文 献

[1] Irwin G R. Linear fracture mechanics, fracture transition, and fracture control[J]. Engineering Fracture Mechanics, 1968, 1(2): 241-257.

[2] Ravi-Chandar K. Dynamic Fracture[M]. Amsterdam: Elsevier, 2004.

[3] 沈观林, 胡更开. 复合材料力学 [M]. 北京: 清华大学出版社, 2006.

[4] Silling S A. Reformulation of elasticity theory for discontinuities and long-range forces[J]. Journal of the Mechanics and Physics of Solids, 2000, 48(1): 175-209.

[5] Silling S A, Epton M, Weckner O, et al. Peridynamic states and constitutive modeling[J]. Journal of Elasticity, 2007, 88: 151-184.

[6] Silling S A, Lehoucq R B. Peridynamic theory of solid mechanics[J]. Advances in Applied Mechanics, 2010, 44: 73-168.

[7] Madenci E, Oterkus E. Peridynamic Theory and Its Applications[M]. New York: Springer, 2014.

[8] Wawrzynek P A, Ingraffea A R. An interactive approach to local remeshing around a propagating crack[J]. Finite Elements in Analysis and Design, 1989, 5(1): 87-96.

[9] Olson L G, Georgiou G C, Schultz W W. An efficient finite element method for treating singularities in Laplace's equation[J]. Journal of Computational Physics, 1991, 96(2): 391-410.

[10] Xu X P, Needleman A. Numerical simulations of fast crack growth in brittle solids[J]. Journal of the Mechanics and Physics of Solids, 1994, 42(9): 1397-1434.

[11] Alfano G, Crisfield M A. Finite element interface models for the delamination analysis of laminated composites: mechanical and computational issues[J]. International Journal for Numerical Methods in Engineering, 2001, 50(7): 1701-1736.

[12] Munoz J J, Galvanetto U, Robinson P. On the numerical simulation of fatigue driven delamination with interface elements[J]. International Journal of Fatigue, 2006, 28(10): 1136-1146.

[13] Klein P A, Foulk J W, Chen E P, et al. Physics-based modeling of brittle fracture: cohesive formulations and the application of meshfree methods[J]. Theoretical and Applied Fracture Mechanics, 2001, 37(1-3): 99-166.

[14] Moës N, Dolbow J, Belytschko T. A finite element method for crack growth without remeshing[J]. International Journal for Numerical Methods in Engineering, 1999, 46(1): 131-150.

[15] Zi G, Belytschko T. New crack-tip elements for XFEM and applications to cohesive cracks[J]. International Journal for Numerical Methods in Engineering, 2003, 57(15): 2221-2240.

[16] 黄丹, 章青, 乔丕忠, 等. 近场动力学方法及其应用 [J]. 力学进展, 2010, 40(4): 448-459.

[17] 王艳丽. 层间裂纹问题的无网格求解方法研究 [D]. 天津: 中国民航大学, 2014.

[18] 刁呈岩. 断裂力学问题的分形有限元法与无网格法耦合研究 [D]. 南昌: 华东交通大学, 2020.

[19] 沈日麟. 面向复杂断裂行为的相场法研究及应用 [D]. 哈尔滨: 哈尔滨工业大学, 2019.

[20] 付禹铭. 基于相场法的脆性断裂数值模拟 [D]. 成都: 西南交通大学, 2019.

[21] Schlangen E, Van Mier J G M. Simple lattice model for numerical simulation of fracture of concrete materials and structures[J]. Materials and Structures, 1992, 25: 534-542.

[22] Cox B N, Gao H, Gross D, et al. Modern topics and challenges in dynamic fracture[J]. Journal of the Mechanics and Physics of Solids, 2005, 53(3): 565-596.

[23] Kadau K, Germann T C, Lomdahl P S. Molecular dynamics comes of age: 320 billion atom simulation on BlueGene/L[J]. International Journal of Modern Physics C, 2006, 17(12): 1755-1761.

[24] Eringen A C. Nonlocal polar elastic continua[J]. International Journal of Engineering Science, 1972, 10(1): 1-16.

[25] Eringen A C. Linear theory of nonlocal elasticity and dispersion of plane waves[J]. International Journal of Engineering Science, 1972, 10(5): 425-435.

[26] Eringen A C, Edelen D G B. On nonlocal elasticity[J]. International Journal of Engineering Science, 1972, 10(3): 233-248.

[27] 王林娟, 徐吉峰, 王建祥. 非局部弹性理论概述及在当代材料背景下的一些进展 [J]. 力学季刊, 2019, 40(1): 1-12.

[28] 姚寅. 非局部连续介质力学中的若干问题分析 [D]. 南京: 南京航空航天大学, 2010.

[29] Fleck N A, Hutchinson J W. A phenomenological theory for strain gradient effects in plasticity[J]. Journal of the Mechanics and Physics of Solids, 1993, 41(12): 1825-1857.

[30] Gao H, Huang Y. Taylor-based nonlocal theory of plasticity[J]. International Journal of Solids and Structures, 2001, 38(15): 2615-2637.

[31] Aifantis E C. On the microstructural origin of certain inelastic models[J]. Journal of Engineering Materials and Technology, Transactions of the ASME, 1984, 106(4): 326.

[32] Chen S H, Wang T C. A new hardening law for strain gradient plasticity[J]. Acta Materialia, 2000, 48(16): 3997-4005.

[33] Eringen A C, Kim B S. Stress concentration at the tip of crack[J]. Mechanics Research Communications, 1974, 1(4): 233-237.

[34] Eringen A C, Kim B S. On the problem of crack tip in nonlocal elasticity[M]//Teisseyre R. Continuum Mechanics Aspects of Geodynamics and Rock Fracture Mechanics. Dordrecht: Springer, 1974: 107-113.

[35] Eringen A C, Speziale C G, Kim B S. Crack-tip problem in non-local elasticity[J]. Journal of the Mechanics and Physics of Solids, 1977, 25(5): 339-355.

[36] Ari N, Eringen A C. Nonlocal stress field at griffith crack[R]. Princeton Univ. NJ Dept. of Civil and Geological Engineering, 1980.

[37] Elliott H A. An analysis of the conditions for rupture due to Griffith cracks[J]. Proceedings of the Physical Society, 1947, 59(2): 208.

[38] Silling S A, Lehoucq R B. Convergence of peridynamics to classical elasticity theory[J]. Journal of Elasticity, 2008, 93: 13-37.

[39] Isiet M, Mišković I, Mišković S. Review of peridynamic modelling of material failure and damage due to impact[J]. International Journal of Impact Engineering, 2021, 147: 103740.

[40] Javili A, Morasata R, Oterkus E, et al. Peridynamics review[J]. Mathematics and Mechanics of Solids, 2019, 24(11): 3714-3739.

[41] Han D, Zhang Y, Wang Q, et al. The review of the bond-based peridynamics modeling[J]. Journal of Micromechanics and Molecular Physics, 2019, 4(1): 1830001.

[42] Silling S A, Askari E. A meshfree method based on the peridynamic model of solid mechanics[J]. Computers & Structures, 2005, 83(17-18): 1526-1535.

[43] Weckner O, Abeyaratne R. The effect of long-range forces on the dynamics of a bar[J]. Journal of the Mechanics and Physics of Solids, 2005, 53(3): 705-728.

[44] Kilic B. Peridynamic Theory for Progressive Failure Prediction in Homogeneous and Heterogeneous Materials[D]. Tucson: University of Arizona, 2008.

[45] Bobaru F, Yang M, Alves L F, et al. Convergence, adaptive refinement, and scaling in 1D peridynamics[J]. International Journal for Numerical Methods in Engineering, 2009, 77(6): 852-877.

[46] Ha Y D, Bobaru F. Studies of dynamic crack propagation and crack branching with peridynamics[J]. International Journal of Fracture, 2010, 162: 229-244.

[47] Zaccariotto M, Luongo F, Galvanetto U. Examples of applications of the peridynamic theory to the solution of static equilibrium problems[J]. The Aeronautical Journal, 2015, 119(1216): 677-700.

[48] Shojaei A, Mudric T, Zaccariotto M, et al. A coupled meshless finite point/peridynamic method for 2D dynamic fracture analysis[J]. International Journal of Mechanical Sciences, 2016, 119: 419-431.

[49] Zaccariotto M, Mudric T, Tomasi D, et al. Coupling of FEM meshes with Peridynamic grids[J]. Computer Methods in Applied Mechanics and Engineering, 2018, 330: 471-497.

[50] Macek R W, Silling S A. Peridynamics via finite element analysis[J]. Finite Elements in Analysis and Design, 2007, 43(15): 1169-1178.

[51] Ladányi G, Jenei I. Analysis of plastic peridynamic material with RBF meshless method[J]. Pollack Periodica, 2008, 3(3): 65-77.

[52] Celik E, Guven I, Madenci E. Simulations of nanowire bend tests for extracting mechanical properties[J]. Theoretical and Applied Fracture Mechanics, 2011, 55(3): 185-191.

[53] Guven I, Zelinski B J. Peridynamic modeling of damage and fracture in EM windows and domes[C]//Window and Dome Technologies and Materials XIV. SPIE, 2015, 9453: 135-144.

[54] Oterkus E, Diyaroglu C, Zhu N, et al. Utilization of peridynamic theory for modeling at the nano-scale[M]//Baillin X, Joaching C, Poupon G. Nanopackaging: From Nanomaterials to the Atomic Scale: Proceedings of the 1st International Workshop on Nanopackaging, Grenoble 27-28 June 2013. Grenoble Springer International Publishing, 2015.

[55] Ahadi A, Hansson P, Melin S. Indentation of thin copper film using molecular dynamics and peridynamics[J]. Procedia Structural Integrity, 2016, 2: 1343-1350.

[56] Lee J, Liu W, Hong J W. Impact fracture analysis enhanced by contact of peridynamic and finite element formulations[J]. International Journal of Impact Engineering, 2016, 87: 108-119.

[57] Yolum U, Taştan A, Güler M A. A peridynamic model for ductile fracture of moderately thick plates[J]. Procedia Structural Integrity, 2016, 2: 3713-3720.

[58] Asgari M, Kouchakzadeh M A. An equivalent von Mises stress and corresponding equiv-
     alent plastic strain for elastic-plastic ordinary peridynamics[J]. Meccanica, 2019, 54:
     1001-1014.

[59] Mitchell J A. A nonlocal, ordinary, state-based plasticity model for peridynamics[R].
     Sandia National Laboratories (SNL), Albuquerque, NM, and Livermore, CA (United
     States), 2011.

[60] Vogler T, Lammi C J. A nonlocal peridynamic plasticity model for the dynamic flow
     and fracture of concrete[R]. Sandia National Lab. (SNL-CA), Livermore, CA (United
     States), 2014.

[61] Madenci E, Oterkus S. Ordinary state-based peridynamics for plastic deformation ac-
     cording to von Mises yield criteria with isotropic hardening[J]. Journal of the Mechanics
     and Physics of Solids, 2016, 86: 192-219.

[62] Bobaru F, Foster J T, Geubelle P H, et al. Handbook of Peridynamic Modeling[M].
     Boca Raton: CRC Press, 2016.

[63] Liu Z, Bie Y, Cui Z, et al. Ordinary state-based peridynamics for nonlinear hard-
     ening plastic materials' deformation and its fracture process[J]. Engineering Fracture
     Mechanics, 2020, 223: 106782.

[64] Zhou X P, Shou Y D, Berto F. Analysis of the plastic zone near the crack tips under
     the uniaxial tension using ordinary state-based peridynamics[J]. Fatigue & Fracture of
     Engineering Materials & Structures, 2018, 41(5): 1159-1170.

[65] Kazemi S R. Plastic deformation due to high-velocity impact using ordinary state-based
     peridynamic theory[J]. International Journal of Impact Engineering, 2020, 137: 103470.

[66] Mousavi F, Jafarzadeh S, Bobaru F. An ordinary state-based peridynamic elastoplastic
     2D model consistent with J2 plasticity[J]. International Journal of Solids and Structures,
     2021, 229: 111146.

[67] Zhang H, Huang D, Zhang X. Peridynamic modeling of elastic-plastic ductile fracture[J].
     Computer Methods in Applied Mechanics and Engineering, 2024, 418: 116560.

[68] Warren T L, Silling S A, Askari A, et al. A non-ordinary state-based peridynamic
     method to model solid material deformation and fracture[J]. International Journal of
     Solids and Structures, 2009, 46(5): 1186-1195.

[69] Silling S A. Stability of peridynamic correspondence material models and their particle
     discretizations[J]. Computer Methods in Applied Mechanics and Engineering, 2017, 322:
     42-57.

[70] Breitenfeld M S, Geubelle P H, Weckner O, et al. Non-ordinary state-based peridynamic
     analysis of stationary crack problems[J]. Computer Methods in Applied Mechanics and
     Engineering, 2014, 272: 233-250.

[71] Li P, Hao Z M, Zhen W Q. A stabilized non-ordinary state-based peridynamic model[J].
     Computer Methods in Applied Mechanics and Engineering, 2018, 339: 262-280.

[72] Littlewood D J. Simulation of dynamic fracture using peridynamics, finite element mod-
     eling, and contact[C]//ASME International Mechanical Engineering Congress and Ex-

position. 2010, 44465: 209-217.

[73] Littlewood D J. A nonlocal approach to modeling crack nucleation in AA 7075-T651[C]// ASME International Mechanical Engineering Congress and Exposition. 2011, 54945: 567-576.

[74] Tupek M R. Extension of the Peridynamic Theory of Solids for the Simulation of Materials under Extreme Loadings[D]. Cambridge: Massachusetts Institute of Technology, 2014.

[75] Breitenfeld M. Quasi-static Non-ordinary State-based Peridynamics for the Modeling of 3D Fracture[D]. Champaign-Urbana: University of Illinois at Urbana-Champaign, 2014.

[76] Wu C T, Ren B. A stabilized non-ordinary state-based peridynamics for the nonlocal ductile material failure analysis in metal machining process[J]. Computer Methods in Applied Mechanics and Engineering, 2015, 291: 197-215.

[77] Ganzenmüller G C, Hiermaier S, May M. On the similarity of meshless discretizations of peridynamics and smooth-particle hydrodynamics[J]. Computers & Structures, 2015, 150: 71-78.

[78] Ren B, Fan H, Bergel G L, et al. A peridynamics-SPH coupling approach to simulate soil fragmentation induced by shock waves[J]. Computational Mechanics, 2015, 55: 287-302.

[79] Yaghoobi A, Chorzepa M G. Higher-order approximation to suppress the zero-energy mode in non-ordinary state-based peridynamics[J]. Computers & Structures, 2017, 188: 63-79.

[80] Queiruga A F, Moridis G. Numerical experiments on the convergence properties of state-based peridynamic laws and influence functions in two-dimensional problems[J]. Computer Methods in Applied Mechanics and Engineering, 2017, 322: 97-122.

[81] Fan H, Li S. A Peridynamics-SPH modeling and simulation of blast fragmentation of soil under buried explosive loads[J]. Computer Methods in Applied Mechanics and Engineering, 2017, 318: 349-381.

[82] Luo J, Sundararaghavan V. Stress-point method for stabilizing zero-energy modes in non-ordinary state-based peridynamics[J]. International Journal of Solids and Structures, 2018, 150: 197-207.

[83] Gu X, Madenci E, Zhang Q. Revisit of non-ordinary state-based peridynamics[J]. Engineering Fracture Mechanics, 2018, 190: 31-52.

[84] Du Q, Tian X. Stability of nonlocal dirichlet integrals and implications for peridynamic correspondence material modeling[J]. SIAM Journal on Applied Mathematics, 2018, 78(3): 1536-1552.

[85] Chen H. Bond-associated deformation gradients for peridynamic correspondence model [J]. Mechanics Research Communications, 2018, 90: 34-41.

[86] Chen H, Spencer B W. Peridynamic bond-associated correspondence model: stability and convergence properties[J]. International Journal for Numerical Methods in Engineering, 2019, 117(6): 713-727.

[87] Gu X, Zhang Q, Madenci E, et al. Possible causes of numerical oscillations in non-ordinary state-based peridynamics and a bond-associated higher-order stabilized model [J]. Computer Methods in Applied Mechanics and Engineering, 2019, 357: 112592.

[88] Madenci E, Dorduncu M, Phan N, et al. Weak form of bond-associated non-ordinary state-based peridynamics free of zero energy modes with uniform or non-uniform discretization[J]. Engineering Fracture Mechanics, 2019, 218: 106613.

[89] Madenci E, Barut A, Futch M. Peridynamic differential operator and its applications[J]. Computer Methods in Applied Mechanics and Engineering, 2016, 304: 408-451.

[90] Shojaei A, Galvanetto U, Rabczuk T, et al. A generalized finite difference method based on the Peridynamic differential operator for the solution of problems in bounded and unbounded domains[J]. Computer Methods in Applied Mechanics and Engineering, 2019, 343: 100-126.

[91] Madenci E, Barut A, Dorduncu M. Peridynamic Differential Operator for Numerical Analysis[M]. Berlin: Springer International Publishing, 2019.

[92] Tupek M R, Rimoli J J, Radovitzky R. An approach for incorporating classical continuum damage models in state-based peridynamics[J]. Computer Methods in Applied Mechanics and Engineering, 2013, 263: 20-26.

[93] Lai X, Liu L S, Liu Q W, et al. Slope stability analysis by peridynamic theory[J]. Applied Mechanics and Materials, 2015, 744: 584-588.

[94] Sami A. Peridynamic analysis of residual stress around a cold expanded fastener hole[J]. Int. J Appl. Innov. Eng. Manage., 2017, 6: 1-7.

[95] Wang H, Wu L, Guo J, et al. Numerical analysis on failure of sheet metals with non-ordinary state-based peridynamics[J]. Engineering Fracture Mechanics, 2023, 292: 109652.

[96] Wang Y, Zhou X, Wang Y, et al. A 3-D conjugated bond-pair-based peridynamic formulation for initiation and propagation of cracks in brittle solids[J]. International Journal of Solids and Structures, 2018, 134: 89-115.

[97] Zhou X, Wang Y, Shou Y, et al. A novel conjugated bond linear elastic model in bond-based peridynamics for fracture problems under dynamic loads[J]. Engineering Fracture Mechanics, 2018, 188: 151-183.

[98] Che L, Liu S, Liang J, et al. An improved four-parameter conjugated bond-based peridynamic method for fiber-reinforced composites[J]. Engineering Fracture Mechanics, 2022, 275: 108863.

[99] Liu S, Che L, Fang G, et al. A conjugated bond-based peridynamic model for laminated composite materials[J]. International Journal of Mechanical Sciences, 2024, 265: 108893.

[100] Gerstle W, Sau N, Silling S. Peridynamic modeling of concrete structures[J]. Nuclear Engineering and Design, 2007, 237(12-13): 1250-1258.

[101] Chowdhury S R, Rahaman M M, Roy D, et al. A micropolar peridynamic theory in linear elasticity[J]. International Journal of Solids and Structures, 2015, 59: 171-182.

[102] Diana V, Casolo S. A bond-based micropolar peridynamic model with shear deforma-

bility: elasticity, failure properties and initial yield domains[J]. International Journal of Solids and Structures, 2019, 160: 201-231.

[103] Diana V, Casolo S. A full orthotropic micropolar peridynamic formulation for linearly elastic solids[J]. International Journal of Mechanical Sciences, 2019, 160: 140-155.

[104] Diana V, Ballarini R. Crack kinking in isotropic and orthotropic micropolar peridynamic solids[J]. International Journal of Solids and Structures, 2020, 196: 76-98.

[105] Diana V, Labuz J F, Biolzi L. Simulating fracture in rock using a micropolar peridynamic formulation[J]. Engineering Fracture Mechanics, 2020, 230: 106985.

[106] Zhang Y, Yang X, Wang X, et al. A micropolar peridynamic model with non-uniform horizon for static damage of solids considering different nonlocal enhancements[J]. Theoretical and Applied Fracture Mechanics, 2021, 113: 102930.

[107] Yu H, Chen X. A viscoelastic micropolar peridynamic model for quasi-brittle materials incorporating loading-rate effects[J]. Computer Methods in Applied Mechanics and Engineering, 2021, 383: 113897.

[108] Javili A, McBride A T, Steinmann P. Continuum-kinematics-inspired peridynamics. Mechanical problems[J]. Journal of the Mechanics and Physics of Solids, 2019, 131: 125-146.

[109] Javili A, McBride A T, Mergheim J, et al. Towards elasto-plastic continuum-kinematics-inspired peridynamics[J]. Computer Methods in Applied Mechanics and Engineering, 2021, 380: 113809.

[110] Zhou X P, Tian D L. A novel linear elastic constitutive model for continuum-kinematics-inspired peridynamics[J]. Computer Methods in Applied Mechanics and Engineering, 2021, 373: 113479.

[111] Tian D L, Zhou X P. A continuum-kinematics-inspired peridynamic model of anisotropic continua: elasticity, damage, and fracture[J]. International Journal of Mechanical Sciences, 2021, 199: 106413.

[112] Zhou W, Liu D, Liu N. Analyzing dynamic fracture process in fiber-reinforced composite materials with a peridynamic model[J]. Engineering Fracture Mechanics, 2017, 178: 60-76.

[113] Ghajari M, Iannucci L, Curtis P. A peridynamic material model for the analysis of dynamic crack propagation in orthotropic media[J]. Computer Methods in Applied Mechanics and Engineering, 2014, 276: 431-452.

[114] Colavito K, Barut A, Madenci E, et al. Residual strength of composite laminates with a hole by using peridynamic theory[C]//54th AIAA/ASME/ASCE/AHS/ASC Structures, Structural Dynamics, and Materials Conference. 2013: 1761.

[115] Foster J T, Silling S A, Chen W. An energy based failure criterion for use with peridynamic states[J]. International Journal for Multiscale Computational Engineering, 2011, 9(6): 675: 687.

[116] Zhou X, Wang Y, Qian Q. Numerical simulation of crack curving and branching in brittle materials under dynamic loads using the extended non-ordinary state-based peridy-

namics[J]. European Journal of Mechanics-A/Solids, 2016, 60: 277-299.

[117] Zhou X, Wang Y, Xu X. Numerical simulation of initiation, propagation and coalescence of cracks using the non-ordinary state-based peridynamics[J]. International Journal of Fracture, 2016, 201: 213-234.

[118] 徐斌, 高跃飞, 余龙. MATLAB 有限元结构动力学分析与工程应用 [M]. 北京: 清华大学出版社, 2009.

[119] Otter J R H, Cassell A C, Hobbs R E, et al. Dynamic relaxation[J]. Proceedings of the Institution of Civil Engineers, 1966, 35(4): 633-656.

[120] Diyaroglu C, Oterkus S, Oterkus E, et al. Peridynamic modeling of diffusion by using finite-element analysis[J]. IEEE Transactions on Components, Packaging and Manufacturing Technology, 2017, 7(11): 1823-1831.

[121] Chen W H, Chang C L. Heat conduction analysis of a plate with multiple insulated cracks by the finite element alternating method. International Journal of Solids and Structures, 1994, 31(10): 1343-1355.

[122] Tien C L, Chen G. Challenges in microscale conductive and radiative heat transfer. International Journal of Heat and Mass Transfer, 1994, 116: 799-807.

[123] Bobaru F, Duangpanya M. The peridynamic formulation for transient heat conduction[J]. International Journal of Heat and Mass Transfer, 2010, 53(19-20): 4047-4059.

[124] Bobaru F, Duangpanya M. A peridynamic formulation for transient heat conduction in bodies with evolving discontinuities[J]. Journal of Computational Physics, 2012, 231(7): 2764-2785.

[125] Chen Z, Bobaru F. Selecting the kernel in a peridynamic formulation: a study for transient heat diffusion[J]. Computer Physics Communications, 2015, 197: 51-60.

[126] Zhao J, Chen Z, Mehrmashhadi J, et al. Construction of a peridynamic model for transient advection-diffusion problems[J]. International Journal of Heat and Mass Transfer, 2018, 126: 1253-1266.

[127] Oterkus S, Madenci E, Agwai A. Peridynamic thermal diffusion[J]. Journal of Computational, 2014, 265: 71-96.

[128] Zhao T, Shen Y. A reduced-order peridynamic model for predicting nonlocal heat conduction in nanocomposites[J]. Composite Structures, 2023, 323: 117477.

[129] Nikolaev P, Jivkov A P, Fifre M, et al. Peridynamic analysis of thermal behaviour of PCM composites for heat storage[J]. Computer Methods in Applied Mechanics and Engineering, 2024, 424: 116905.

[130] Liu W, Feng Y, Li R, et al. Peridynamic modeling for multiscale heat transport of phonon Boltzmann transport equation[J]. Computer Physics Communications, 2024: 109157.

[131] Beckmann R, Mella R, Wenman M R. Mesh and timestep sensitivity of fracture from thermal strains using peridynamics implemented in Abaqus[J]. Computer Methods in Applied Mechanics and Engineering, 2013, 263: 71-80.

[132] D'Antuono P, Morandini M. Thermal shock response via weakly coupled peridynamic

thermo-mechanics[J]. International Journal of Solids and Structures, 2017, 129: 74-89.

[133] Wang Y, Zhou X, Kou M. Peridynamic investigation on thermal fracturing behavior of ceramic nuclear fuel pellets under power cycles[J]. Ceramics International, 2018, 44(10): 11512-11542.

[134] Wang Y, Zhou X, Kou M. A coupled thermo-mechanical bond-based peridynamics for simulating thermal cracking in rocks[J]. International Journal of Fracture, 2018, 211(2-1): 13-42.

[135] Giannakeas I N, Papathanasiou T K, Bahai H. Simulation of thermal shock cracking in ceramics using bond-based peridynamics and FEM[J]. Journal of the European Ceramic Society, 2018, 38(8): 3037-3048.

[136] Wang Y, Zhou X, Kou M. An improved coupled thermo-mechanic bond-based peridynamic model for cracking behaviors in brittle solids subjected to thermal shocks[J]. European Journal of Mechanics-A/Solids, 2019, 73: 282-305.

[137] Song Y, Liu R, Li S, et al. Peridynamic modeling and simulation of coupled thermo-mechanical removal of ice from frozen structures[J]. Meccanica, 2020, 55: 961-976.

[138] Zhang H, Qiao P. An extended state-based peridynamic model for damage growth prediction of bimaterial structures under thermomechanical loading[J]. Engineering Fracture Mechanics, 2018, 189: 81-97.

[139] Gao Y, Oterkus S. Ordinary state-based peridynamic modelling for fully coupled thermoelastic problems[J]. Continuum Mechanics and Thermodynamics, 2019, 31: 907-937.

[140] Gao Y, Oterkus S. Fully coupled thermomechanical analysis of laminated composites by using ordinary state based peridynamic theory[J]. Composite Structures, 2019, 207: 397-424.

[141] Wang Y T, Zhou X P. Peridynamic simulation of thermal failure behaviors in rocks subjected to heating from boreholes[J]. International Journal of Rock Mechanics and Mining Sciences, 2019, 117: 31-48.

[142] Yang Z, Yang S Q, Chen M. Peridynamic simulation on fracture mechanical behavior of granite containing a single fissure after thermal cycling treatment[J]. Computers and Geotechnics, 2020, 120: 103414.

[143] Yang Z, Zhang Y, Qiao P. An axisymmetric ordinary state-based peridynamic model for thermal cracking of linear elastic solids[J]. Theoretical and Applied Fracture Mechanics, 2021, 112: 102888.

[144] Gao Y, Oterkus S. Coupled thermo-fluid-mechanical peridynamic model for analysing composite under fire scenarios[J]. Composite Structures, 2021, 255: 113006.

[145] He D, Huang D, Jiang D. Modeling and studies of fracture in functionally graded materials under thermal shock loading using peridynamics[J]. Theoretical and Applied Fracture Mechanics, 2021, 111: 102852.

[146] Pathrikar A, Tiwari S B, Arayil P, et al. Thermomechanics of damage in brittle solids: A peridynamics model[J]. Theoretical and Applied Fracture Mechanics, 2021, 112: 102880.

[147] Amani J, Oterkus E, Areias P, et al. A non-ordinary state-based peridynamics formu-

lation for thermoplastic fracture[J]. International Journal of Impact Engineering, 2016, 87: 83-94.

[148] Rahaman M M, Roy P, Roy D, et al. A peridynamic model for plasticity: micro-inertia based flow rule, entropy equivalence and localization residuals[J]. Computer Methods in Applied Mechanics and Engineering, 2017, 327: 369-391.

[149] Wang H, Xu Y, Huang D. A non-ordinary state-based peridynamic formulation for thermo-visco-plastic deformation and impact fracture[J]. International Journal of Mechanical Sciences, 2019, 159: 336-344.

[150] Bie Y, Ren H, Rabczuk T, et al. The fully coupled thermo-mechanical dual-horizon peridynamic correspondence damage model for homogeneous and heterogeneous materials[J]. Computer Methods in Applied Mechanics and Engineering, 2024, 420: 116730.

[151] Bobaru F, Duangpanya M. A peridynamic formulation for transient heat conduction in bodies with evolving discontinuities[J]. Journal of Computational Physics, 2012, 231(7): 2764-2785.

[152] Oterkus S, Madenci E. Fully coupled thermomechanical analysis of fiber reinforced composites using peridynamics[C]//55th AIAA/ASMe/ASCE/AHS/SC Structures, Structural Dynamics, and Materials Conference-SciTech Forum and Exposition 2014.

[153] Gao Y, Oterkus S. Fully coupled thermomechanical analysis of laminated composites by using ordinary state based peridynamic theory[J]. Composite Structures, 2019, 207: 397-424.

[154] Sakhavand N. Parallel Simulation of Reinforced Concrete Structures Using Peridynamics[D]. Albuquerque: The University of New Mexico, 2011.

[155] Hu Y, Yu Y, Wang H. Peridynamic analytical method for progressive damage in notched composite laminates[J]. Composite Structures, 2014, 108: 801-810.

[156] Liu W, Hong J W. Discretized peridynamics for brittle and ductile solids[J]. International Journal for Numerical Methods in Engineering, 2012, 89(8): 1028-1046.

[157] Zhang G, Bobaru F. Modeling the evolution of fatigue failure with peridynamics[J]. The Romanian Journal of Technical Sciences. Applied Mechanics, 2016, 61(1): 22-40.

[158] Mossaiby F, Shojaei A, Zaccariotto M, et al. Opencl implementation of a high performance 3D peridynamic model on graphics accelerators[J]. Computers & Mathematics with Applications, 2017, 74(8): 1856-1870.

[159] 章青, 郁杨天, 顾鑫. 近场动力学与有限元的混合建模方法 [J]. 计算力学学报, 2016, 33 (4): 441-448+450.

[160] Kilic B, Madenci E. Coupling of peridynamic theory and the finite element method[J]. Journal of Mechanics of Materials and Structures, 2010, 5(5): 707-733.

[161] Liu W. Discretized Bond-based Peridynamics for Solid Mechanics[M]. East Lansing: Michigan State University, 2012.

[162] Liu W, Hong J W. A coupling approach of discretized peridynamics with finite element method[J]. Computer Methods in Applied Mechanics and Engineering, 2012, 245: 163-175.

[163] Lubineau G, Azdoud Y, Han F, et al. A morphing strategy to couple non-local to local continuum mechanics[J]. Journal of the Mechanics and Physics of Solids, 2012, 60(6): 1088-1102.

[164] Azdoud Y, Han F, Lubineau G. A morphing framework to couple non-local and local anisotropic continua[J]. International Journal of Solids and Structures, 2013, 50(9): 1332-1341.

[165] Han F, Lubineau G, Azdoud Y, et al. A morphing approach to couple state-based peridynamics with classical continuum mechanics[J]. Computer Methods in Applied Mechanics and Engineering, 2016, 301: 336-358.

[166] Azdoud Y, Han F, Lubineau G. The morphing method as a flexible tool for adaptive local/non-local simulation of static fracture[J]. Computational Mechanics, 2014, 54: 711-722.

[167] Han F, Lubineau G, Azdoud Y. Adaptive coupling between damage mechanics and peridynamics: a route for objective simulation of material degradation up to complete failure[J]. Journal of the Mechanics and Physics of Solids, 2016, 94: 453-472.

[168] Galvanetto U, Mudric T, Shojaei A, et al. An effective way to couple FEM meshes and Peridynamics grids for the solution of static equilibrium problems[J]. Mechanics Research Communications, 2016, 76: 41-47.

[169] Zaccariotto M, Tomasi D, Galvanetto U. An enhanced coupling of PD grids to FE meshes[J]. Mechanics Research Communications, 2017, 84: 125-135.

[170] 刘硕, 方国东, 王兵, 等. 近场动力学与有限元方法耦合求解热传导问题 [J]. 力学学报, 2018, 50(2): 339-348.

[171] 刘硕, 方国东, 付茂青, 等. 近场动力学与有限元方法耦合求解复合材料损伤问题 [J]. 中国科学: 技术科学, 2019, 49(10): 1215-1222.

[172] Liu S, Fang G, Liang J, et al. A coupling model of XFEM/peridynamics for 2D dynamic crack propagation and branching problems[J]. Theoretical and Applied Fracture Mechanics, 2020, 108: 102573.

[173] Fang G, Liu S, Fu M, et al. A method to couple state-based peridynamics and finite element method for crack propagation problem[J]. Mechanics Research Communications, 2019, 95: 89-95.

[174] Liu S, Fang G, Liang J, et al. A coupling method of non-ordinary state-based peridynamics and finite element method[J]. European Journal of Mechanics-A/Solids, 2021, 85: 104075.

[175] Silling S A, Zimmermann M, Abeyaratne R, et al. Deformation of a peridynamic bar[J]. Journal of Elasticity, 2003, 73(1): 173-190.

[176] Diyaroglu C, Oterkus E, Oterkus S, et al. Peridynamics for bending of beams and plates with transverse shear deformation[J]. International Journal of Solids and Structures, 2015, 69-70: 152-168.

[177] Nguyen C T, Oterkus S. Peridynamics formulation for beam structures to predict damage in offshore structures[J]. Ocean Engineering, 2019: 244-267.

[178] Diyaroglu C, Oterkus E, Oterkus S, et al. An Euler-Bernoulli beam formulation in ordinary state-based peridynamic framework[J]. Mathematics and Mechanics of Solids, 2019, 24(2): 361-376.

[179] Ogrady J, Foster J T. Peridynamic beams: a non-ordinary, state-based model[J]. International Journal of Solids and Structures, 2014, 51(18): 3177-3183.

[180] Ogrady J, Foster J T. Peridynamic plates and flat shells: a non-ordinary, state-based model[J]. International Journal of Solids and Structures, 2014, 51(25): 4572-4579.

[181] Jafari A, Ezzati M, Atai A A, et al. Static and free vibration analysis of Timoshenko beam based on combined peridynamic-classical theory besides FEM formulation[J]. Computers & Structures, 2019: 72-81.

[182] Yang Z, Oterkus E, Nguyen C T, et al. Implementation of peridynamic beam and plate formulations in finite element framework[J]. Continuum Mechanics and Thermodynamics, 2019, 31(1): 301-315.

[183] Oterkus E, Madenci E. Peridynamic analysis of fiber-reinforced composite materials[J]. Journal of Mechanics of Materials and Structures, 2012, 7(1): 45-84.

[184] Oterkus E, Madenci E, Weckner O, et al. Combined finite element and peridynamic analyses for predicting failure in a stiffened composite curved panel with a central slot[J]. Composite Structures, 2012, 94(3): 839-850.

[185] 顾继光. 基于近场动力学的复合材料结构损伤分析 [D]. 哈尔滨: 哈尔滨工程大学, 2018.

[186] 郑国君, 陈瑞, 申国哲, 等. 改进的键基正交各向异性近场动力学模型 [J]. 计算机辅助工程, 2020, 29(1): 1-8.

[187] 陈瑞. 改进的复材单向板键基近场动力学模型 [D]. 大连: 大连理工大学, 2020.

[188] Zhang H, Qiao P. A state-based peridynamic model for quantitative elastic and fracture analysis of orthotropic materials[J]. Engineering Fracture Mechanics, 2019, 206: 147-171.

[189] Hattori G, Trevelyan J, Coombs W M. A non-ordinary state-based peridynamics framework for anisotropic materials[J]. Computer Methods in Applied Mechanics and Engineering, 2018, 339: 416-442.

[190] Fang G, Liu S, Liang J, et al. A stable non-ordinary state-based peridynamic model for laminated composite materials[J]. International Journal for Numerical Methods in Engineering, 2021, 122(2): 403-430.

[191] Wan L, Ismail Y, Sheng Y, et al. A review on micromechanical modelling of progressive failure in unidirectional fibre-reinforced composites[J]. Composites Part C: Open Access, 2023, 10: 100348.

[192] González C, Llorca J. Mechanical behavior of unidirectional fiber-reinforced polymers under transverse compression: microscopic mechanisms and modeling[J]. Composites Science and Technology, 2007, 67(13): 2795-2806.

[193] Hui X, Xu Y, Zhang W. An integrated modeling of the curing process and transverse tensile damage of unidirectional CFRP composites[J]. Composite Structures, 2021, 263: 113681.

[194] Song J H, Wang H, Belytschko T. A comparative study on finite element methods for dynamic fracture[J]. Computational Mechanics, 2008, 42(2): 239-250.

[195] Hu Y L, Wang J Y, Madenci E, et al. Peridynamic micromechanical model for damage mechanisms in composites[J]. Composite Structures, 2022, 301: 116182.

[196] Madenci E, Barut A, Phan N. Peridynamic unit cell homogenization for thermoelastic properties of heterogenous microstructures with defects[J]. Composite Structures, 2018, 188: 104-115.

[197] Madenci E, Yaghoobi A, Barut A, et al. Peridynamic unit cell for effective properties of complex microstructures with and without defects[J]. Theoretical and Applied Fracture Mechanics, 2020, 110: 102835.

[198] Diyaroglu C, Madenci E, Phan N. Peridynamic homogenization of microstructures with orthotropic constituents in a finite element framework[J]. Composite Structures, 2019, 227: 111334.

[199] Diyaroglu C, Madenci E, Stewart R J, et al. Combined peridynamic and finite element analyses for failure prediction in periodic and partially periodic perforated structures[J]. Composite Structures, 2019, 229: 111481.

[200] Li J, Wang Q, Li X, et al. Homogenization of periodic microstructure based on representative volume element using improved bond-based peridynamics[J]. Engineering Analysis with Boundary Elements, 2022, 143: 152-162.

[201] Xia W, Oterkus E, Oterkus S. Ordinary state-based peridynamic homogenization of periodic micro-structured materials[J]. Theoretical and Applied Fracture Mechanics, 2021, 113: 102960.

[202] Nayak S, Ravinder R, Krishnan N M A, et al. A peridynamics-based micromechanical modeling approach for random heterogeneous structural materials[J]. Materials, 2020, 13(6): 1298.

[203] Ahmadi M, Sadighi M, Hosseini-Toudeshky H. Microstructure-based deformation and fracture modeling of particulate reinforced composites with ordinary state-based peridynamic theory[J]. Composite Structures, 2022, 279: 114734.

[204] Rädel M, Willberg C, Krause D. Peridynamic analysis of fibre-matrix debond and matrix failure mechanisms in composites under transverse tensile load by an energy-based damage criterion[J]. Composites Part B: Engineering, 2019, 158: 18-27.

[205] Galadima Y K, Xia W, Oterkus E, et al. A computational homogenization framework for non-ordinary state-based peridynamics[J]. Engineering with Computers, 2023, 39(1): 461-487.

第 2 章　单元型近场动力学基础理论

2.1　引　　言

相比于键型理论[1]、常规态理论[2]和非常规态理论[2,3]，单元型近场动力学理论[4,5]还是一个全新的概念。本章将系统介绍单元型近场动力学的基础理论，包括单元构成规则、单元刚度密度矩阵、应变能密度、微模量系数、表面修正系数、初始条件、边界条件与裂纹的表征方法。

2.2　单元构成规则

在键型理论中，键是构成模型的基本元素，模型通过键来表征粒子之间的相互作用[6,7]。在单元型理论中，单元是构成模型的基本元素，模型通过单元表征粒子之间的相互作用。需要说明的是，单元是虚拟出来的，并不是真实存在的，单元的作用是为了表征粒子之间的相互作用。在对单元型近场动力学模型进行求解之前，需要先将模型均匀离散为一系列粒子，并找到粒子作用范围内的所有粒子。接下来，按照单元构成准则构建单元。如图 2-1 所示，利用 2 节点杆单元表征一维模型中粒子之间的相互作用，利用 3 节点三角形单元表征二维模型中粒子之间的相互作用，利用 4 节点四面体单元表征三维模型中粒子之间的相互作用。

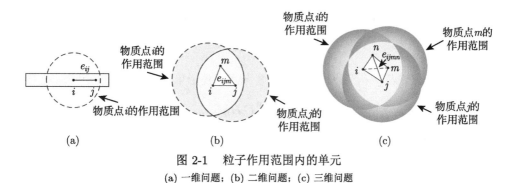

图 2-1　粒子作用范围内的单元

(a) 一维问题；(b) 二维问题；(c) 三维问题

对于一维问题，粒子 i 与其作用范围内任意粒子 j 组成单元 e_{ij}。单元构成规则为：粒子 j 在粒子 i 作用范围内。

对于二维问题，粒子 i 与其作用范围内粒子 j、粒子 m 构成 3 节点三角形单元 e_{ijm}，单元构成规则为：① 粒子 j、粒子 m 在粒子 i 作用范围内；② 粒子 m 在粒子 j 作用范围内；③ 粒子 i、粒子 j 和粒子 m 不共线。

对于三维问题，粒子 i 与其作用范围内粒子 j、粒子 m、粒子 n 构成 4 节点四面体单元 e_{ijmn}，单元构成规则为：① 粒子 j、粒子 m 和粒子 n 在粒子 i 作用范围内；② 粒子 m、粒子 n 在粒子 j 作用范围内；③ 粒子 n 在粒子 m 作用范围内；④ 粒子 i、粒子 j、粒子 m 和粒子 n 不共面；⑤ 粒子 i、粒子 j、粒子 m 和粒子 n 中任意三个粒子不共线。

2.3   单元刚度密度矩阵

节点 i、j 组成的 2 节点杆单元的单元刚度矩阵写为 [8,9]

$$\overline{\boldsymbol{k}}_{ij} = EAl_e \boldsymbol{B}^{\mathrm{T}} \boldsymbol{B} = \frac{EA}{l_e} \left[\begin{array}{cc} 1 & -1 \\ -1 & 1 \end{array} \right] \tag{2-1}$$

式中，E 代表杨氏模量；A 和 l_e 分别表示单元横截面积和单元长度；$\boldsymbol{B}$ 代表应变矩阵，写为

$$\boldsymbol{B} = \frac{1}{l_e} \left[-1 \quad 1 \right] \tag{2-2}$$

在单元型近场动力学理论中，2 节点杆单元的单元刚度密度矩阵定义为

$$\boldsymbol{k}_{ij}^e = \frac{\omega \langle |\xi| \rangle c_e \overline{\boldsymbol{k}}_{ij}}{Al_e} = \omega \langle |\xi| \rangle c_e E \boldsymbol{B}^{\mathrm{T}} \boldsymbol{B} = \left[\begin{array}{cc} \overline{\boldsymbol{k}}_{ii}^e & \overline{\boldsymbol{k}}_{ij}^e \\ \overline{\boldsymbol{k}}_{ji}^e & \overline{\boldsymbol{k}}_{jj}^e \end{array} \right] \tag{2-3}$$

式中，c_e 表示微模量系数，其表达式见 2.5 节；$\omega \langle |\xi| \rangle$ 代表影响函数，表示粒子 i 与粒子 j 之间作用的强弱；$|\xi|$ 为长度参数，对于一维问题，$|\xi|$ 写为

$$|\xi| = |x_j - x_i| \tag{2-4}$$

由节点 i、节点 j 和节点 m 组成的 3 节点三角形单元的单元刚度矩阵写为 [8,9]

$$\overline{\boldsymbol{k}}_{ijm} = \boldsymbol{B}^{\mathrm{T}} \boldsymbol{D} \boldsymbol{B} h S_{ijm} \tag{2-5}$$

式中，h 和 S_{ijm} 分别代表单元厚度和单元面积；$\boldsymbol{D}$ 和 $\boldsymbol{B}$ 分别表示弹性矩阵和应变矩阵，弹性矩阵 $\boldsymbol{D}$ 写为

$$\boldsymbol{D} = \left[\begin{array}{ccc} \kappa + \mu & \kappa - \mu & 0 \\ \kappa - \mu & \kappa + \mu & 0 \\ 0 & 0 & \mu \end{array} \right] \tag{2-6}$$

式中，κ 和 μ 分别为体积模量和剪切模量，对于二维问题，体积模量 κ 和剪切模量 μ 分别写为

$$\kappa = \frac{E}{2(1-\nu)} \tag{2-7}$$

$$\mu = \frac{E}{2(1+\nu)} \tag{2-8}$$

应变矩阵 $\boldsymbol{B}$ 定义为

$$\boldsymbol{B} = \frac{1}{2S_{ijm}} \begin{bmatrix} b_i & 0 & b_j & 0 & b_m & 0 \\ 0 & c_i & 0 & c_j & 0 & c_m \\ c_i & b_i & c_j & b_j & c_m & b_m \end{bmatrix} \tag{2-9}$$

其中

$$\begin{cases} b_i = y_j - y_m, \quad b_j = y_m - y_i, \quad b_m = y_i - y_j \\ c_i = x_m - x_j, \quad c_j = x_i - x_m, \quad c_m = x_j - x_i \\ S_{ijm} = \frac{1}{2}\left(b_i c_j - b_j c_i\right) \end{cases} \tag{2-10}$$

在单元型近场动力学理论中，3 节点三角形单元的单元刚度密度矩阵定义为

$$\boldsymbol{k}_{ijm}^e = \frac{\omega\langle|\boldsymbol{\xi}|\rangle c_e \overline{\boldsymbol{k}}_{ijm}}{hS_{ijm}} = \omega\langle|\boldsymbol{\xi}|\rangle c_e \boldsymbol{B}^{\mathrm{T}}\boldsymbol{D}\boldsymbol{B} = \begin{bmatrix} \overline{\boldsymbol{k}}_{ii}^e & \overline{\boldsymbol{k}}_{ij}^e & \overline{\boldsymbol{k}}_{im}^e \\ \overline{\boldsymbol{k}}_{ji}^e & \overline{\boldsymbol{k}}_{jj}^e & \overline{\boldsymbol{k}}_{jm}^e \\ \overline{\boldsymbol{k}}_{mi}^e & \overline{\boldsymbol{k}}_{mj}^e & \overline{\boldsymbol{k}}_{mm}^e \end{bmatrix} \tag{2-11}$$

对于二维情况，长度参数定义为

$$|\boldsymbol{\xi}| = \frac{|\boldsymbol{x}_j - \boldsymbol{x}_i| + |\boldsymbol{x}_m - \boldsymbol{x}_j| + |\boldsymbol{x}_m - \boldsymbol{x}_i|}{3} \tag{2-12}$$

式中，$\boldsymbol{x}_k$ $(k = i, j, m)$ 表示粒子 k 的坐标。

由节点 i、节点 j、节点 m 和节点 n 组成的 4 节点四面体单元的单元刚度矩阵写为 [8,9]

$$\overline{\boldsymbol{k}}_{ijmn} = \boldsymbol{B}^{\mathrm{T}}\boldsymbol{D}\boldsymbol{B}V_{ijmn} \tag{2-13}$$

式中，V_{ijmn} 代表单元体积；$\boldsymbol{D}$ 和 $\boldsymbol{B}$ 分别表示弹性矩阵和应变矩阵，弹性矩阵 $\boldsymbol{D}$ 写为

$$D = \begin{bmatrix} \kappa + 4\mu/3 & \kappa - 2\mu/3 & \kappa - 2\mu/3 & 0 & 0 & 0 \\ \kappa - 2\mu/3 & \kappa + 4\mu/3 & \kappa - 2\mu/3 & 0 & 0 & 0 \\ \kappa - 2\mu/3 & \kappa - 2\mu/3 & \kappa + 4\mu/3 & 0 & 0 & 0 \\ 0 & 0 & 0 & \mu & 0 & 0 \\ 0 & 0 & 0 & 0 & \mu & 0 \\ 0 & 0 & 0 & 0 & 0 & \mu \end{bmatrix} \tag{2-14}$$

对于三维问题，剪切模量 μ 用式 (2-8) 表示，体积模量 κ 写为

$$\kappa = \frac{E}{3(1 - 2\nu)} \tag{2-15}$$

应变矩阵 B 写为

$$B = \frac{1}{6V_{ijmn}} \begin{bmatrix} b_i & 0 & 0 & b_j & 0 & 0 & b_m & 0 & 0 & b_n & 0 & 0 \\ 0 & c_i & 0 & 0 & c_j & 0 & 0 & c_m & 0 & 0 & c_n & 0 \\ 0 & 0 & d_i & 0 & 0 & d_j & 0 & 0 & d_m & 0 & 0 & d_n \\ c_i & b_i & 0 & c_j & b_j & 0 & c_m & b_m & 0 & c_n & b_n & 0 \\ 0 & d_i & c_i & 0 & d_j & c_j & 0 & d_m & c_m & 0 & d_n & c_n \\ d_i & 0 & b_i & d_j & 0 & b_j & d_m & 0 & b_m & d_n & 0 & b_n \end{bmatrix} \tag{2-16}$$

式中，b_k ($k = i, j, m, n$)、c_k ($k = i, j, m, n$) 和 d_k ($k = i, j, m, n$) 分别为行列式 A 对应 x 坐标、y 坐标和 z 坐标的代数余子式，行列式 A 写为

$$A = \begin{vmatrix} 1 & 1 & 1 & 1 \\ x_i & x_j & x_k & x_l \\ y_i & y_j & y_k & y_l \\ z_i & z_j & z_k & z_l \end{vmatrix} \tag{2-17}$$

在单元型近场动力学理论中，4 节点四面体单元的单元刚度密度矩阵定义为

$$k_{ijmn}^e = \frac{\omega \langle |\boldsymbol{\xi}| \rangle c_e \overline{k}_{ijmn}}{V_{ijmn}} = \omega \langle |\boldsymbol{\xi}| \rangle c_e B^{\mathrm{T}} D B = \begin{bmatrix} \bar{k}_{ii}^e & \bar{k}_{ij}^e & \bar{k}_{im}^e & \bar{k}_{in}^e \\ \bar{k}_{ji}^e & \bar{k}_{jj}^e & \bar{k}_{jm}^e & \bar{k}_{jn}^e \\ \bar{k}_{mi}^e & \bar{k}_{mj}^e & \bar{k}_{mm}^e & \bar{k}_{mn}^e \\ \bar{k}_{ni}^e & \bar{k}_{nj}^e & \bar{k}_{nm}^e & \bar{k}_{nn}^e \end{bmatrix} \tag{2-18}$$

对于三维情况，长度参数定义为

$$|\boldsymbol{\xi}| = \frac{|\boldsymbol{x}_j - \boldsymbol{x}_i| + |\boldsymbol{x}_m - \boldsymbol{x}_i| + |\boldsymbol{x}_n - \boldsymbol{x}_i| + |\boldsymbol{x}_m - \boldsymbol{x}_j| + |\boldsymbol{x}_n - \boldsymbol{x}_j| + |\boldsymbol{x}_n - \boldsymbol{x}_m|}{6} \tag{2-19}$$

式中，$\boldsymbol{x}_k$ $(k = i, j, m, n)$ 表示粒子 k 的坐标。

2.4　应变能密度

在单元型近场动力学理论中，一维单元 e_{ij} 中粒子 i 和粒子 j 相互作用产生微势能 w_{ij}^e，二维单元 e_{ijm} 中粒子 i、粒子 j 和粒子 m 相互作用产生微势能 w_{ijm}^e，三维单元 e_{ijmn} 中粒子 i、粒子 j、粒子 m 和粒子 n 相互作用产生微势能 w_{ijmn}^e。单元微势能 w_{ij}^e、w_{ijm}^e 以及 w_{ijmn}^e 分别写为

$$w_{ij}^e = \frac{1}{2}\boldsymbol{u}_e^{\mathrm{T}}\boldsymbol{k}_{ij}^e\boldsymbol{u}_e = \frac{1}{2}\omega\langle|\xi|\rangle c_e E\boldsymbol{u}_e^{\mathrm{T}}\boldsymbol{B}^{\mathrm{T}}\boldsymbol{B}\boldsymbol{u}_e \tag{2-20a}$$

$$w_{ijm}^e = \frac{1}{2}\boldsymbol{u}_e^{\mathrm{T}}\boldsymbol{k}_{ijm}^e\boldsymbol{u}_e = \frac{1}{2}\omega\langle|\boldsymbol{\xi}|\rangle c_e\boldsymbol{u}_e^{\mathrm{T}}\boldsymbol{B}^{\mathrm{T}}\boldsymbol{D}\boldsymbol{B}\boldsymbol{u}_e \tag{2-20b}$$

$$w_{ijmn}^e = \frac{1}{2}\boldsymbol{u}_e^{\mathrm{T}}\boldsymbol{k}_{ijmn}^e\boldsymbol{u}_e = \frac{1}{2}\omega\langle|\boldsymbol{\xi}|\rangle c_e\boldsymbol{u}_e^{\mathrm{T}}\boldsymbol{B}^{\mathrm{T}}\boldsymbol{D}\boldsymbol{B}\boldsymbol{u}_e \tag{2-20c}$$

式中，$\boldsymbol{u}_e$ 表示单元位移矢量

$$\boldsymbol{u}_e = \begin{cases} [u_i \quad u_j]^{\mathrm{T}}, & \text{1D} \\ [\boldsymbol{u}_i \quad \boldsymbol{u}_j \quad \boldsymbol{u}_m]^{\mathrm{T}}, & \text{2D} \\ [\boldsymbol{u}_i \quad \boldsymbol{u}_j \quad \boldsymbol{u}_m \quad \boldsymbol{u}_n]^{\mathrm{T}}, & \text{3D} \end{cases} \tag{2-21}$$

粒子 i 的应变能密度由其作用范围内包含单元的微势能求和得到

$$W_i^{\mathrm{nl}} = \begin{cases} \dfrac{1}{2}\displaystyle\sum_{e=1}^{E_0}\left(w_{ij}^e V_j\right), & \text{1D} \\[3mm] \dfrac{1}{3}\displaystyle\sum_{e=1}^{E_0}\left(w_{ijm}^e V_j V_m\right), & \text{2D} \\[3mm] \dfrac{1}{4}\displaystyle\sum_{e=1}^{E_0}\left(w_{ijmn}^e V_j V_m V_n\right), & \text{3D} \end{cases} \tag{2-22}$$

式中，E_0 代表粒子 i 作用范围内单元总数；V_k $(k = j, m, n)$ 表示粒子 k 所占的体积。一维问题中的 $1/2$ 表示粒子 i 和粒子 j 平分单元 e_{ij} 的微势能，二维问题中的 $1/3$ 表示粒子 i 占单元 e_{ijm} 的微势能的 $1/3$，三维问题中的 $1/4$ 代表粒子 i 占单元 e_{ijmn} 的微势能的 $1/4$。

2.5　微模量系数

根据局部理论与单元型近场动力学理论应变能密度等效计算微模量系数，局部理论中受均匀应变 ε 的一维杆模型中任意一点的应变能密度可以表示为

$$W^{\mathrm{l}} = \frac{1}{2} E \varepsilon^2 \tag{2-23}$$

相同变形条件下，单元型近场动力学理论中任意单元的应变写为

$$\boldsymbol{B} \boldsymbol{u}_e = \varepsilon \tag{2-24}$$

通过式 (2-20a)、式 (2-22) 和式 (2-24)，可以得到粒子 i 的应变能密度

$$W_i^{\mathrm{nl}} = \frac{1}{4} c_e E \varepsilon^2 \sum_{e=1}^{E_0} \left(\omega \left\langle |\xi| \right\rangle V_j \right) \tag{2-25}$$

局部理论中受均匀应变 ε 的二维模型中任意一点的应变能密度可以表示为

$$W^{\mathrm{l}} = \frac{E}{1-\nu} \varepsilon^2 \tag{2-26}$$

相同变形条件下，单元型近场动力学理论中任意单元的应变写为

$$\boldsymbol{B} \boldsymbol{u}_e = \boldsymbol{\varepsilon}_e = \begin{bmatrix} \varepsilon & \varepsilon & 0 \end{bmatrix}^{\mathrm{T}} \tag{2-27}$$

通过式 (2-20b)、式 (2-22) 和式 (2-27)，粒子 i 的应变能密度写为

$$W_i^{\mathrm{nl}} = \frac{1}{3} c_e \frac{E}{1-\nu} \varepsilon^2 \sum_{e=1}^{E_0} \left(\omega \left\langle |\boldsymbol{\xi}| \right\rangle V_j V_m \right) \tag{2-28}$$

局部理论中受均匀应变 ε 的三维模型中任意一点的应变能密度可以表示为

$$W^{\mathrm{l}} = \frac{3E}{2(1-2\nu)} \varepsilon^2 \tag{2-29}$$

相同变形条件下，单元型近场动力学理论中任意单元的应变写为

$$\boldsymbol{B} \boldsymbol{u}_e = \boldsymbol{\varepsilon}_e = \begin{bmatrix} \varepsilon & \varepsilon & \varepsilon & 0 & 0 & 0 \end{bmatrix}^{\mathrm{T}} \tag{2-30}$$

通过式 (2-20c)、式 (2-22) 和式 (2-30)，粒子 i 的应变能密度可以写为

$$W_i^{\mathrm{nl}} = \frac{3}{8} c_e \frac{E}{1-2\nu} \varepsilon^2 \sum_{e=1}^{E_0} \left(\omega \left\langle |\boldsymbol{\xi}| \right\rangle V_j V_m V_n \right) \tag{2-31}$$

通过应变能密度等效以及式 (2-23) 与式 (2-25)，式 (2-26) 与式 (2-28)，式 (2-29) 与式 (2-31)，可以得到

$$
c_e = \begin{cases}
2 \Big/ \sum_{e=1}^{E_0} (\omega \langle |\xi| \rangle V_j), & \text{1D} \\[3mm]
3 \Big/ \sum_{e=1}^{E_0} (\omega \langle |\boldsymbol{\xi}| \rangle V_j V_m), & \text{2D} \\[3mm]
4 \Big/ \sum_{e=1}^{E_0} (\omega \langle |\boldsymbol{\xi}| \rangle V_j V_m V_n), & \text{3D}
\end{cases}
\tag{2-32}
$$

2.6 表面修正系数

对于一维模型、二维模型和三维模型，粒子的作用范围分别为一条线、一个圆和一个球体。对于边界附近的粒子，其作用范围不完整从而导致表面效应，降低了模型在边界附近的刚度 [10]。对于这些粒子，需要对其微模量系数进行修正。

当如图 2-2(a) 所示的一维杆受到均匀应变 ε 时，边界附近粒子 n 的应变能密度为

$$
W_n^{\mathrm{nl}} = \frac{1}{4} c_e E \varepsilon^2 \sum_{e=1}^{E_1} (\omega \langle |\xi| \rangle V_j)
\tag{2-33}
$$

式中，E_1 表示粒子 n 作用范围内的单元总数。

当如图 2-2(b) 所示的二维薄板受到均匀应变 ε 时，粒子 n 的应变能密度为

$$
W_n^{\mathrm{nl}} = \frac{1}{3} c_e \frac{E}{1-\nu} \varepsilon^2 \sum_{e=1}^{E_1} (\omega \langle |\boldsymbol{\xi}| \rangle V_j V_m)
\tag{2-34}
$$

当如图 2-2(c) 所示的三维块体受到均匀应变 ε 时，粒子 n 的应变能密度为

$$
W_n^{\mathrm{nl}} = \frac{3}{8} c_e \frac{E}{1-2\nu} \varepsilon^2 \sum_{e=1}^{E_1} (\omega \langle |\boldsymbol{\xi}| \rangle V_j V_m V_n)
\tag{2-35}
$$

通过边界附近的粒子 n 与模型内部的粒子 i 的应变能密度相等以及由式 (2-25) 和式 (2-33)，式 (2-28) 和式 (2-34)，式 (2-31) 和式 (2-35) 得到微模量系数 c_e 的修正系数

$$g_{\mathrm{c}} = \begin{cases} \displaystyle\sum_{e=1}^{E_0} \left(\omega\langle|\xi|\rangle V_j\right) \Big/ \sum_{e=1}^{E_1} \left(\omega\langle|\xi|\rangle V_j\right), & \text{1D} \\[3ex] \displaystyle\sum_{e=1}^{E_0} \left(\omega\langle|\boldsymbol{\xi}|\rangle V_j V_m\right) \Big/ \sum_{e=1}^{E_1} \left(\omega\langle|\boldsymbol{\xi}|\rangle V_j V_m\right), & \text{2D} \\[3ex] \displaystyle\sum_{e=1}^{E_0} \left(\omega\langle|\boldsymbol{\xi}|\rangle V_j V_m V_n\right) \Big/ \sum_{e=1}^{E_1} \left(\omega\langle|\boldsymbol{\xi}|\rangle V_j V_m V_n\right), & \text{3D} \end{cases} \qquad (2\text{-}36)$$

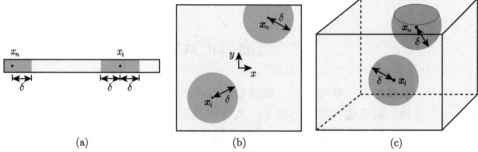

$$\text{(a)} \qquad\qquad\qquad\qquad \text{(b)} \qquad\qquad\qquad\qquad \text{(c)}$$

图 2-2　边界附近及模型内部粒子的作用范围

(a) 一维问题；(b) 二维问题；(c) 三维问题

在此需要指出的是，常规态理论需要对两个材料参数，即参数 b 和 d 进行表面修正，且表面修正系数仅在坐标轴方向有效，任意方向的表面修正系数还需要通过坐标轴方向表面修正系数计算得到，过程较为烦琐[10]。单元型近场动力学只需要对微模量系数 c_e 进行修正，且修正系数与方向无关，使用起来更加方便。

2.7　初始条件和边界条件

2.7.1　初始条件

对于动力学问题，需要为所有粒子给定初始时刻的位移和速度

$$\boldsymbol{u}\left(\boldsymbol{x}, t=0\right) = \boldsymbol{u}^*\left(\boldsymbol{x}\right) \qquad\qquad (2\text{-}37)$$

$$\dot{\boldsymbol{u}}\left(\boldsymbol{x}, t=0\right) = \dot{\boldsymbol{u}}^*\left(\boldsymbol{x}\right) \qquad\qquad (2\text{-}38)$$

2.7.2　边界条件

如图 2-3 所示，单元型近场动力学理论的速度和位移边界条件施加在模型外部的虚拟边界层中。为了确保施加的约束条件充分反映在真实模型中，虚拟边

层 $\boldsymbol{R}_\mathrm{c}$ 的厚度取为粒子作用范围的半径 $\delta^{[10]}$。静力学问题不需要考虑时间效应，其位移边界条件定义为

$$\boldsymbol{u}\left(\boldsymbol{x}\right) = \boldsymbol{U}_0, \quad \boldsymbol{x} \in \boldsymbol{R}_\mathrm{c} \tag{2-39}$$

动力学问题需要考虑时间效应，位移边界条件和速度边界条件定义为

$$\boldsymbol{u}\left(\boldsymbol{x}, t\right) = \boldsymbol{U}\left(t\right), \quad \boldsymbol{x} \in \boldsymbol{R}_\mathrm{c} \tag{2-40}$$

$$\dot{\boldsymbol{u}}\left(\boldsymbol{x}, t\right) = \boldsymbol{V}\left(t\right), \quad \boldsymbol{x} \in \boldsymbol{R}_\mathrm{c} \tag{2-41}$$

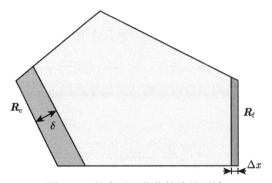

图 2-3   约束以及荷载的边界区域

近场动力学模型的外荷载通过体力密度矢量 $\boldsymbol{b}\left(\boldsymbol{x}, t\right)$ 来施加 [10]。如图 2-3 所示，外荷载施加在厚度为 Δx (粒子间距) 的真实模型中，施加外荷载的区域采用边界层 $\boldsymbol{R}_\mathrm{f}$ 表示。对于静力学问题，施加在 $\boldsymbol{R}_\mathrm{f}$ 上的均布荷载 $\boldsymbol{f}\left(\boldsymbol{x}\right)$ 以及集中荷载 $\boldsymbol{F}$ 对应的体力密度向量表示为

$$\boldsymbol{b}\left(\boldsymbol{x}\right) = \frac{1}{\Delta x}\boldsymbol{f}\left(\boldsymbol{x}\right), \quad \boldsymbol{x} \in \boldsymbol{R}_\mathrm{f} \tag{2-42}$$

$$\boldsymbol{b}\left(\boldsymbol{x}\right) = \frac{1}{\left(\Delta x\right)^2}\boldsymbol{F}, \quad \boldsymbol{x} \in \boldsymbol{R}_\mathrm{f} \tag{2-43}$$

对于动力学问题，施加在 $\boldsymbol{R}_\mathrm{f}$ 上的均布荷载 $\boldsymbol{f}\left(\boldsymbol{x}, t\right)$ 和集中荷载 $\boldsymbol{F}\left(t\right)$ 对应的体力密度向量为

$$\boldsymbol{b}\left(\boldsymbol{x}, t\right) = \frac{1}{\Delta x}\boldsymbol{f}\left(\boldsymbol{x}, t\right), \quad \boldsymbol{x} \in \boldsymbol{R}_\mathrm{f} \tag{2-44}$$

$$\boldsymbol{b}\left(\boldsymbol{x}, t\right) = \frac{1}{\left(\Delta x\right)^2}\boldsymbol{F}\left(t\right), \quad \boldsymbol{x} \in \boldsymbol{R}_\mathrm{f} \tag{2-45}$$

2.8　裂　纹　表　征

单元型近场动力学理论通过模型中粒子的损伤程度表征裂纹，粒子 i 的损伤程度定义为

$$\varphi_i = 1 - \frac{\sum\limits_{e=1}^{E_0} \mu_e}{E_0} \tag{2-46}$$

式中，E_0 和 μ_e 分别表示粒子 i 作用范围内的单元总数以及单元 e 的状态，

$$\mu_e = \begin{cases} 0, & \text{单元失效} \\ 1, & \text{单元完好} \end{cases} \tag{2-47}$$

模型中单元的失效包括两种情况，第一种情况为在定义初始裂纹时，如果单元的某一条边经过裂纹线或裂纹面，则认定该单元失效。第二种情况为在模拟过程中达到破坏准则的单元。

2.9　和有限元法的联系与区别

有限元法是求解偏微分方程边值问题近似解的一种数值方法。该方法将模型离散为若干个单元，通过单元节点互联组成联合体。在每个单元内采用假设的近似函数分片地表示模型中的待求解量。利用变分原理建立包含待求解量的代数方程组，并通过数值方法对代数方程组进行求解。单元型近场动力学是和键型近场动力学理论、常规态近场动力学理论以及非常规态近场动力学理论并列的一种新的近场动力学理论。单元型近场动力学在表征粒子之间的相互作用时，借鉴了有限元单元节点之间的作用方式，并提出了单元刚度密度矩阵的概念。但是有限元中的单元是由模型直接离散得到的，所有单元组成的区域即为模型的求解区域。单元型近场动力学将模型离散为占据一定体积的粒子。模型离散之后，在粒子作用范围内找到符合要求的单元。单元只是用来表征粒子之间的相互作用，是一种虚拟的概念，并不是将模型离散为一系列的单元。因此，单元型近场动力学中的单元是可以相互重叠的。

2.10　小　　结

本章对单元型近场动力学的基础理论做了系统介绍，包括单元密度矩阵、应变能密度、微模量系数、初始条件、边界条件与裂纹表征。本章为单元型近场动力学弹塑性、热传导、热力耦合等模型提供了理论基础。

参 考 文 献

[1] Silling S A. Reformulation of elasticity theory for discontinuities and long-range forces[J]. Journal of the Mechanics and Physics of Solids, 2000, 48(1): 175-209.

[2] Silling S A, Epton M, Weckner O, et al. Peridynamic states and constitutive modeling[J]. Journal of Elasticity, 2007, 88: 151-184.

[3] Silling S A. Stability of peridynamic correspondence material models and their particle discretizations[J]. Computer Methods in Applied Mechanics and Engineering, 2017, 322: 42-57.

[4] Liu S, Fang G, Liang J, et al. A new type of peridynamics: element-based peridynamics[J]. Computer Methods in Applied Mechanics and Engineering, 2020, 366: 113098.

[5] 刘硕. 单元型近场动力学理论及断裂问题研究 [D]. 哈尔滨: 哈尔滨工业大学, 2021.

[6] Macek R W, Silling S A. Peridynamics via finite element analysis[J]. Finite Elements in Analysis and Design, 2007, 43(15): 1169-1178.

[7] Zaccariotto M, Mudric T, Tomasi D, et al. Coupling of FEM meshes with peridynamic grids[J]. Computer Methods in Applied Mechanics and Engineering, 2018, 330: 471-497.

[8] 王勖成. 有限单元法 [M]. 北京: 清华大学出版社, 2003.

[9] 李景涌. 有限元法 [M]. 北京: 北京邮电学院出版社, 1999.

[10] Madenci E, Oterkus E. Peridynamic Theory and Its Applications[M]. New York: Springer, 2014.

第 3 章　弹塑性模型

3.1　引　　言

和典型的近场动力学理论相比,单元型近场动力学理论没有泊松比的限制,模型定义了非局部应力和应变,包含本构矩阵,可以方便处理塑性问题,并且不存在不稳定性问题[1,2]。本章将利用最小势能原理推导单元型近场动力学平衡方程;利用欧拉-拉格朗日 (Euler-Lagrange) 方程推导单元型近场动力学运动方程,并给出对应的破坏准则和求解方案。最后,通过一系列数值算例验证单元型近场动力学模型的正确性。

3.2　弹　性　问　题

3.2.1　平衡方程

对于静力学问题,通过变分原理推导单元型近场动力学平衡方程,模型的总势能定义为

$$U = \sum_{i=1}^{J} W_i^{\mathrm{nl}} V_i - \sum_{i=1}^{J} \boldsymbol{b}_i \cdot \boldsymbol{u}_i V_i \tag{3-1}$$

式中,$\boldsymbol{b}_i$ 代表粒子 i 的体力密度;J 表示模型所包含的粒子总数。

将式 (2-20) $\sim$ 式 (2-22) 代入式 (3-1),可以得到

$$U = \begin{cases} \dfrac{1}{2}\boldsymbol{u}^{\mathrm{T}} \displaystyle\sum_{i=1}^{J} \left[\sum_{e=1}^{E_0} \left(\boldsymbol{G}^{\mathrm{T}}\dfrac{1}{2}\boldsymbol{k}_{ij}^e \boldsymbol{G} V_j \right) V_i \right] \boldsymbol{u} - \boldsymbol{u}^{\mathrm{T}}\displaystyle\sum_{i=1}^{J} \left(\boldsymbol{G}_1^{\mathrm{T}} b_i V_i \right), & \text{1D} \\[4mm] \dfrac{1}{2}\boldsymbol{u}^{\mathrm{T}} \displaystyle\sum_{i=1}^{J} \left[\sum_{e=1}^{E_0} \left(\boldsymbol{G}^{\mathrm{T}}\dfrac{1}{3}\boldsymbol{k}_{ijm}^e \boldsymbol{G} V_j V_m \right) V_i \right] \boldsymbol{u} - \boldsymbol{u}^{\mathrm{T}}\displaystyle\sum_{i=1}^{J} \left(\boldsymbol{G}_1^{\mathrm{T}} b_i V_i \right), & \text{2D} \\[4mm] \dfrac{1}{2}\boldsymbol{u}^{\mathrm{T}} \displaystyle\sum_{i=1}^{J} \left[\sum_{e=1}^{E_0} \left(\boldsymbol{G}^{\mathrm{T}}\dfrac{1}{4}\boldsymbol{k}_{ijmn}^e \boldsymbol{G} V_j V_m V_n \right) V_i \right] \boldsymbol{u} - \boldsymbol{u}^{\mathrm{T}}\displaystyle\sum_{i=1}^{J} \left(\boldsymbol{G}_1^{\mathrm{T}} b_i V_i \right), & \text{3D} \end{cases} \tag{3-2}$$

式中,$\boldsymbol{G}$ 和 $\boldsymbol{G}_1$ 为转换矩阵,它们的表达式见附录 A;$\boldsymbol{u}$ 表示总体位移矢量,

$$\boldsymbol{u} = \begin{bmatrix} \boldsymbol{u}_1 & \cdots & \boldsymbol{u}_i & \cdots & \boldsymbol{u}_J \end{bmatrix}^{\mathrm{T}} \tag{3-3}$$

总体刚度矩阵写为

$$
\boldsymbol{K} = \begin{cases}
\displaystyle\sum_{i=1}^{J}\left[\sum_{e=1}^{E_0}\left(\boldsymbol{G}^{\mathrm{T}}\frac{1}{2}\boldsymbol{k}_{ij}^e\boldsymbol{G}V_j\right)V_i\right], & \text{1D} \\
\displaystyle\sum_{i=1}^{J}\left[\sum_{e=1}^{E_0}\left(\boldsymbol{G}^{\mathrm{T}}\frac{1}{3}\boldsymbol{k}_{ijm}^e\boldsymbol{G}V_jV_m\right)V_i\right], & \text{2D} \\
\displaystyle\sum_{i=1}^{J}\left[\sum_{e=1}^{E_0}\left(\boldsymbol{G}^{\mathrm{T}}\frac{1}{4}\boldsymbol{k}_{ijmn}^e\boldsymbol{G}V_jV_mV_n\right)V_i\right], & \text{3D}
\end{cases}
\tag{3-4}
$$

总体荷载矢量写为

$$
\boldsymbol{P} = \begin{cases}
\displaystyle\sum_{i=1}^{J}\left(\boldsymbol{G}_1^{\mathrm{T}}b_iV_i\right), & \text{1D} \\
\displaystyle\sum_{i=1}^{J}\left(\boldsymbol{G}_1^{\mathrm{T}}\boldsymbol{b}_iV_i\right), & \text{2D} \\
\displaystyle\sum_{i=1}^{J}\left(\boldsymbol{G}_1^{\mathrm{T}}\boldsymbol{b}_iV_i\right), & \text{3D}
\end{cases}
\tag{3-5}
$$

将式 (3-4) 和式 (3-5) 代入式 (3-2),

$$
U = \frac{1}{2}\boldsymbol{u}^{\mathrm{T}}\boldsymbol{K}\boldsymbol{u} - \boldsymbol{u}^{\mathrm{T}}\boldsymbol{P} = \frac{1}{2}K_{ij}u_iu_j - P_iu_i
\tag{3-6}
$$

粒子 i 允许的位移写为

$$
u_i^* = u_i + \delta u_i
\tag{3-7}
$$

式中, u_i 和 δu_i 分别代表粒子 i 的真实位移和真实位移的变分。

由式 (3-6) 和式 (3-7),

$$
\begin{aligned}
U\left(u_i^*\right) &= \frac{1}{2}K_{ij}u_i^*u_j^* - P_iu_i^* \\
&= \frac{1}{2}K_{ij}\left(u_i + \delta u_i\right)\left(u_j + \delta u_j\right) - P_i\left(u_i + \delta u_i\right) \\
&= \frac{1}{2}K_{ij}u_iu_j + \frac{1}{2}K_{ij}\delta u_iu_j + \frac{1}{2}K_{ij}u_i\delta u_j + \frac{1}{2}K_{ij}\delta u_i\delta u_j - P_iu_i - P_i\delta u_i
\end{aligned}
\tag{3-8}
$$

根据总体刚度的对称性，式 (3-8) 改写为

$$U\left(u_i^*\right) = \left[\frac{1}{2}K_{ij}u_iu_j - P_iu_i\right] + \left[K_{ij}\delta u_iu_j - P_i\delta u_i\right] + \frac{1}{2}K_{ij}\delta u_i\delta u_j$$

$$= U\left(u_i\right) + \delta U\left(u_i\right) + \frac{1}{2}\delta^2 U\left(u_i\right) \tag{3-9}$$

$$\delta U\left(u_i\right) = \left[K_{ij}u_j - P_i\right]\delta u_i \tag{3-10}$$

$$\delta^2 U\left(u_i\right) = K_{ij}\delta u_i\delta u_j \tag{3-11}$$

如果 u_i 表示粒子 i 的真实位移，则模型总势能 U 的一阶变分 $\delta U = 0$，二阶变分 $\delta^2 U > 0$[3]。令 $\delta U = 0$，则

$$K_{ij}u_j = P_i \tag{3-12}$$

式 (3-12) 可以改写为矩阵的形式

$$\boldsymbol{Ku} = \boldsymbol{P} \tag{3-13}$$

$\delta^2 U$ 只包含应变能，除非模型中所有粒子真实位移的变分为 0，否则

$$\delta^2 U > 0 \tag{3-14}$$

由式 (3-4)、式 (3-5) 和式 (3-13) 可以得到一维、二维以及三维问题的平衡方程

$$\sum_{i=1}^{J}\left[\sum_{e=1}^{E_0}\left(\boldsymbol{G}^{\mathrm{T}}\frac{1}{2}\boldsymbol{k}_{ij}^e\boldsymbol{G}V_j\right)V_i\right]\cdot\boldsymbol{u} = \sum_{i=1}^{J}\left(\boldsymbol{G}_1^{\mathrm{T}}b_iV_i\right) \tag{3-15a}$$

$$\sum_{i=1}^{J}\left[\sum_{e=1}^{E_0}\left(\boldsymbol{G}^{\mathrm{T}}\frac{1}{3}\boldsymbol{k}_{ijm}^e\boldsymbol{G}V_jV_m\right)V_i\right]\cdot\boldsymbol{u} = \sum_{i=1}^{J}\left(\boldsymbol{G}_1^{\mathrm{T}}\boldsymbol{b}_iV_i\right) \tag{3-15b}$$

$$\sum_{i=1}^{J}\left[\sum_{e=1}^{E_0}\left(\boldsymbol{G}^{\mathrm{T}}\frac{1}{4}\boldsymbol{k}_{ijmn}^e\boldsymbol{G}V_jV_mV_n\right)V_i\right]\cdot\boldsymbol{u} = \sum_{i=1}^{J}\left(\boldsymbol{G}_1^{\mathrm{T}}b_iV_i\right) \tag{3-15c}$$

单元 e_{ij} 在式 (3-15a) 中出现了两次。单元 e_{ijm} 和单元 e_{ijmn} 在式 (3-15b) 和式 (3-15c) 中分别出现了 3 次和 4 次。式 (3-15) 可以写为

$$\sum_{i=1}^{J}\left[\sum_{e=1}^{E_0}\left(\boldsymbol{G}_1^{\mathrm{T}}\left[\begin{array}{cc}\bar{\boldsymbol{k}}_{ii}^e & \bar{\boldsymbol{k}}_{ij}^e\end{array}\right]\boldsymbol{G}V_j\right)V_i\right]\cdot\boldsymbol{u} = \sum_{i=1}^{J}\left(\boldsymbol{G}_1^{\mathrm{T}}b_iV_i\right) \tag{3-16a}$$

$$\sum_{i=1}^{J} \left[\sum_{e=1}^{E_0} \left(G_1^{\mathrm{T}} \left[\begin{array}{ccc} \bar{k}_{ii}^e & \bar{k}_{ij}^e & \bar{k}_{im}^e \end{array} \right] G V_j V_m \right) V_i \right] \cdot u = \sum_{i=1}^{J} \left(G_1^{\mathrm{T}} b_i V_i \right) \tag{3-16b}$$

$$\sum_{i=1}^{J} \left[\sum_{e=1}^{E_0} \left(G_1^{\mathrm{T}} \left[\begin{array}{cccc} \bar{k}_{ii}^e & \bar{k}_{ij}^e & \bar{k}_{im}^e & \bar{k}_{in}^e \end{array} \right] G V_j V_m V_n \right) V_i \right] \cdot u = \sum_{i=1}^{J} \left(G_1^{\mathrm{T}} b_i V_i \right) \tag{3-16c}$$

通过式 (3-16) 得到各个粒子的位移之后，将式 (2-21) 代入式 (3-17) 和式 (3-18) 得到单元应力和应变

$$\sigma_e = DBu_e \tag{3-17}$$

$$\varepsilon_e = Bu_e \tag{3-18}$$

粒子 i 的应力由其作用范围内所有单元的应力求平均得到，粒子 i 的应变由其作用范围内所有单元的应变求平均得到

$$\sigma_i = \frac{\displaystyle\sum_{e=1}^{E_0} \omega \langle |\xi| \rangle \, \sigma_e}{\displaystyle\sum_{e=1}^{E_0} \omega \langle |\xi| \rangle} \tag{3-19}$$

$$\varepsilon_i = \frac{\displaystyle\sum_{e=1}^{E_0} \omega \langle |\xi| \rangle \, \varepsilon_e}{\displaystyle\sum_{e=1}^{E_0} \omega \langle |\xi| \rangle} \tag{3-20}$$

3.2.2 运动方程

对于动力学问题，通过 Euler-Lagrange 方程推导单元型近场动力学运动方程，运动方程对应的 Euler-Lagrange 方程写为 [4]

$$\frac{\mathrm{d}}{\mathrm{d}t} \left(\frac{\partial L}{\partial \dot{u}_i} \right) - \frac{\partial L}{\partial u_i} = 0 \tag{3-21}$$

式中，L 表示 Lagrange 函数；t 代表时间。

Lagrange 函数 L 定义为

$$L = T - U \tag{3-22}$$

式中，T 和 U 分别表示模型的总动能和总势能。

模型的总动能写为

$$T = \sum_{i=1}^{J} \frac{1}{2} \rho_i \dot{u}_i \cdot \dot{u}_i V_i \qquad (3\text{-}23)$$

将式 (3-2) 和式 (3-23) 代入式 (3-22)，并将拉格朗日函数展开，只列出与粒子 i 相关的项，

$$L = \begin{cases} \cdots + \dfrac{1}{2}\rho_i \dot{u}_i^2 V_i - \dfrac{1}{4}\displaystyle\sum_{e=1}^{E_0}(\boldsymbol{u}_e^{\mathrm{T}} \cdot \bar{\boldsymbol{k}}_{ij}^e \cdot \boldsymbol{u}_e V_j)V_i - \cdots \\ \qquad - \dfrac{1}{4}\displaystyle\sum_{e=1}^{E_2}(\boldsymbol{u}_e^{\mathrm{T}} \cdot \bar{\boldsymbol{k}}_{ij}^e \cdot \boldsymbol{u}_e V_j)V_i + b_i u_i V_i + \cdots, & \text{1D} \\[4pt] \cdots + \dfrac{1}{2}\rho_i \dot{u}_i \cdot \dot{u}_i V_i - \dfrac{1}{6}\displaystyle\sum_{e=1}^{E_0}(\boldsymbol{u}_e^{\mathrm{T}} \cdot \bar{\boldsymbol{k}}_{ijm}^e \cdot \boldsymbol{u}_e V_j V_m)V_i - \cdots \\ \qquad - \dfrac{1}{6}\displaystyle\sum_{e=1}^{E_2}(\boldsymbol{u}_e^{\mathrm{T}} \cdot \bar{\boldsymbol{k}}_{ijm}^e \cdot \boldsymbol{u}_e V_j V_m)V_i + \boldsymbol{b}_i \cdot \boldsymbol{u}_i V_i + \cdots, & \text{2D} \\[4pt] \cdots + \dfrac{1}{2}\rho_i \dot{u}_i \cdot \dot{u}_i V_i - \dfrac{1}{8}\displaystyle\sum_{e=1}^{E_0}(\boldsymbol{u}_e^{\mathrm{T}} \cdot \bar{\boldsymbol{k}}_{ijmn}^e \cdot \boldsymbol{u}_e V_j V_m V_n)V_i - \cdots \\ \qquad - \dfrac{1}{8}\displaystyle\sum_{e=1}^{E_2}(\boldsymbol{u}_e^{\mathrm{T}} \cdot \bar{\boldsymbol{k}}_{ijmn}^e \cdot \boldsymbol{u}_e V_j V_m V_n)V_i + \boldsymbol{b}_i \cdot \boldsymbol{u}_i V_i + \cdots, & \text{3D} \end{cases} \qquad (3\text{-}24)$$

式中，E_2 表示其他粒子作用范围内包含粒子 i 的单元总数。

单元 e_{ij}、单元 e_{ijm} 和单元 e_{ijmn} 在式 (3-24) 中分别出现了 2 次、3 次和 4 次。式 (3-24) 可以重写为

$$L = \begin{cases} \cdots + \dfrac{1}{2}\rho_i \dot{u}_i^2 V_i - \dfrac{1}{2}\displaystyle\sum_{e=1}^{E_0}(\boldsymbol{u}_e^{\mathrm{T}} \cdot \bar{\boldsymbol{k}}_{ij}^e \cdot \boldsymbol{u}_e V_j)V_i - \cdots \\ \qquad + b_i u_i V_i + \cdots, & \text{1D} \\[4pt] \cdots + \dfrac{1}{2}\rho_i \dot{u}_i \cdot \dot{u}_i V_i - \dfrac{1}{2}\displaystyle\sum_{e=1}^{E_0}(\boldsymbol{u}_e^{\mathrm{T}} \cdot \bar{\boldsymbol{k}}_{ijm}^e \cdot \boldsymbol{u}_e V_j V_m)V_i - \cdots \\ \qquad + \boldsymbol{b}_i \cdot \boldsymbol{u}_i V_i + \cdots, & \text{2D} \\[4pt] \cdots + \dfrac{1}{2}\rho_i \dot{u}_i \cdot \dot{u}_i V_i - \dfrac{1}{2}\displaystyle\sum_{e=1}^{E_0}(\boldsymbol{u}_e^{\mathrm{T}} \cdot \bar{\boldsymbol{k}}_{ijmn}^e \cdot \boldsymbol{u}_e V_j V_m V_n)V_i - \cdots \\ \qquad + \boldsymbol{b}_i \cdot \boldsymbol{u}_i V_i + \cdots, & \text{3D} \end{cases} \qquad (3\text{-}25)$$

将式 (2-3)、式 (2-11)、式 (2-18)、式 (2-21) 和式 (3-25) 代入式 (3-21) 可得

一维、二维以及三维问题的运动方程

$$\rho_i \ddot{u}_i = - \sum_{e=1}^{E_0} (\bar{k}_{ii}^e u_i + \bar{k}_{ij}^e u_j) V_j + b_i \tag{3-26a}$$

$$\rho_i \ddot{\boldsymbol{u}}_i = - \sum_{e=1}^{E_0} (\bar{\boldsymbol{k}}_{ii}^e \boldsymbol{u}_i + \bar{\boldsymbol{k}}_{ij}^e \boldsymbol{u}_j + \bar{\boldsymbol{k}}_{im}^e \boldsymbol{u}_m) V_j V_m + \boldsymbol{b}_i \tag{3-26b}$$

$$\rho_i \ddot{\boldsymbol{u}}_i = - \sum_{e=1}^{E_0} (\bar{\boldsymbol{k}}_{ii}^e \boldsymbol{u}_i + \bar{\boldsymbol{k}}_{ij}^e \boldsymbol{u}_j + \bar{\boldsymbol{k}}_{im}^e \boldsymbol{u}_m + \bar{\boldsymbol{k}}_{in}^e \boldsymbol{u}_n) V_j V_m V_n + \boldsymbol{b}_i \tag{3-26c}$$

3.2.3 断裂准则

一维、二维和三维单元型近场动力学模型以 2 节点杆单元、3 节点三角形单元和 4 节点四面体单元作为模型构成元素，模型中并不包含键的作用。因此临界伸长率准则 [4−9] 不适用于单元型近场动力学模型。本书将临界应变能密度作为判断单元是否失效的准则 [1]。

如图 3-1 所示，受到均匀拉伸作用的薄板，模型中单元 e_1、e_2 经过初始裂纹线，单元 e_3 没有经过初始裂纹线。因此单元 e_1、e_2 发生失效，以上两个单元的微势能被释放。根据式 (2-20b)，单元 e_{ijm} 的微势能写为

$$w_{ijm}^e = \frac{1}{2} \omega \langle |\boldsymbol{\xi}| \rangle c_e \boldsymbol{u}_e^{\mathrm{T}} \boldsymbol{B}^{\mathrm{T}} \boldsymbol{D} \boldsymbol{B} \boldsymbol{u}_e = \frac{1}{2} \omega \langle |\boldsymbol{\xi}| \rangle c_e \boldsymbol{\varepsilon}_e^{\mathrm{T}} \boldsymbol{D} \boldsymbol{\varepsilon}_e = \omega \langle |\boldsymbol{\xi}| \rangle c_e \overline{w}_0^e \tag{3-27}$$

其中，$\overline{w}_0^e$ 代表临界应变能密度。

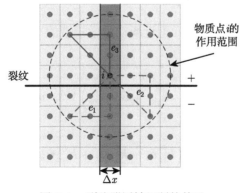

图 3-1　裂纹附近被切断的单元

为了形成面积为 $h\Delta x$ 的裂纹，模型释放的能量为

$$U = \frac{1}{3}\sum_{i=1}^{N_1}\left[\sum_{e=1}^{E_2}(w_{ijm}^e hV_iV_jV_m)\right] = \frac{1}{3}c_e h\overline{w}_0^e\sum_{i=1}^{N_1}\left[\sum_{e=1}^{E_2}(\omega\langle|\xi|\rangle V_iV_jV_m)\right] \quad (3\text{-}28)$$

其中，N_1 表示垂直于新产生裂纹的粒子总数 (图 3-1 紫色区域中的粒子)；E_2 代表粒子 i 作用范围内经过裂纹的单元总数；h 表示薄板的厚度。

形成面积为 $h\Delta x$ 的裂纹需要的能量为

$$S = G_{\text{IC}}h\Delta x \quad (3\text{-}29)$$

通过模型释放的能量与形成裂纹需要的能量相等，二维临界应变能密度可以写为

$$\overline{w}_0^e = \frac{3G_{\text{IC}}t\Delta x}{c_e\sum_{i=1}^{N_1}\left[\sum_{e=1}^{E_2}(\omega\langle|\xi|\rangle V_iV_jV_k)\right]} \quad (3\text{-}30)$$

单元 e_{ijm} 的状态可以由下式表示：

$$\mu_e = \begin{cases} 1, & \overline{w}_{ijm}^e < \overline{w}_0^e \\ 0, & \overline{w}_{ijm}^e \geqslant \overline{w}_0^e \end{cases} \quad (3\text{-}31)$$

式中，$\overline{w}_{ijm}^e$ 代表单元 e_{ijm} 的应变能密度

$$\overline{w}_{ijm}^e = \frac{1}{2}\boldsymbol{u}_e{}^{\mathrm{T}}\boldsymbol{B}^{\mathrm{T}}\boldsymbol{D}\boldsymbol{B}\boldsymbol{u}_e \quad (3\text{-}32)$$

考虑单元的状态，二维单元型近场动力学模型的平衡方程 (式 (3-16b)) 和运动方程 (式 (3-26b)) 可以改写为

$$\sum_{i=1}^{J}\left[\sum_{e=1}^{E_0}\left(\boldsymbol{G}_1^{\mathrm{T}}\mu_e\begin{bmatrix}\overline{\boldsymbol{k}}_{ii}^e & \overline{\boldsymbol{k}}_{ij}^e & \overline{\boldsymbol{k}}_{im}^e\end{bmatrix}\boldsymbol{G}V_jV_m\right)V_i\right]\cdot\boldsymbol{u} = \sum_{i=1}^{J}\left(\boldsymbol{G}_1^{\mathrm{T}}\boldsymbol{b}_iV_i\right) \quad (3\text{-}33)$$

$$\rho_i\ddot{\boldsymbol{u}}_i = -\sum_{e=1}^{E_0}\mu_e\left(\overline{\boldsymbol{k}}_{ii}^e\boldsymbol{u}_i + \overline{\boldsymbol{k}}_{ij}^e\boldsymbol{u}_j + \overline{\boldsymbol{k}}_{im}^e\boldsymbol{u}_m\right)V_jV_m + \boldsymbol{b}_i \quad (3\text{-}34)$$

三维问题如图 3-2 所示，块体受到均匀拉伸作用。根据式 (2-20c)，单元 e_{ijmn} 的微势能写为

$$w_{ijmn}^e = \frac{1}{2}\omega\langle|\xi|\rangle c_e\boldsymbol{u}_e{}^{\mathrm{T}}\boldsymbol{B}^{\mathrm{T}}\boldsymbol{D}\boldsymbol{B}\boldsymbol{u}_e = \frac{1}{2}\omega\langle|\xi|\rangle c_e\boldsymbol{\varepsilon}_e{}^{\mathrm{T}}\boldsymbol{D}\boldsymbol{\varepsilon}_e = \omega\langle|\xi|\rangle c_e\overline{w}_0^e \quad (3\text{-}35)$$

为了形成面积为 $(\Delta x)^2$ 的裂纹面，模型释放的能量为

$$U = \frac{1}{4} \sum_{i=1}^{N_1} \left[\sum_{e=1}^{E_2} \left(w_{ijmn}^e V_i V_j V_m V_n \right) \right] = \frac{1}{4} c_e \overline{w}_0^e \sum_{i=1}^{N_1} \left[\sum_{e=1}^{E_2} \left(\omega \left\langle |\boldsymbol{\xi}| \right\rangle V_i V_j V_m V_n \right) \right]$$

(3-36)

式中，N_1 代表垂直于裂纹面的一列粒子 (紫色区域中的粒子) 总数；E_2 表示粒子 i 作用范围内经过裂纹面的单元总数。

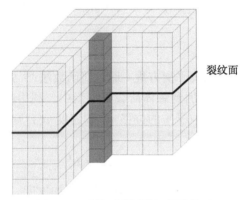

图 3-2　裂纹面附近被切断的单元

形成面积为 $(\Delta x)^2$ 的裂纹面需要的能量为

$$S = G_{\mathrm{IC}} \left(\Delta x \right)^2$$

(3-37)

通过模型释放的能量与形成裂纹面需要的能量相等，以及由式 (3-36) 和式 (3-37)，可以得到三维临界应变能密度的表达式，

$$\overline{w}_0^e = \frac{4 G_{\mathrm{IC}} \left(\Delta x \right)^2}{c_e \sum_{i=1}^{N_1} \left[\sum_{e=1}^{E_2} \left(\omega \left\langle |\boldsymbol{\xi}| \right\rangle V_i V_j V_m V_n \right) \right]}$$

(3-38)

单元 e_{ijmn} 的状态由下式判断：

$$\mu_e = \begin{cases} 1, & \overline{w}_{ijmn}^e < \overline{w}_0^e \\ 0, & \overline{w}_{ijmn}^e \geqslant \overline{w}_0^e \end{cases}$$

(3-39)

式中，$\overline{w}_{ijmn}^e$ 代表单元 e_{ijmn} 的应变能密度

$$\overline{w}_{ijmn}^e = \frac{1}{2} \boldsymbol{u}_e^{\mathrm{T}} \boldsymbol{B}^{\mathrm{T}} \boldsymbol{D} \boldsymbol{B} \boldsymbol{u}_e$$

(3-40)

考虑单元的状态，三维单元型近场动力学模型的平衡方程 (式 (3-16c)) 和运动方程 (式 (3-26c)) 改写为

$$\sum_{i=1}^{J} \left[\sum_{e=1}^{E_0} \left(\boldsymbol{G}_1^{\mathrm{T}} \mu_e \left[\begin{array}{cccc} \overline{\boldsymbol{k}}_{ii}^e & \overline{\boldsymbol{k}}_{ij}^e & \overline{\boldsymbol{k}}_{im}^e & \overline{\boldsymbol{k}}_{in}^e \end{array} \right] \boldsymbol{G} V_j V_m V_n \right) V_i \right] \cdot \boldsymbol{u} = \sum_{i=1}^{J} \left(\boldsymbol{G}_1^{\mathrm{T}} \boldsymbol{b}_i V_i \right)$$

$$(3\text{-}41)$$

$$\rho_i \ddot{\boldsymbol{u}}_i = - \sum_{e=1}^{E_0} \mu_e \left(\overline{\boldsymbol{k}}_{ii}^e \boldsymbol{u}_i + \overline{\boldsymbol{k}}_{ij}^e \boldsymbol{u}_j + \overline{\boldsymbol{k}}_{im}^e \boldsymbol{u}_m + \overline{\boldsymbol{k}}_{in}^e \boldsymbol{u}_n \right) V_j V_m V_n + \boldsymbol{b}_i \qquad (3\text{-}42)$$

3.2.4 求解方案

利用高斯消元法 [10] 求解平衡方程，通过罚函数法 [3] 施加位移边界条件，并将外荷载考虑为体力密度施加到总体荷载矢量当中。利用向前差分法 [4,11] 求解运动方程。如果已知 t 时刻粒子 i 的位移 $\boldsymbol{u}_i^t$ 和速度 $\dot{\boldsymbol{u}}_i^t$，则 $t+\Delta t$ 时刻粒子 i 的速度为

$$\dot{\boldsymbol{u}}_i^{t+\Delta t} = \ddot{\boldsymbol{u}}_i^t \Delta t + \dot{\boldsymbol{u}}_i^t \qquad (3\text{-}43)$$

式中，Δt 表示时间步长；$\ddot{\boldsymbol{u}}_i^t$ 代表 t 时刻粒子 i 的加速度。

对于一维情况、二维情况以及三维情况，$\ddot{\boldsymbol{u}}_i^t$ 可以由式 (3-26) 得到

$$\ddot{\boldsymbol{u}}_i^t = \left[- \sum_{e=1}^{E_0} \left(\overline{\boldsymbol{k}}_{ii}^e \boldsymbol{u}_i^t + \overline{\boldsymbol{k}}_{ij}^e \boldsymbol{u}_j^t \right) V_j + b_i^t \right] \bigg/ \rho_i \qquad (3\text{-}44\text{a})$$

$$\ddot{\boldsymbol{u}}_i^t = \left[- \sum_{e=1}^{E_0} \left(\overline{\boldsymbol{k}}_{ii}^e \boldsymbol{u}_i^t + \overline{\boldsymbol{k}}_{ij}^e \boldsymbol{u}_j^t + \overline{\boldsymbol{k}}_{im}^e \boldsymbol{u}_m^t \right) V_j V_m + \boldsymbol{b}_i^t \right] \bigg/ \rho_i \qquad (3\text{-}44\text{b})$$

$$\ddot{\boldsymbol{u}}_i^t = \left[- \sum_{e=1}^{E_0} \left(\overline{\boldsymbol{k}}_{ii}^e \boldsymbol{u}_i^t + \overline{\boldsymbol{k}}_{ij}^e \boldsymbol{u}_j^t + \overline{\boldsymbol{k}}_{im}^e \boldsymbol{u}_m^t + \overline{\boldsymbol{k}}_{in}^e \boldsymbol{u}_n^t \right) V_j V_m V_n + \boldsymbol{b}_i^t \right] \bigg/ \rho_i \qquad (3\text{-}44\text{c})$$

$t+\Delta t$ 时刻粒子 i 的位移为

$$\boldsymbol{u}_i^{t+\Delta t} = \dot{\boldsymbol{u}}_i^{t+\Delta t} \Delta t + \boldsymbol{u}_i^t \qquad (3\text{-}45)$$

显式积分是条件收敛的，需要给出时间步长的稳定性条件。t 时刻粒子 i 的位移写为 [4,11]

$$u_i^t = \zeta^t \mathrm{e}^{\eta i \sqrt{-1}} \qquad (3\text{-}46)$$

式中，η 和 ζ 分别代表某一正实数和某一复数。

如果式 (3-47) 成立，则式 (3-46) 有界，

$$|\zeta| \leqslant 1 \tag{3-47}$$

不考虑外力时，将式 (3-44) 写为中心差分格式

$$\rho_i \frac{u_i^{t+1} - 2u_i^t + u_i^{t-1}}{\Delta t^2} = -\sum_{e=1}^{E_0} \left(\overline{k}_{ii}^e u_i^t + \overline{k}_{ij}^e u_j^t \right) V_j \tag{3-48a}$$

$$\rho_i \frac{\boldsymbol{u}_i^{t+1} - 2\boldsymbol{u}_i^t + \boldsymbol{u}_i^{t-1}}{\Delta t^2} = -\sum_{e=1}^{E_0} \left(\overline{k}_{ii}^e \boldsymbol{u}_i^t + \overline{k}_{ij}^e \boldsymbol{u}_j^t + \overline{k}_{im}^e \boldsymbol{u}_m^t \right) V_j V_m \tag{3-48b}$$

$$\rho_i \frac{\boldsymbol{u}_i^{t+1} - 2\boldsymbol{u}_i^t + \boldsymbol{u}_i^{t-1}}{\Delta t^2} = -\sum_{e=1}^{E_0} \left(\overline{k}_{ii}^e \boldsymbol{u}_i^t + \overline{k}_{ij}^e \boldsymbol{u}_j^t + \overline{k}_{im}^e \boldsymbol{u}_m^t + \overline{k}_{in}^e \boldsymbol{u}_n^t \right) V_j V_m V_n \tag{3-48c}$$

将式 (2-3)、式 (2-11)、式 (2-18)、式 (3-46) 代入式 (3-48)

$$\rho_i \frac{\zeta^2 - 2\zeta + 1}{\Delta t^2} = -\sum_{e=1}^{E_0} \frac{\omega \langle |\xi| \rangle c_e E}{l_e^2} \zeta (1 - \cos(\eta(j-i))) V_j \tag{3-49a}$$

$$
\begin{aligned}
\rho_i \frac{\zeta^2 - 2\zeta + 1}{\Delta t^2} = & -\sum_{e=1}^{E_0} \frac{\omega \langle |\boldsymbol{\xi}| \rangle c_e}{4S_{ijm}^2} \zeta \{((\kappa + \mu) b_i{}^2 + \mu c_i{}^2) \\
& + ((\kappa + \mu) b_i b_j + \mu c_i c_j) \cos(\eta(j-i)) \\
& + ((\kappa + \mu) b_i b_m + \mu c_i c_m) \cos(\eta(m-i)) \} V_j V_m
\end{aligned}
\tag{3-49b}
$$

$$
\begin{aligned}
\rho_i \frac{\zeta^2 - 2\zeta + 1}{\Delta t^2} = & -\sum_{e=1}^{E_0} \frac{\omega \langle |\boldsymbol{\xi}| \rangle c_e}{36(V_{ijmn})^2} \zeta \{(b_i b_i (\kappa + 4\mu/3) + c_i c_i \mu + d_i d_i \mu) \\
& + (b_i b_j (\kappa + 4\mu/3) + c_i c_j \mu + d_i d_j \mu) \cos(\eta(j-i)) \\
& + (b_i b_m (\kappa + 4\mu/3) + c_i c_m \mu + d_i d_m \mu) \cos(\eta(m-i)) \\
& + (b_i b_n (\kappa + 4\mu/3) + c_i c_n \mu + d_i d_n \mu) \cos(\eta(n-i)) \} V_j V_m V_n
\end{aligned}
\tag{3-49c}
$$

定义

$$M_\eta = \begin{cases} \displaystyle\sum_{e=1}^{E_0} \frac{\omega\langle|\xi|\rangle c_e E}{2l_e^2}(1-\cos(\eta(j-i)))V_j, & \text{1D} \\[3mm] \displaystyle\sum_{e=1}^{E_0} \frac{\omega\langle|\xi|\rangle c_e}{8S_{ijm}^2}\{((\kappa+\mu)b_i^2+\mu c_i^2)+((\kappa+\mu)b_ib_j+\mu c_ic_j) \\[2mm] \qquad \times\cos(\eta(j-i))+((\kappa+\mu)b_ib_m+\mu c_ic_m)\cos(\eta(m-i)))\}V_jV_m, & \text{2D} \\[3mm] \displaystyle\sum_{e=1}^{E_0} \frac{\omega\langle|\xi|\rangle c_e}{72(V_{ijmn})^2}\{(b_ib_i(\kappa+4\mu/3)+c_ic_i\mu+d_id_i\mu) \\[2mm] \qquad +(b_ib_j(\kappa+4\mu/3)+c_ic_j\mu+d_id_j\mu)\cos(\eta(j-i)) \\[2mm] \qquad +(b_ib_m(\kappa+4\mu/3)+c_ic_m\mu+d_id_m\mu)\cos(\eta(m-i)) \\[2mm] \qquad +(b_ib_n(\kappa+4\mu/3)+c_ic_n\mu+d_id_n\mu)\cos(\eta(n-i)))\}V_jV_mV_n, & \text{3D} \end{cases}$$

$$\tag{3-50}$$

将式 (3-50) 代入式 (3-49)

$$\zeta^2-2\left[1-\frac{M_\eta\Delta t^2}{\rho_i}\right]+1=0 \tag{3-51}$$

求解式 (3-51) 得

$$\zeta=1-\frac{M_\eta\Delta t^2}{\rho_i}\pm\sqrt{\left[1-\frac{M_\eta\Delta t^2}{\rho_i}\right]^2-1} \tag{3-52}$$

合并式 (3-47)、式 (3-52) 可得

$$\Delta t<\sqrt{2\rho_i/M_\eta} \tag{3-53}$$

由式 (3-50)

$$M_\eta \leqslant \begin{cases} \displaystyle\sum_{e=1}^{E_0} \frac{\omega\langle|\xi|\rangle c_e E}{l_e^2}V_j, & \text{1D} \\[3mm] \displaystyle\sum_{e=1}^{E_0} \frac{\omega\langle|\xi|\rangle c_e}{8S_{ijm}^2}\Big[[(\kappa+\mu)b_i^2+\mu c_i^2]+[(\kappa+\mu)b_ib_j+\mu c_ic_j] \\[2mm] \qquad +[(\kappa+\mu)b_ib_m+\mu c_ic_m]\Big]V_jV_m, & \text{2D} \\[3mm] \displaystyle\sum_{e=1}^{E_0} \frac{\omega\langle|\xi|\rangle c_e}{72(V_{ijmn})^2}\Big[[b_ib_i(\kappa+4\mu/3)+c_ic_i\mu+d_id_i\mu] \\[2mm] \qquad +[b_ib_j(\kappa+4\mu/3)+c_ic_j\mu+d_id_j\mu] \\[2mm] \qquad +[b_ib_m(\kappa+4\mu/3)+c_ic_m\mu+d_id_m\mu] \\[2mm] \qquad +[b_ib_n(\kappa+4\mu/3)+c_ic_n\mu+d_id_n\mu]\Big]V_jV_mV_n, & \text{3D} \end{cases}$$

$$\tag{3-54}$$

通过式 (3-53) 和式 (3-54) 可以得到收敛条件

$$
\Delta t < \begin{cases}
\sqrt{2\rho_i \Big/ \displaystyle\sum_{e=1}^{E_0} \frac{\omega\langle|\xi|\rangle c_e E}{l_e^2} V_j}, & \text{1D} \\[3ex]
\sqrt{2\rho_i \Big/ \displaystyle\sum_{e=1}^{E_0} \frac{\omega\langle|\xi|\rangle c_e}{8S_{ijm}^2} \left(\begin{array}{l} ((\kappa+\mu)b_i^2+\mu c_i^2)+((\kappa+\mu)b_ib_j+\mu c_ic_j) \\ +((\kappa+\mu)b_ib_m+\mu c_ic_m) \end{array} \right) V_jV_m}, & \text{2D} \\[5ex]
\sqrt{2\rho_i \Big/ \displaystyle\sum_{e=1}^{E_0} \frac{\omega\langle|\xi|\rangle c_e}{72(V_{ijmn})^2} \left(\begin{array}{l} (b_ib_i(\kappa+4\mu/3)+c_ic_i\mu+d_id_i\mu) \\ +(b_ib_j(\kappa+4\mu/3)+c_ic_j\mu+d_id_j\mu) \\ +(b_ib_m(\kappa+4\mu/3)+c_ic_m\mu+d_id_m\mu) \\ +(b_ib_n(\kappa+4\mu/3)+c_ic_n\mu+d_id_n\mu) \end{array} \right) V_jV_mV_n}, & \text{3D}
\end{cases}
$$

$$(3\text{-}55)$$

3.3 弹塑性问题

3.3.1 平衡方程

材料以及结构的弹塑性行为与加载历史相关。可以采用全量法或增量法对材料以及结构的弹塑性行为进行描述。本书采用了增量的形式。t 时刻到 $t+\Delta t$ 时刻，模型的势能增量可以表示为

$$
\begin{aligned}
U(\Delta \boldsymbol{u}) = &\frac{1}{2}\sum_{i=1}^{J}\sum_{e=1}^{E_0} \omega\langle|\boldsymbol{\xi}|\rangle \overline{c}_e \Delta\boldsymbol{\varepsilon}_e^{\mathrm{T}} \Delta\boldsymbol{\sigma}_e \overline{V} \\
&+ \sum_{i=1}^{J}\sum_{e=1}^{E_0} \omega\langle|\boldsymbol{\xi}|\rangle \overline{c}_e \Delta\boldsymbol{\varepsilon}_e^{\mathrm{T}t}\boldsymbol{\sigma}_e \overline{V} - \sum_{i=1}^{J}\Delta\boldsymbol{u}^{\mathrm{T}}\boldsymbol{G}_1^{\mathrm{T}}(^t\boldsymbol{b}_i+\Delta\boldsymbol{b}_i)V_i
\end{aligned}
\tag{3-56}
$$

式中，$^t\boldsymbol{\sigma}_e$ 和 $^t\boldsymbol{b}_i$ 分别表示 t 时刻单元 e 的应力张量和粒子 i 的体力密度；$\Delta\boldsymbol{\sigma}_e$ 和 $\Delta\boldsymbol{\varepsilon}_e$ 分别为从 t 时刻到 $t+\Delta t$ 时刻单元 e 应力张量的增量和应变张量的增量；$\Delta\boldsymbol{b}_i$ 代表粒子 i 体力密度的增量；$\overline{V}$ 是体积乘积

$$
\overline{V} = \begin{cases}
V_j, & \text{1D} \\
V_jV_m, & \text{2D} \\
V_jV_mV_n, & \text{3D}
\end{cases}
\tag{3-57}
$$

$\bar{c}_e$ 定义为

$$\bar{c}_e = \begin{cases} c_e/2, & \text{1D} \\ c_e/3, & \text{2D} \\ c_e/4, & \text{3D} \end{cases} \tag{3-58}$$

单元 e 的应力张量增量定义为

$$\Delta\boldsymbol{\sigma}_e = \int_t^{t+\Delta t} \mathrm{d}\boldsymbol{\sigma}_e = \int_t^{t+\Delta t} \boldsymbol{D}^{\mathrm{ep}}\mathrm{d}\boldsymbol{\varepsilon}_e \tag{3-59}$$

其中，$\boldsymbol{D}^{\mathrm{ep}}$ 表示弹塑性矩阵。如果单元处于弹性阶段，则弹塑性矩阵 $\boldsymbol{D}^{\mathrm{ep}}$ 为弹性矩阵 $\boldsymbol{D}$；如果单元处于塑性阶段，则弹塑性矩阵 $\boldsymbol{D}^{\mathrm{ep}}$ 的表达式与单元应力 $\boldsymbol{\sigma}_e$ 以及等效塑性应变 $\bar{\varepsilon}_{\mathrm{p}}$ 有关。在各向同性强化、法向流动法则下，处于塑性阶段的弹塑性矩阵 $\boldsymbol{D}^{\mathrm{ep}}$ 写为 [3]

$$\boldsymbol{D}^{\mathrm{ep}} = \boldsymbol{D} - \frac{\boldsymbol{D}(\partial F/\partial\boldsymbol{\sigma})(\partial F/\partial\boldsymbol{\sigma})^{\mathrm{T}}\boldsymbol{D}}{(\partial F/\partial\boldsymbol{\sigma})^{\mathrm{T}}\boldsymbol{D}(\partial F/\partial\boldsymbol{\sigma}) + \frac{4}{9}\sigma_{\mathrm{s}}^2 E_{\mathrm{p}}} \tag{3-60}$$

式中，E_{p} 表示塑性模量；$\partial F/\partial\boldsymbol{\sigma}$ 和 F 分别为流动矢量和屈服函数。

根据法向流动法则，塑性应变增量和偏斜应力张量的关系可以写为

$$\mathrm{d}\varepsilon_{\mathrm{p}}^{ij} = \mathrm{d}\lambda s_{ij} \tag{3-61}$$

其中，s_{ij} 代表偏斜应力张量的分量。

塑性模量 E_{p} 与弹性模量 E 的关系为

$$E_{\mathrm{p}} = EE_{\mathrm{t}}/(E - E_{\mathrm{t}}) \tag{3-62}$$

式中，E_{t} 代表切线模量，由材料的应力应变曲线得到。

流动矢量 $\partial F/\partial\boldsymbol{\sigma}$ 写为

$$\frac{\partial F}{\partial\boldsymbol{\sigma}} = \begin{cases} \partial F/\partial\sigma_x, & \text{1D} \\ \left[\begin{array}{ccc} \partial F/\partial\sigma_x & \partial F/\partial\sigma_y & \partial F/\partial\tau_{xy} \end{array}\right]^{\mathrm{T}}, & \text{2D} \\ \left[\begin{array}{cccccc} \partial F/\partial\sigma_x & \partial F/\partial\sigma_y & \partial F/\partial\sigma_z & \partial F/\partial\tau_{yz} & \partial F/\partial\tau_{xz} & \partial F/\partial\tau_{xy} \end{array}\right]^{\mathrm{T}}, & \text{3D} \end{cases} \tag{3-63}$$

式中，σ_x、σ_y、σ_z、τ_{yz}、τ_{xz}、τ_{xy} 代表应力分量。

Mises 屈服条件对应的各向同性硬化的屈服函数可以写为

$$F = \frac{1}{2}s_{ij}s_{ij} - \frac{1}{3}\sigma_{\text{s}}^2 \tag{3-64}$$

式中，σ_{s} 表示屈服应力。

偏斜应力张量的分量 s_{ij} 写为

$$s_{ij} = \sigma_{ij} - \sigma_{\text{m}}\delta_{ij} \tag{3-65}$$

式中，σ_{ij} 表示应力张量的分量；σ_{m} 代表平均正应力，$\sigma_{\text{m}} = (\sigma_{11} + \sigma_{22} + \sigma_{33})/3$；$\delta_{ij}$ 为克罗内克尔符号。

将式 (3-59) 线性化可以得到

$$\Delta\boldsymbol{\sigma}_e = {}^\tau\boldsymbol{D}^{\text{ep}}\Delta\boldsymbol{\varepsilon}_e \quad (t \leqslant \tau \leqslant t + \Delta t) \tag{3-66}$$

式 (3-66) 中，单元 e 的应力张量增量采用切向预测径向回归子增量法 [3] 进行求解。

将式 (3-66) 代入式 (3-56)，可以得到

$$
\begin{aligned}
U(\Delta\boldsymbol{u}) &= \frac{1}{2}\sum_{i=1}^{J}\sum_{e=1}^{E_0}\omega\langle|\boldsymbol{\xi}|\rangle\overline{c}_e\Delta\boldsymbol{\varepsilon}_e^{\text{T}\tau}\boldsymbol{D}^{\text{ep}}\Delta\boldsymbol{\varepsilon}_e\overline{V} \\
&\quad + \sum_{i=1}^{J}\sum_{e=1}^{E_0}\omega\langle|\boldsymbol{\xi}|\rangle\overline{c}_e\Delta\boldsymbol{\varepsilon}_e^{\text{T}t}\boldsymbol{\sigma}_e\overline{V} - \sum_{i=1}^{J}\Delta\boldsymbol{u}^{\text{T}}\boldsymbol{G}_1^{\text{T}}\left({}^t\boldsymbol{b}_i + \Delta\boldsymbol{b}_i\right)V_i \\
&= \frac{1}{2}\sum_{i=1}^{J}\sum_{e=1}^{E_0}\omega\langle|\boldsymbol{\xi}|\rangle\overline{c}_e\Delta\boldsymbol{u}^{\text{T}}\boldsymbol{G}^{\text{T}}\boldsymbol{B}^{\text{T}\tau}\boldsymbol{D}^{\text{ep}}\boldsymbol{B}\boldsymbol{G}\Delta\boldsymbol{u}\overline{V} \\
&\quad + \sum_{i=1}^{J}\sum_{e=1}^{E_0}\omega\langle|\boldsymbol{\xi}|\rangle\overline{c}_e\Delta\boldsymbol{u}^{\text{T}}\boldsymbol{G}^{\text{T}}\boldsymbol{B}^{\text{T}t}\boldsymbol{\sigma}_e\overline{V} - \sum_{i=1}^{J}\Delta\boldsymbol{u}^{\text{T}}\boldsymbol{G}_1^{\text{T}}\left({}^t\boldsymbol{b}_i + \Delta\boldsymbol{b}_i\right)V_i
\end{aligned}
\tag{3-67}
$$

定义允许的位移增量为

$$\Delta\boldsymbol{u}^* = \Delta\boldsymbol{u} + \delta(\Delta\boldsymbol{u}) \tag{3-68}$$

式中，$\Delta\boldsymbol{u}$ 和 $\delta(\Delta\boldsymbol{u})$ 分别表示真实位移增量和真实位移增量的变分。

将式 (3-68) 代入式 (3-67)，可以得到

$$
U(\Delta \boldsymbol{u}^*) = \frac{1}{2} \sum_{i=1}^{J} \sum_{e=1}^{E_0} \omega \langle |\boldsymbol{\xi}| \rangle \overline{c}_e \left(\Delta \boldsymbol{u}^{\mathrm{T}} + \delta(\Delta \boldsymbol{u})^{\mathrm{T}} \right) \boldsymbol{G}^{\mathrm{T}} \boldsymbol{B}^{\mathrm{T}\tau} \boldsymbol{D}^{\mathrm{ep}} \boldsymbol{B} \boldsymbol{G} \left(\Delta \boldsymbol{u}^{\mathrm{T}} + \delta(\Delta \boldsymbol{u})^{\mathrm{T}} \right) \overline{V}
$$

$$
+ \sum_{i=1}^{J} \sum_{e=1}^{E_0} \omega \langle |\boldsymbol{\xi}| \rangle \overline{c}_e \left(\Delta \boldsymbol{u}^{\mathrm{T}} + \delta(\Delta \boldsymbol{u})^{\mathrm{T}} \right) \boldsymbol{G}^{\mathrm{T}} \boldsymbol{B}^{\mathrm{T}t} \boldsymbol{\sigma}_e \overline{V}
$$

$$
- \sum_{i=1}^{J} \left(\Delta \boldsymbol{u}^{\mathrm{T}} + \delta(\Delta \boldsymbol{u})^{\mathrm{T}} \right) \boldsymbol{G}_1^{\mathrm{T}} \left({}^{t}\boldsymbol{b}_i + \Delta \boldsymbol{b}_i \right) V_i
$$

$$
= U(\Delta \boldsymbol{u}) + \delta U(\Delta \boldsymbol{u}) + \frac{1}{2} \delta^2 U(\Delta \boldsymbol{u}) \tag{3-69}
$$

$$
\delta U(\Delta \boldsymbol{u}) = \delta(\Delta \boldsymbol{u})^{\mathrm{T}} \left[\sum_{i=1}^{J} \sum_{e=1}^{E_0} \omega \langle |\boldsymbol{\xi}| \rangle \overline{c}_e \boldsymbol{G}^{\mathrm{T}} \boldsymbol{B}^{\mathrm{T}\tau} \boldsymbol{D}^{\mathrm{ep}} \boldsymbol{B} \boldsymbol{G} \Delta \boldsymbol{u} \overline{V} \right.
$$

$$
\left. + \sum_{i=1}^{J} \sum_{e=1}^{E_0} \omega \langle |\boldsymbol{\xi}| \rangle \overline{c}_e \boldsymbol{G}^{\mathrm{T}} \boldsymbol{B}^{\mathrm{T}t} \boldsymbol{\sigma}_e \overline{V} - \sum_{i=1}^{J} \boldsymbol{G}_1^{\mathrm{T}} ({}^{t}\boldsymbol{b}_i + \Delta \boldsymbol{b}_i) V_i \right] \tag{3-70}
$$

$$
\delta^2 U(\Delta \boldsymbol{u}) = \sum_{i=1}^{J} \sum_{e=1}^{E_0} \omega \langle |\boldsymbol{\xi}| \rangle \overline{c}_e \delta(\Delta \boldsymbol{u})^{\mathrm{T}} \boldsymbol{G}^{\mathrm{T}} \boldsymbol{B}^{\mathrm{T}\tau} \boldsymbol{D}^{\mathrm{ep}} \boldsymbol{B} \boldsymbol{G} \delta(\Delta \boldsymbol{u}) \overline{V} \tag{3-71}
$$

式 (3-71) 中 $\delta^2 U$ 只包含应变能，除非模型中所有粒子真实位移增量的变分为 0，否则 $\delta^2 U > 0$，令 $\delta U(\Delta \boldsymbol{u}) = 0$ 可以得到弹塑性问题的平衡方程

$$
\sum_{i=1}^{J} \sum_{e=1}^{E_0} \omega \langle |\boldsymbol{\xi}| \rangle \overline{c}_e \boldsymbol{G}^{\mathrm{T}} \boldsymbol{B}^{\mathrm{T}\tau} \boldsymbol{D}^{\mathrm{ep}} \boldsymbol{B} \boldsymbol{G} \Delta \boldsymbol{u} \overline{V}
$$

$$
= \sum_{i=1}^{J} \boldsymbol{G}_1^{\mathrm{T}} ({}^{t}\boldsymbol{b}_i + \Delta \boldsymbol{b}_i) V_i - \sum_{i=1}^{J} \sum_{e=1}^{E_0} \omega \langle |\boldsymbol{\xi}| \rangle \overline{c}_e \boldsymbol{G}^{\mathrm{T}} \boldsymbol{B}^{\mathrm{T}t} \boldsymbol{\sigma}_e \overline{V} \tag{3-72}
$$

对于一维、二维和三维情况，单元 e_{ij}、单元 e_{ijm} 和单元 e_{ijmn} 在式 (3-72) 中分别出现了 2 次、3 次和 4 次。式 (3-72) 可以改写为

$$
\sum_{i=1}^{J} \sum_{e=1}^{E_0} \omega \langle |\boldsymbol{\xi}| \rangle c_e \boldsymbol{G}_1^{\mathrm{T}} \boldsymbol{B}_1^{\mathrm{T}\tau} \boldsymbol{D}^{\mathrm{ep}} \boldsymbol{B} \boldsymbol{G} \Delta \boldsymbol{u} \overline{V}
$$

$$
= \sum_{i=1}^{J} \boldsymbol{G}_1^{\mathrm{T}} ({}^{t}\boldsymbol{b}_i + \Delta \boldsymbol{b}_i) V_i - \sum_{i=1}^{J} \sum_{e=1}^{E_0} \omega \langle |\boldsymbol{\xi}| \rangle c_e \boldsymbol{G}_1^{\mathrm{T}} \boldsymbol{B}_1^{\mathrm{T}t} \boldsymbol{\sigma}_e \overline{V} \tag{3-73}
$$

式中，B_1 为应变矩阵，

$$
B_1 = \begin{cases}
-\dfrac{1}{l_e}, & \text{1D} \\[3mm]
\dfrac{1}{2S_{ijm}} \begin{bmatrix} b_i & 0 & c_i \\ 0 & c_i & b_i \end{bmatrix}^{\mathrm{T}}, & \text{2D} \\[5mm]
\dfrac{1}{6V_{ijmn}} \begin{bmatrix} b_i & 0 & 0 & c_i & 0 & d_i \\ 0 & c_i & 0 & b_i & d_i & 0 \\ 0 & 0 & d_i & 0 & c_i & b_i \end{bmatrix}^{\mathrm{T}}, & \text{3D}
\end{cases}
\tag{3-74}
$$

式 (3-73) 可以改写为

$$
{}^\tau K^{\mathrm{ep}} \Delta u = \Delta Q \tag{3-75}
$$

式中，${}^\tau K^{\mathrm{ep}}$ 表示总体刚度矩阵；Δu 和 ΔQ 分别代表位移增量矢量和荷载增量矢量。

总体刚度矩阵 ${}^\tau K^{\mathrm{ep}}$ 写为

$$
{}^\tau K^{\mathrm{ep}} = \sum_{i=1}^{J} \sum_{e=1}^{E_0} \omega \langle |\boldsymbol{\xi}| \rangle c_e G_1^{\mathrm{T}} B_1^{\mathrm{T}\tau} D^{\mathrm{ep}} B G \overline{V} \tag{3-76}
$$

荷载增量矢量 ΔQ 写为

$$
\Delta Q = {}^{t+\Delta t} Q_l - {}^t Q_i = \sum_{i=1}^{J} G_1^{\mathrm{T}} ({}^t b_i + \Delta b_i) V_i - \sum_{i=1}^{J} \sum_{e=1}^{E_0} \omega \langle |\boldsymbol{\xi}| \rangle c_e G_1^{\mathrm{T}} B_1^{\mathrm{T}t} \sigma_e \overline{V} \tag{3-77}
$$

式中，${}^{t+\Delta t} Q_l$ 和 ${}^t Q_i$ 分别代表 $t + \Delta t$ 时刻的外荷载矢量和 t 时刻的内力矢量。

模型中粒子通过自身承受的外力以及其他粒子对该粒子的作用保持平衡。由于作用范围不完整，在计算非局部理论边界附近粒子的内力矢量时会导致较大的计算误差，影响收敛速度，甚至会导致计算结果发散。本书采用单元型近场动力学与局部理论耦合的方案避免了这一问题，具体耦合方案以及求解方案见第 6 章。

3.3.2 破坏准则

对于塑性问题，本书采用经典连续介质力学的材料强度作为破坏准则[12]。当单元 e 的等效应力达到材料强度时，单元发生破坏，

$$
\mu_e = \begin{cases}
0, & \sigma_e^{\mathrm{s}} \geqslant \sigma_{\mathrm{broken}}^{\mathrm{s}} \\
1, & \sigma_e^{\mathrm{s}} < \sigma_{\mathrm{broken}}^{\mathrm{s}}
\end{cases}
\tag{3-78}
$$

式中，σ_e^s 和 σ_{broken}^s 分别表示单元 e 的等效应力和材料强度值。

考虑单元的状态，式 (3-73) 可以改写为

$$\sum_{i=1}^{J}\sum_{e=1}^{E_0}\mu_e\omega\langle|\boldsymbol{\xi}|\rangle c_e\boldsymbol{G}_1^{\mathrm{T}}\boldsymbol{B}_1^{\mathrm{T}\tau}\boldsymbol{D}^{\mathrm{ep}}\boldsymbol{B}\boldsymbol{G}\Delta\boldsymbol{u}\overline{V}$$

$$=\sum_{i=1}^{J}\boldsymbol{G}_1^{\mathrm{T}}({}^t\boldsymbol{b}_i+\Delta\boldsymbol{b}_i)V_i-\sum_{i=1}^{J}\sum_{e=1}^{E_0}\mu_e\omega\langle|\boldsymbol{\xi}|\rangle c_e\boldsymbol{G}_1^{\mathrm{T}}\boldsymbol{B}_1^{\mathrm{T}t}\boldsymbol{\sigma}_e\overline{V} \qquad (3\text{-}79)$$

3.4　数 值 算 例

m(粒子作用范围半径 δ 与网格密度 Δx 的比值，$m=\delta/\Delta x$) 的取值对近场动力学计算精度影响很大 [13]。首先，通过对一维"奇异"杆和二维含裂纹薄板弹性变形分析得到 m 的取值对单元型近场动力学模型计算精度的影响规律。接下来，通过对三维块体变形模拟以及薄板裂纹扩展模拟验证单元型近场动力学模型处理三维弹性变形问题以及裂纹扩展问题的有效性。最后，通过单元型近场动力学模型进行弹塑性变形以及弹塑性裂纹扩展模拟。由于较难推导含裂纹等缺陷的非局部理论解析解，且粒子作用范围趋于无穷小时，近场动力学计算结果收敛于局部理论解析解 [13]。所以本书将单元型近场动力学模型的计算结果与局部理论解析解进行对比，从而验证了计算结果的正确性。

3.4.1　弹性问题

3.4.1.1　一维"奇异"杆弹性变形分析

如图 3-3 所示，模型左端固定，右端施加荷载 $p=10\mathrm{MPa}$。模型长度 $L=1000\mathrm{mm}$。杆模型的杨氏模量 $E(x)$ 随坐标轴 x 的变化规律为

$$E(x)=\begin{cases}E^0=p/\alpha, & x\leqslant L/2 \\ p\left(\alpha+\dfrac{\beta}{2\sqrt{L}\sqrt{x/L-1/2}}\right)^{-1}, & x>L/2\end{cases} \qquad (3\text{-}80)$$

式中，L 表示一维杆的长度；α 和 β 两个参数均取 1。

局部理论得到以上问题的位移场、应变场结果为 [14]

$$\frac{u(x)}{L}=\begin{cases}\alpha x/L, & x\leqslant L/2 \\ \alpha x/L+\dfrac{\beta}{\sqrt{L}}\sqrt{x/L-1/2}, & x>L/2\end{cases} \qquad (3\text{-}81)$$

$$\varepsilon(x) = \begin{cases} \alpha, & x \leqslant L/2 \\ \alpha + \dfrac{\beta}{2\sqrt{L}\sqrt{x/L - 1/2}}, & x > L/2 \end{cases} \tag{3-82}$$

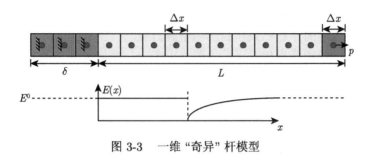

图 3-3   一维 "奇异" 杆模型

通过表 3-1 所示的三种不同网格密度模型对上述模型的位移场、应力场和应变场进行计算,并与局部理论解析解进行对比。相对位移误差和相对能量误差的 L_2 范数为 [14]

表 3-1   不同的 Δx 和 m 取值的情况

类别	Δx/mm	δ/mm	m
	1.5	3.0	2
	1.5	4.5	3
类别 1	1.5	6.0	4
	1.5	7.5	5
	1.5	9.0	6
	1.0	2.0	2
	1.0	3.0	3
类别 2	1.0	4.0	4
	1.0	5.0	5
	1.0	6.0	6
	0.5	1.0	2
	0.5	1.5	3
类别 3	0.5	2.0	4
	0.5	2.5	5
	0.5	3.0	6

$$e_{\mathrm{u}} = \sqrt{\dfrac{\displaystyle\int_H \left(u^{\mathrm{num}} - u^{\mathrm{local}}\right)^{\mathrm{T}} \left(u^{\mathrm{num}} - u^{\mathrm{local}}\right) \mathrm{d}H}{\displaystyle\int_H \left(u^{\mathrm{local}}\right)^{\mathrm{T}} u^{\mathrm{local}} \mathrm{d}H}} \tag{3-83}$$

$$e_{\mathrm{E}} = \sqrt{\dfrac{\dfrac{1}{2}\displaystyle\int_H \left(\varepsilon^{\mathrm{num}} - \varepsilon^{\mathrm{local}}\right)^{\mathrm{T}} \left(\sigma^{\mathrm{num}} - \sigma^{\mathrm{local}}\right) \mathrm{d}H}{\dfrac{1}{2}\displaystyle\int_H \left(\varepsilon^{\mathrm{local}}\right)^{\mathrm{T}} \sigma^{\mathrm{local}} \mathrm{d}H}} \tag{3-84}$$

式中，u、σ 和 ε 分别表示位移、应力和应变，上标 "num" 和 "local" 分别代表单元型近场动力学的计算结果和局部理论解析解。

位移相对误差和能量相对误差如图 3-4 所示，网格密度 Δx 固定时，位移和能量的误差随 m 的增大而增大；m 固定时，位移和能量的误差随网格密度 Δx 的减小而减小。此外，对于所有情况，上述两种误差都足够小，这说明一维单元型近场动力学模型不存在不稳定性问题。

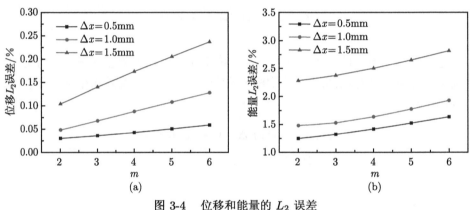

图 3-4　位移和能量的 L_2 误差

(a) 位移误差；(b) 能量误差

3.4.1.2　二维含裂纹薄板弹性变形分析

当含裂纹的无限大板受到均匀拉伸荷载时，裂纹尖端附近的位移场和应力场表示为 [14,15]

$$\begin{cases} \sigma_x = \dfrac{K_{\mathrm{I}}}{\sqrt{2\pi r}} \cos\dfrac{\theta}{2}\left(1 - \sin\dfrac{\theta}{2}\sin\dfrac{3\theta}{2}\right) \\ \sigma_x = \dfrac{K_{\mathrm{I}}}{\sqrt{2\pi r}} \cos\dfrac{\theta}{2}\left(1 + \sin\dfrac{\theta}{2}\sin\dfrac{3\theta}{2}\right) \\ \tau_{xy} = \dfrac{K_{\mathrm{I}}}{\sqrt{2\pi r}} \cos\dfrac{\theta}{2}\sin\dfrac{\theta}{2}\cos\dfrac{3\theta}{2} \end{cases} \tag{3-85}$$

$$\begin{cases} u = \dfrac{2\left(1+\nu\right)K_{\mathrm{I}}}{4E}\sqrt{\dfrac{r}{2\pi}}\left[\left(2\dfrac{3-\nu}{1+\nu} - 1\right)\cos\dfrac{\theta}{2} - \cos\dfrac{3\theta}{2}\right] \\ v = \dfrac{2\left(1+\nu\right)K_{\mathrm{I}}}{4E}\sqrt{\dfrac{r}{2\pi}}\left[\left(2\dfrac{3-\nu}{1+\nu} + 1\right)\sin\dfrac{\theta}{2} - \sin\dfrac{3\theta}{2}\right] \end{cases} \tag{3-86}$$

式中，r 和 θ 代表定义在裂纹尖端的极坐标系的坐标轴。

模型尺寸和边界区域如图 3-5 所示，其中长度和厚度分别为 $2a = 100\text{mm}$ 和 $t = 1\text{mm}$，初始裂纹长度为 50mm。在图中的绿色区域按照式 (3-86) 施加位移边界条件，从而模拟 I 型裂纹尖端附近的位移场，边界区域宽度为 δ。杨氏模量和泊松比分别为 $E = 2\text{GPa}$，$\nu = 0.4$，应力强度因子 $K_1 = 1\text{MPa} \cdot \text{mm}^{\frac{1}{2}}$。

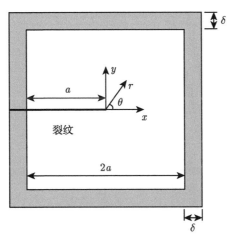

图 3-5 模型尺寸和边界区域

采用表 3-1 所示的三种不同网格密度模型对上述模型的位移场、应力场和应变场进行计算，并与局部理论解析解进行对比。位移相对误差和能量相对误差如图 3-6 所示，当网格密度 Δx 固定时，位移的误差随 m 的增加先减小后增大，能量的误差随 m 的增加而增大；当 m 固定时，误差随网格密度 Δx 的减小而减小。兼顾计算精度与计算效率的考虑，本书取 $m = 3$。

3.4.1.3 三维块体弹性变形分析

一维"奇异"杆和二维含裂纹薄板弹性变形分析表明，在单元型近场动力学中 $m = 3$ 是一个合理的选择。在本书中，$m = 3$ 同样应用于三维问题。三维块体模型如图 3-7 (a) 所示，模型长度 $L = 50\text{mm}$、宽度 $W = 10\text{mm}$、高度 $H = 10\text{mm}$。模型材料参数为：杨氏模量 $E = 72\text{GPa}$、泊松比 $\nu = 0.22$。网格间距取 $\Delta x = 1\text{mm}$，模型均匀离散为 5000 个粒子。边界条件如图 3-7 (b) 所示。三维块体位移的解析表达式不易得到，因此采用有限元结果作为参考，其中有限元模型采用 ABAQUS 软件进行计算。有限元模型均匀离散为 6171 个节点和 5000 个 8 节点 6 面体单元。同时，采用键型近场动力学模型对三维块体弹性位移场进行模拟，并与单元型近场动力学以及有限元结果进行对比，键型近场动力学模型与单元型近场动力学模型采用相同的网格划分。

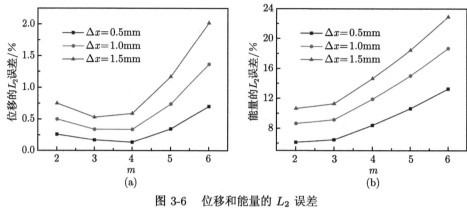

图 3-6　位移和能量的 L_2 误差

(a) 位移误差；(b) 能量误差

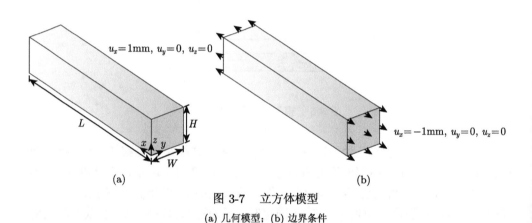

图 3-7　立方体模型

(a) 几何模型；(b) 边界条件

单元型近场动力学和有限元模拟得到的三维块体位移分量如图 3-8 所示。单元型近场动力学、键型近场动力学和有限元模型沿直线 $l(y=0, z=10\text{mm})$ 上的位移分量如图 3-9 所示。由图 3-8 和图 3-9 可知，单元型近场动力学结果与有限元结果吻合，单元型近场动力学模型不存在不稳定性问题。此外，图 3-9 (b) 和 (c) 表明，键型模型的位移分量 u_y、位移分量 u_z 偏离了有限元结果，这是因为该模型的泊松比只能取固定值 1/4。单元型近场动力学的位移分量 u_y 和 u_z 与有限元结果一致，侧面验证了单元型近场动力学模型的泊松比不存在限制。

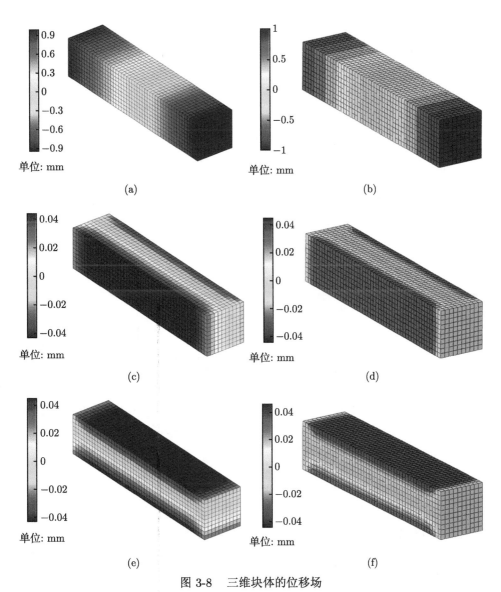

图 3-8 三维块体的位移场

(a) 单元型近场动力学模型的 u_x; (b) 有限元模型的 u_x; (c) 单元型近场动力学模型的 u_y;

(d) 有限元模型的 u_y; (e) 单元型近场动力学模型的 u_z; (f) 有限元模型的 u_z

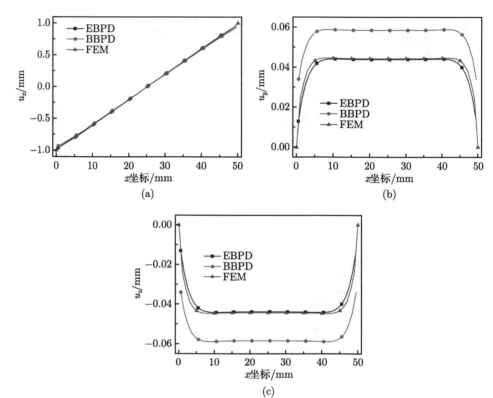

图 3-9   单元型近场动力学 (EBPD) 模型、键型近场动力学 (BBPD) 模型和有限元 (FEM)
模型沿直线 l 的 u_x、u_y 和 u_z 位移分量

(a) u_x; (b) u_y; (c) u_z

3.4.1.4   含初始裂纹薄板裂纹扩展模拟

含初始裂纹矩形薄板模型如图 3-10 所示，其中薄板长度和宽度均为 $2W =$ 150mm，初始裂纹长 $2a = 45$mm。初始裂纹与水平方向夹角分别为 $\alpha = 0°$、$\alpha = 15°$、$\alpha = 30°$、$\alpha = 45°$ 和 $\alpha = 62.5°$。杨氏模量、泊松比和断裂刚度分别为 $E = 2.94$GPa，$\nu = 0.38$ 和 $K_{IC} = 1.33$MPa $\cdot$ m$^{\frac{1}{2}}$。薄板顶端和底端施加位移边界条件，位移增量 $\Delta u = 2.5 \times 10^{-4}$mm。网格间距取 $\Delta x = 1$mm，模型均匀离散为 22500 个粒子。

以上几种情况模型的裂纹扩展路径如图 3-11 所示，模拟结果中的裂纹路径水平向左右两侧扩展，而实验结果 [16] 中裂纹路径存在一定的偏移。这种差异可能是临界应变能密度不能区分拉伸和压缩造成的，本书给出的断裂准则相对简单，在后续的研究中还会加以改进。

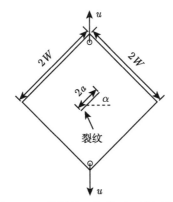

图 3-10　薄板的几何模型及边界条件

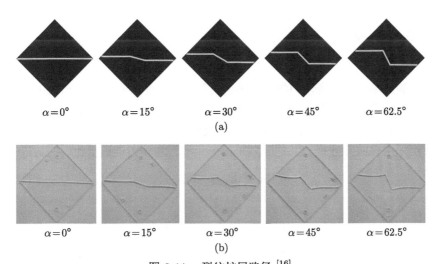

(a)

(b)

图 3-11　裂纹扩展路径 [16]

(a) 单元型近场动力学模拟结果；(b) 实验结果

　　图 3-12 给出了单元型近场动力学、常规态近场动力学 (OSBPD) 预测得到的失效载荷 [4] 和实验结果 [16]。由于临界应变能密度断裂准则是针对 I 型裂纹推导得到的，所以单元型近场动力学模型对裂纹角度 62.5° 情况失效载荷预测结果的误差较大。对于其他情况，单元型近场动力学模型的预测结果与实验值的误差小于 10%。此外，单元型近场动力学模型的预测结果与实验结果 [16] 以及常规态近场动力学模型的预测结果 [4] 吻合较好。

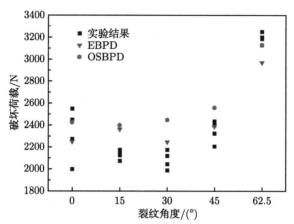

图 3-12 单元型近场动力学、常规态近场动力学预测得到的失效载荷和实验结果

3.4.2 弹塑性问题

3.4.2.1 材料弹塑性变形分析

为了验证单元型近场动力学模型描述材料弹塑性变形的能力, 选取图 3-13 所示的一维、二维以及三维模型。模型尺寸如表 3-2 所示, 其中一维杆的横截面积取 $A = 0.1\text{mm}^2$, 二维薄板的厚度取 $h = 0.1\text{mm}$, 模型网格密度取 $\Delta x = 1.0\text{mm}$。厚度为 δ 的边界层采用有限元建模, 其他区域采用单元型近场动力学模型建模, 边界条件为

$$u|_{x=0} = 0, \quad p|_{x=L} = \sigma_{\text{p}} \tag{3-87}$$

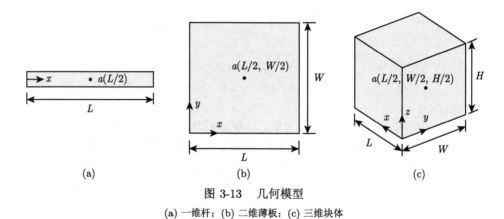

图 3-13 几何模型

(a) 一维杆; (b) 二维薄板; (c) 三维块体

材料参数为: 杨氏模量 $E = 78.2\text{GPa}$, 泊松比 $\nu = 0.3$, 初始屈服应力 $\sigma^{s0} = 290\text{MPa}$。分别采用线性强化规律和非线性强化规律描述材料的塑性性能。线性强化规律和非线性强化规律分别由式 (3-88) 和式 (3-89) 表示

$$\sigma^{\mathrm{s}} = E\overline{\varepsilon}^{\mathrm{p}}/5 \tag{3-88}$$

$$\sigma^{\mathrm{s}} = \sigma^{\mathrm{s}0}\left(1.0 + 125.0\overline{\varepsilon}^{\mathrm{p}}\right)^{0.1} \tag{3-89}$$

其中，σ^{s} 和 $\overline{\varepsilon}^{\mathrm{p}}$ 分别代表屈服应力和等效塑性应变。

表 3-2　一维、二维以及三维模型的尺寸

模型	长度 L/mm	宽度 W/mm	高度 H/mm
一维杆	10	—	—
二维薄板	10	10	—
三维块体	10	10	10

为了考虑加载路径对材料弹塑性行为的影响，对于线性和非线性强化模型，均考虑两种加载方案。

(1) 对于线性强化模型。

方案 1：荷载 σ_{p} 由 0 加载到 455MPa。

方案 2：荷载 σ_{p} 由 0 加载到 400MPa，再由 400MPa 卸载到 250MPa，最后由 250MPa 加载到 450MPa。

(2) 对于非线性强化模型。

方案 1：荷载 σ_{p} 由 0 加载到 390MPa。

方案 2：荷载 σ_{p} 由 0 加载到 330MPa，再由 330MPa 卸载到 180MPa，最后由 180MPa 加载到 370MPa。

考虑线性强化规律的模型中位于模型中心位置的粒子 a 的等效应力与位移的关系曲线如图 3-14 所示。当粒子 a 的等效应力达到屈服应力之前，等效应力与位移呈现出线性关系。当等效应力达到屈服应力之后，等效应力与位移仍然呈现线性关系，只是斜率发生了改变。在卸载过程中，等效应力与位移呈现出与弹性加载阶段相同的线性关系。粒子 a 的等效应力与等效塑性应变关系曲线如图 3-15 所示，在塑性加载阶段，等效应力与等效塑性应变呈现出线性关系，在卸载过程中，耦合模型也捕捉到了弹性卸载的现象。还需注意的是，在整个模拟过程中，耦合模型与有限元模型均表现出了相同的结果，从而验证了所提出模型的正确性。

考虑非线性强化规律的模型中粒子 a 的等效应力与位移关系曲线如图 3-16 所示。当粒子 a 的等效应力达到屈服应力之前，等效应力与位移呈现出线性关系。等效应力达到屈服应力之后，等效应力与位移呈现出非线性增长的关系。在卸载过程中，等效应力与位移表现出弹性阶段的线性关系。粒子 a 的等效应力和等效塑性应变关系曲线如图 3-17 所示，耦合模型可以准确地捕捉到等效塑性应变在整个加载过程中的变化规律。通过图 3-14 ～ 图 3-17 可知，在整个模拟过程中，耦合模型与有限元模型均表现出了相同的结果，从而验证了所提出模型的正确性。

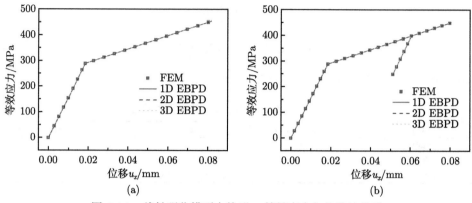

图 3-14　线性强化模型中粒子 a 等效应力与位移的关系

(a) 加载方案 1；(b) 加载方案 2

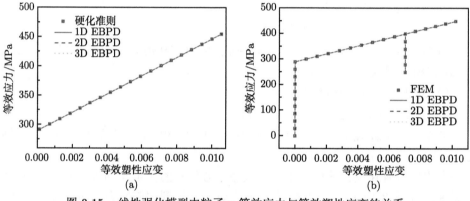

图 3-15　线性强化模型中粒子 a 等效应力与等效塑性应变的关系

(a) 加载方案 1；(b) 加载方案 2

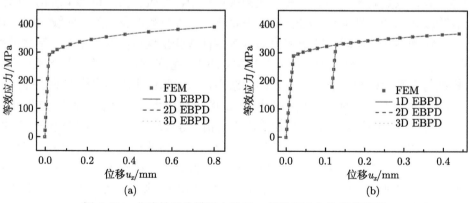

图 3-16　非线性强化模型中粒子 a 等效应力与位移的关系

(a) 加载方案 1；(b) 加载方案 2

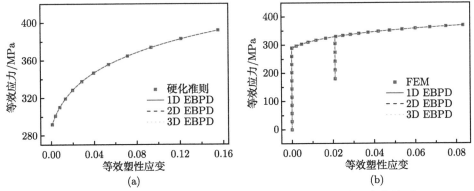

图 3-17 非线性强化模型中粒子 a 等效应力与等效塑性应变的关系

(a) 加载方案 1; (b) 加载方案 2

3.4.2.2 空心矩形薄板弹塑性变形模拟

空心矩形薄板如图 3-18 (a) 所示,其中 $L = W = 1000\text{mm}$,$L_1 = W_1 = 400\text{mm}$。边界条件如图 3-18 (b) 所示,模型左边界固定,右边界施加的均匀拉应力荷载 p 由 0 加载到 160MPa。模型区域划分为:模型最外侧宽度为 δ 的区域划分为有限元区域,中间含方孔的区域划分为单元型近场动力学区域。两个区域的网格密度均取 $\Delta x = 10\text{mm}$。采用 3.4.2.1 节的材料参数和线性强化准则。

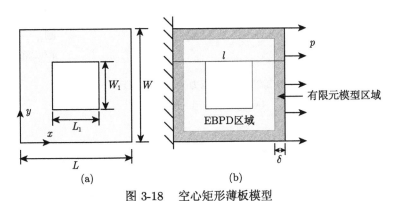

图 3-18 空心矩形薄板模型

(a) 几何尺寸; (b) 边界条件及区域划分

以有限元计算结果作为耦合模型计算结果的对照,其中有限元模型采用四节点四边形单元,网格密度为 $\Delta x = 10\text{mm}$。耦合模型与有限元模型计算得到的薄板的等效应力和等效塑性应变如图 3-19 ~ 图 3-24 所示。图 3-19 ~ 图 3-22 表明,高应力区域出现在矩形孔洞右端的两个角点附近,高应力区域出现塑性变形,且塑性变形随着载荷 p 的增大而增大。此外,耦合模型与有限元模型得到的等效应力和等效塑性应变云图一致。

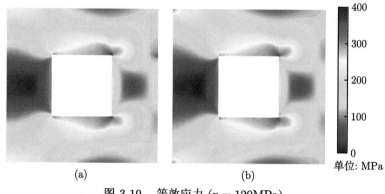

(a)　　　　　　　　　　　　(b)　　　　　　　单位: MPa

图 3-19　等效应力 ($p = 120\text{MPa}$)

(a) 耦合模型；(b) 有限元模型

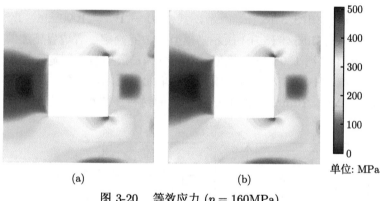

(a)　　　　　　　　　　　　(b)　　　　　　　单位: MPa

图 3-20　等效应力 ($p = 160\text{MPa}$)

(a) 耦合模型；(b) 有限元模型

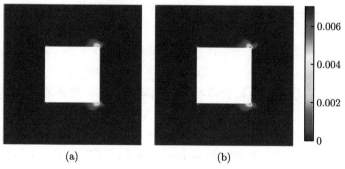

(a)　　　　　　　　　　　　(b)

图 3-21　等效塑性应变 ($p = 120\text{MPa}$)

(a) 耦合模型；(b) 有限元模型

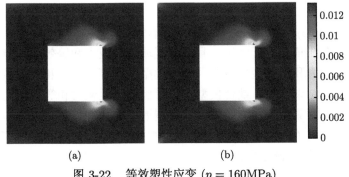

图 3-22   等效塑性应变 ($p = 160\mathrm{MPa}$)

(a) 耦合模型；(b) 有限元模型

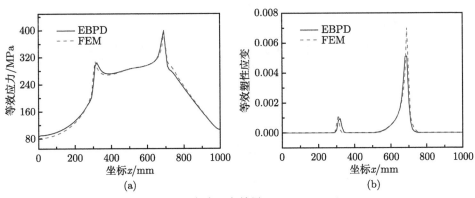

(a)　　　　　　　　　　　　　　　　(b)

图 3-23   直线 l 上结果 ($p = 120\mathrm{MPa}$)

(a) 等效应力；(b) 等效塑性应变

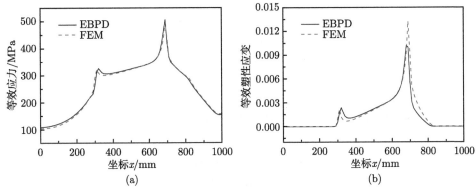

(a)　　　　　　　　　　　　　　　　(b)

图 3-24   直线 l 上结果 ($p = 160\mathrm{MPa}$)

(a) 等效应力；(b) 等效塑性应变

图 3-23 和图 3-24 给出了右边界均匀拉应力荷载 $p = 120\text{MPa}$ 和 $p = 160\text{MPa}$ 时直线 l(图 3-18 (b)) 上的等效应力和等效塑性应变。等效塑性区域出现在矩形孔左侧角点以及右侧角点附近区域，且右侧区域等效应力和等效塑性应变均大于左侧区域的等效应力和等效塑性应变。耦合模型预测等效应力和等效塑性应变的变化规律与有限元结果一致。耦合模型计算得到的等效应力和等效塑性应变的最大值略小于有限元预测结果。这是因为单元型近场动力学通过对粒子作用范围内所有单元的等效应力 (等效塑性应变) 求平均得到粒子的等效应力 (等效塑性应变)，应力/应变集中的程度低于局部理论。

3.4.2.3   含初始裂纹薄板裂纹扩展模拟

模型尺寸如图 3-25 (a) 所示，薄板长度 $L = 500\text{mm}$，宽度 $W = 500\text{mm}$。模型中央存在长度 $W_1 = 200\text{mm}$ 的竖直裂纹。如图 3-25 (b)，薄板左右边界宽度为 δ 的区域采用有限元进行离散，中间包含初始裂纹的区域采用单元型近场动力学进行离散。左右边界施加均布荷载 p。有限元区域和单元型近场动力学区域的网格密度均为 $\Delta x = 10\text{mm}$，采用 3.4.2.1 节的材料参数和线性强化准则。强度值取 $\sigma_{\text{broken}}^{\text{s}} = 330.0\text{MPa}$。

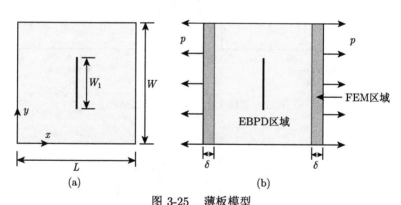

图 3-25   薄板模型

(a) 几何尺寸；(b) 边界条件及区域划分

图 3-26 给出了薄板在不同荷载下的裂纹扩展路径，当 $p = 60.4\text{MPa}$ 时，裂纹开始沿着初始裂纹方向向上下两侧扩展。当 $p = 61\text{MPa}$ 时，裂纹扩展到边界附近。图 3-27 和图 3-28 分别给出了不同荷载下薄板的等效应力和等效塑性应变云图，高应力区域一直保持在裂纹尖端附近，而塑性区域则分布在整个裂纹路径周围。此外，耦合模型预测得到的裂纹扩展路径、等效应力区域以及塑性区域与文献 [17] 一致。

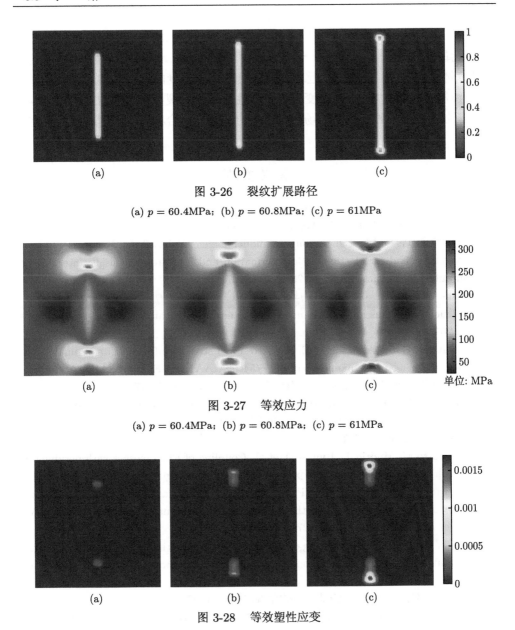

图 3-26　裂纹扩展路径

(a) $p = 60.4$MPa；(b) $p = 60.8$MPa；(c) $p = 61$MPa

图 3-27　等效应力

(a) $p = 60.4$MPa；(b) $p = 60.8$MPa；(c) $p = 61$MPa

图 3-28　等效塑性应变

(a) $p = 60.4$MPa；(b) $p = 60.8$MPa；(c) $p = 61$MPa

3.5　小　　结

本章利用最小势能原理推导单元型近场动力学弹性问题的平衡方程，利用 Euler-Lagrange 方程推导弹性问题的运动方程，并利用最小势能原理推导弹塑性问题增量形式的平衡方程，给出了针对弹性破坏问题的临界应变能密度断裂准则和针对弹塑性问题的强度准则。然后，给出了静力学以及动力学问题的求解方案。通过算例讨论了 m 对单元型近场动力学模型计算精度的影响。然后，验证了单元型近场动力学模型处理弹性变形、弹塑性变形以及裂纹扩展问题的能力。本章的内容为后面章节的单元型近场动力学热力耦合、复合材料等模型的提出奠定了基础。

参 考 文 献

[1] Liu S, Fang G, Liang J, et al. A new type of peridynamics: element-based peridynamics[J]. Computer Methods in Applied Mechanics and Engineering, 2020, 366: 113098.

[2] Liu S, Fang G, Fu M, et al. A coupling model of element-based peridynamics and finite element method for elastic-plastic deformation and fracture analysis[J]. International Journal of Mechanical Sciences, 2022, 220: 107170.

[3] 王勖成. 有限单元法 [M]. 北京: 清华大学出版社, 2003.

[4] Madenci E, Oterkus E. Peridynamic Theory and Its Applications[M]. New York: Springer, 2014.

[5] Colavito K, Barut A, Madenci E, et al. Residual strength of composite laminates with a hole by using peridynamic theory[C]//54th AIAA/ASME/ASCE/AHS/ASC Structures, Structural Dynamics, and Materials Conference. 2013: 1761.

[6] Shojaei A, Mudric T, Zaccariotto M, et al. A coupled meshless finite point/peridynamic method for 2D dynamic fracture analysis[J]. International Journal of Mechanical Sciences, 2016, 119: 419-431.

[7] Zaccariotto M, Mudric T, Tomasi D, et al. Coupling of FEM meshes with peridynamic grids[J]. Computer Methods in Applied Mechanics and Engineering, 2018, 330: 471-497.

[8] Ghajari M, Iannucci L, Curtis P. A peridynamic material model for the analysis of dynamic crack propagation in orthotropic media[J]. Computer Methods in Applied Mechanics and Engineering, 2014, 276: 431-452.

[9] Zhou W, Liu D, Liu N. Analyzing dynamic fracture process in fiber-reinforced composite materials with a peridynamic model[J]. Engineering Fracture Mechanics, 2017, 178: 60-76.

[10] 李景涌. 有限元法 [M]. 北京: 北京邮电学院出版社, 1999.

[11] Silling S A, Askari E. A meshfree method based on the peridynamic model of solid mechanics[J]. Computers & Structures, 2005, 83(17-18): 1526-1535.

[12] Zhou X, Wang Y, Xu X. Numerical simulation of initiation, propagation and coalescence of cracks using the non-ordinary state-based peridynamics[J]. International Journal of Fracture, 2016, 201: 213-234.

[13] Bobaru F, Yang M, Alves L F, et al. Convergence, adaptive refinement, and scaling in 1D peridynamics[J]. International Journal for Numerical Methods in Engineering, 2009, 77(6): 852-877.

[14] Breitenfeld M S, Geubelle P H, Weckner O, et al. Non-ordinary state-based peridynamic analysis of stationary crack problems[J]. Computer Methods in Applied Mechanics and Engineering, 2014, 272: 233-250.

[15] Anderson T L. Fracture Mechanics: Fundamentals and Applications[M]. 3rd ed. Boca Raton: CRC Press, 2004.

[16] Ayatollahi M R, Aliha M R M. Analysis of a new specimen for mixed mode fracture tests on brittle materials[J]. Engineering Fracture Mechanics, 2009, 76(11): 1563-1573.

[17] Liu Z, Bie Y, Cui Z, et al. Ordinary state-based peridynamics for nonlinear hardening plastic materials' deformation and its fracture process[J]. Engineering Fracture Mechanics, 2020, 223: 106782.

第 4 章　热传导模型

4.1　引　言

热传导模型的推导思路与弹性模型一致。本章将利用变分原理推导得到一维、二维以及三维模型的稳态热传导方程，并利用 Euler-Lagrange 方程推导得到瞬态热传导方程。随后，给出模型的初始条件和边界条件，并给出针对稳态热传导问题和瞬态热传导问题的求解方案。

4.2　单元热传导密度矩阵

和弹性问题相同，热传导问题仍然采用 2 节点杆单元、3 节点三角形单元和 4 节点四面体单元作为一维、二维以及三维模型的基本构成元素。有限元中 2 节点杆单元、3 节点三角形单元和 4 节点四面体单元的热传导矩阵分别写为 [1,2]

$$\overline{\boldsymbol{k}}_{ij}^{\phi} = k\boldsymbol{B}_{\phi}^{\mathrm{T}}\boldsymbol{B}_{\phi}Al_e \tag{4-1a}$$

$$\overline{\boldsymbol{k}}_{ijm}^{\phi} = k\boldsymbol{B}_{\phi}^{\mathrm{T}}\boldsymbol{B}_{\phi}hS_{ijm} \tag{4-1b}$$

$$\overline{\boldsymbol{k}}_{ijmn}^{\phi} = k\boldsymbol{B}_{\phi}^{\mathrm{T}}\boldsymbol{B}_{\phi}V_{ijmn} \tag{4-1c}$$

式中，k 表示材料的热导率；l_e 表示单元长度；A 为单元的横截面积；h 和 S_{ijm} 分别表示单元厚度和单元面积；V_{ijmn} 表示单元体积。对于一维、二维以及三维问题，矩阵 $\boldsymbol{B}_{\phi}$ 分别定义为

$$\boldsymbol{B}_{\phi} = \frac{1}{l_e}\begin{bmatrix} -1 & 1 \end{bmatrix} \tag{4-2a}$$

$$\boldsymbol{B}_{\phi} = \frac{1}{2S_{ijm}}\begin{bmatrix} b_i & b_i & b_m \\ c_i & c_j & c_m \end{bmatrix} \tag{4-2b}$$

式中，$b_k(k=i,j,m)$ 和 $c_k(k=i,j,m)$ 由式 (2-10) 给出。

$$\boldsymbol{B}_{\phi} = \frac{1}{6V_{ijmn}}\begin{bmatrix} b_i & b_j & b_m & b_n \\ c_i & c_j & c_m & c_n \\ d_i & d_j & d_m & d_n \end{bmatrix} \tag{4-2c}$$

式中，$b_k(k=i,j,m,n)$、$c_k(k=i,j,m,n)$ 和 $d_k(k=i,j,m,n)$ 分别为行列式 A 对应 x 坐标、y 坐标和 z 坐标的代数余子式，行列式 A 由式 (2-17) 给出。

热传导问题的单元构成规则与 2.2 节相同。由粒子 i 和粒子 j 组成的单元 e_{ij}，粒子 i、粒子 j 和粒子 m 组成的单元 e_{ijm} 以及粒子 i、粒子 j、粒子 m 和粒子 n 组成的单元 e_{ijmn} 的热传导密度矩阵分别定义为

$$\boldsymbol{k}_{ij}^{\phi} = \frac{\omega\langle|\xi|\rangle c_e \overline{\boldsymbol{k}}_{ij}^{\phi}}{Al_e} = \omega\langle|\xi|\rangle c_e k \boldsymbol{B}_{\phi}^{\mathrm{T}} \boldsymbol{B}_{\phi} = \begin{bmatrix} k_{ii}^e & k_{ij}^e \\ k_{ji}^e & k_{jj}^e \end{bmatrix} \tag{4-3a}$$

$$\boldsymbol{k}_{ijm}^{\phi} = \frac{\omega\langle|\boldsymbol{\xi}|\rangle c_e \overline{\boldsymbol{k}}_{ijm}^{\phi}}{tS_{ijm}} = \omega\langle|\boldsymbol{\xi}|\rangle c_e k \boldsymbol{B}_{\phi}^{\mathrm{T}} \boldsymbol{B}_{\phi} = \begin{bmatrix} k_{ii}^e & k_{ij}^e & k_{im}^e \\ k_{ji}^e & k_{jj}^e & k_{jm}^e \\ k_{mi}^e & k_{mj}^e & k_{mm}^e \end{bmatrix} \tag{4-3b}$$

$$\boldsymbol{k}_{ijmn}^{\phi} = \frac{\omega\langle|\boldsymbol{\xi}|\rangle c_e \overline{\boldsymbol{k}}_{ijmn}^{\phi}}{V_{ijmn}} = \omega\langle|\boldsymbol{\xi}|\rangle c_e k \boldsymbol{B}_{\phi}^{\mathrm{T}} \boldsymbol{B}_{\phi} = \begin{bmatrix} k_{ii}^e & k_{ij}^e & k_{im}^e & k_{in}^e \\ k_{ji}^e & k_{jj}^e & k_{jm}^e & k_{jn}^e \\ k_{mi}^e & k_{mj}^e & k_{mm}^e & k_{mn}^e \\ k_{ni}^e & k_{nj}^e & k_{nm}^e & k_{nn}^e \end{bmatrix} \tag{4-3c}$$

4.3 微热势与热势

单元 e_{ij}、单元 e_{ijm} 和单元 e_{ijmn} 的微热势 z_{ij}^e、z_{ijm}^e 以及 z_{ijmn}^e 分别写为

$$z_{ij}^e = \frac{1}{2}\boldsymbol{\phi}_e^{\mathrm{T}} \boldsymbol{k}_{ij}^{\phi} \boldsymbol{\phi}_e = \frac{1}{2}\omega\langle|\xi|\rangle c_e k \boldsymbol{\phi}_e^{\mathrm{T}} \boldsymbol{B}_{\phi}^{\mathrm{T}} \boldsymbol{B}_{\phi} \boldsymbol{\phi}_e \tag{4-4a}$$

$$z_{ijm}^e = \frac{1}{2}\boldsymbol{\phi}_e^{\mathrm{T}} \boldsymbol{k}_{ijm}^{\phi} \boldsymbol{\phi}_e = \frac{1}{2}\omega\langle|\boldsymbol{\xi}|\rangle c_e k \boldsymbol{\phi}_e^{\mathrm{T}} \boldsymbol{B}_{\phi}^{\mathrm{T}} \boldsymbol{B}_{\phi} \boldsymbol{\phi}_e \tag{4-4b}$$

$$z_{ijmn}^e = \frac{1}{2}\boldsymbol{\phi}_e^{\mathrm{T}} \boldsymbol{k}_{ijmn}^{\phi} \boldsymbol{\phi}_e = \frac{1}{2}\omega\langle|\boldsymbol{\xi}|\rangle c_e k \boldsymbol{\phi}_e^{\mathrm{T}} \boldsymbol{B}_{\phi}^{\mathrm{T}} \boldsymbol{B}_{\phi} \boldsymbol{\phi}_e \tag{4-4c}$$

式中，$\boldsymbol{\phi}_e$ 表示单元温度矢量

$$\boldsymbol{\phi}_e = \begin{cases} \begin{bmatrix} \phi_i & \phi_j \end{bmatrix}^{\mathrm{T}}, & \text{1D} \\ \begin{bmatrix} \phi_i & \phi_j & \phi_m \end{bmatrix}^{\mathrm{T}}, & \text{2D} \\ \begin{bmatrix} \phi_i & \phi_j & \phi_m & \phi_n \end{bmatrix}^{\mathrm{T}}, & \text{3D} \end{cases} \tag{4-5}$$

粒子 i 的热势由其作用范围内所有单元的微热势求和得到

$$Z_i^{\mathrm{nl}} = \begin{cases} \dfrac{1}{2} \displaystyle\sum_{e=1}^{E_0} (z_{ij}^e V_j), & \text{1D} \\[3mm] \dfrac{1}{3} \displaystyle\sum_{e=1}^{E_0} (z_{ijm}^e V_j V_m), & \text{2D} \\[3mm] \dfrac{1}{4} \displaystyle\sum_{e=1}^{E_0} (z_{ijmn}^e V_j V_m V_n), & \text{3D} \end{cases} \tag{4-6}$$

4.4　微模量系数

根据局部理论与单元型近场动力学理论能量等效计算热传导问题的微模量系数。局部理论任意一点 i 的热势可以写为

$$Z_i^{\mathrm{l}} = \begin{cases} \dfrac{1}{2} k \left(\dfrac{\partial \phi}{\partial x} \right)^2, & \text{1D} \\[3mm] \dfrac{1}{2} k \left[\left(\dfrac{\partial \phi}{\partial x} \right)^2 + \left(\dfrac{\partial \phi}{\partial y} \right)^2 \right], & \text{2D} \\[3mm] \dfrac{1}{2} k \left[\left(\dfrac{\partial \phi}{\partial x} \right)^2 + \left(\dfrac{\partial \phi}{\partial y} \right)^2 + \left(\dfrac{\partial \phi}{\partial z} \right)^2 \right], & \text{3D} \end{cases} \tag{4-7}$$

对于一维问题，假设模型温度场线性分布，即

$$\phi(x) = x \tag{4-8}$$

根据式 (4-7) 和式 (4-8)，一维情况下局部理论中任意一点的热势写为

$$Z^{\mathrm{l}} = \frac{1}{2} k \tag{4-9}$$

假设粒子 i 位于坐标原点，根据式 (4-3a)、式 (4-4a)、式 (4-5) 和式 (4-8)，单元型近场动力学中单元 e_{ij} 的微热势 z_{ij}^e 写为

$$z_{ij}^e = \frac{1}{2} \omega \langle |\xi| \rangle c_e k \tag{4-10}$$

根据式 (4-6) 和式 (4-10)，粒子 i 的热势写为

$$Z_i^{\mathrm{nl}} = \frac{1}{4} c_e k \sum_{e=1}^{E_0} \omega \langle |\xi| \rangle V_j \tag{4-11}$$

对于二维问题，假设模型温度场沿 x 方向线性分布，即

$$\phi(x, y) = x \tag{4-12}$$

根据式 (4-7) 和式 (4-12)，局部理论中任意一点的热势

$$Z^{\mathrm{l}} = \frac{1}{2}k \tag{4-13}$$

假设粒子 i 位于坐标原点，将式 (4-3b)、式 (4-5) 和式 (4-12) 代入式 (4-4b) 可以得到单元型近场动力学中单元 e_{ij} 的微热势 z_{ijm}^e

$$z_{ijm}^e = \frac{1}{2}\omega\langle|\boldsymbol{\xi}|\rangle c_e k \tag{4-14}$$

由式 (4-6) 和式 (4-14)，粒子 i 的热势写为

$$Z_i^{\mathrm{nl}} = \frac{1}{6}c_e k \sum_{e=1}^{E_0} \omega\langle|\boldsymbol{\xi}|\rangle V_j V_m \tag{4-15}$$

对于三维问题，假设模型温度场沿 x 方向线性分布

$$\phi(x, y, z) = x \tag{4-16}$$

根据式 (4-7) 和式 (4-16)，

$$Z^{\mathrm{l}} = \frac{1}{2}k \tag{4-17}$$

假设粒子 i 位于坐标原点，由式 (4-3a)、式 (4-4a)、式 (4-5) 和式 (4-16)

$$z_{ijmn}^e = \frac{1}{2}\omega\langle|\boldsymbol{\xi}|\rangle c_e k \tag{4-18}$$

将式 (4-18) 代入式 (4-6) 得

$$Z_i^{\mathrm{nl}} = \frac{1}{8}c_e k \sum_{e=1}^{E_0} \omega\langle|\boldsymbol{\xi}|\rangle V_j V_m V_n \tag{4-19}$$

根据能量等效以及式 (4-9) 和式 (4-11)，式 (4-13) 和式 (4-15)，式 (4-17) 和

式 (4-19) 可以得到

$$
c_e = \begin{cases}
2 \bigg/ \displaystyle\sum_{e=1}^{E_0} (\omega\langle|\xi|\rangle V_j), & \text{1D} \\[4mm]
3 \bigg/ \displaystyle\sum_{e=1}^{E_0} (\omega\langle|\boldsymbol{\xi}|\rangle V_j V_m), & \text{2D} \\[4mm]
4 \bigg/ \displaystyle\sum_{e=1}^{E_0} (\omega\langle|\boldsymbol{\xi}|\rangle V_j V_m V_n), & \text{3D}
\end{cases}
\tag{4-20}
$$

对比式 (2-32) 和式 (4-20) 可知，热传导问题的微模量系数与弹性问题的微模量系数具有相同的表达式。

4.5　表面修正系数

模型表面附近的粒子的作用范围不完整导致其存在表面效应。对于热传导问题，采用边界附近粒子与模型内部粒子热势相等的方案得到粒子的表面修正系数。如图 2-2 所示，对于一维、二维和三维问题，靠近边界的粒子 n 的热势分别写为

$$
Z_n^{\mathrm{nl}} = \begin{cases}
\dfrac{1}{4} c_e k \displaystyle\sum_{e=1}^{E_1} \omega\langle|\xi|\rangle V_j, & \text{1D} \\[4mm]
\dfrac{1}{6} c_e k \displaystyle\sum_{e=1}^{E_1} \omega\langle|\boldsymbol{\xi}|\rangle V_j V_m, & \text{2D} \\[4mm]
\dfrac{1}{8} c_e k \displaystyle\sum_{e=1}^{E_2} \omega\langle|\boldsymbol{\xi}|\rangle V_j V_m V_n, & \text{3D}
\end{cases}
\tag{4-21}
$$

根据式 (4-11)、式 (4-15)、式 (4-19) 和式 (4-21)，以及粒子 i 与粒子 n 热势相等可以得到微模量系数的表面修正系数

$$
g_c = \begin{cases}
\displaystyle\sum_{e=1}^{E_0} (\omega\langle|\xi|\rangle V_j) \bigg/ \displaystyle\sum_{e=1}^{E_1} (\omega\langle|\xi|\rangle V_j), & \text{1D} \\[4mm]
\displaystyle\sum_{e=1}^{E_0} (\omega\langle|\boldsymbol{\xi}|\rangle V_j V_m) \bigg/ \displaystyle\sum_{e=1}^{E_1} (\omega\langle|\boldsymbol{\xi}|\rangle V_j V_m), & \text{2D} \\[4mm]
\displaystyle\sum_{e=1}^{E_0} (\omega\langle|\boldsymbol{\xi}|\rangle V_j V_m V_n) \bigg/ \displaystyle\sum_{e=1}^{E_1} (\omega\langle|\boldsymbol{\xi}|\rangle V_j V_m V_n), & \text{3D}
\end{cases}
\tag{4-22}
$$

对比式 (2-36) 和式 (4-22)，热传导问题微模量系数的修正系数与弹性问题的修正系数具有相同的表达式。

4.6 稳态热传导方程

单元型近场动力学稳态热传导模型的泛函可以写为

$$\Pi_{\mathrm{p}} = \begin{cases} \dfrac{1}{2}\displaystyle\sum_{i=1}^{J}(Z_i^{\mathrm{nl}}V_i) - \sum_{i=1}^{J}(\phi_i h_{\mathrm{s}}(x_i)V_i), & \text{1D} \\[4mm] \dfrac{1}{2}\displaystyle\sum_{i=1}^{J}(Z_i^{\mathrm{nl}}V_i) - \sum_{i=1}^{J}(\phi_i h_{\mathrm{s}}(\boldsymbol{x}_i)V_i), & \text{2D} \\[4mm] \dfrac{1}{2}\displaystyle\sum_{i=1}^{J}(Z_i^{\mathrm{nl}}V_i) - \sum_{i=1}^{J}(\phi_i h_{\mathrm{s}}(\boldsymbol{x}_i)V_i), & \text{3D} \end{cases} \tag{4-23}$$

式中，$h_{\mathrm{s}}(\boldsymbol{x}_i)$ 表示热源密度 (单位时间内单位体积热源产生的热量)；J 表示模型所包含的粒子总数。

热源密度 $h_{\mathrm{s}}(\boldsymbol{x}_i)$ 定义为

$$h_{\mathrm{s}}(\boldsymbol{x}_i) = \rho s_i^{\mathrm{b}} \tag{4-24}$$

其中，s_i^{b} 表示单位时间内单位质量的热源产生的热量。

将式 (4-4) 和式 (4-6) 代入式 (4-23) 可得

$$\Pi_{\mathrm{p}} = \begin{cases} \dfrac{1}{2}\boldsymbol{\phi}^{\mathrm{T}}\displaystyle\sum_{i=1}^{J}\left[\sum_{e=1}^{E_0}\left(\dfrac{1}{2}\boldsymbol{G}_2^{\mathrm{T}}\boldsymbol{k}_{ij}^{\phi}\boldsymbol{G}_2 V_j\right)V_i\right]\boldsymbol{\phi} - \boldsymbol{\phi}^{\mathrm{T}}\sum_{i=1}^{J}(\boldsymbol{G}_3^{\mathrm{T}}h_{\mathrm{s}}(x_i)V_i), & \text{1D} \\[4mm] \dfrac{1}{2}\boldsymbol{\phi}^{\mathrm{T}}\displaystyle\sum_{i=1}^{J}\left[\sum_{e=1}^{E_0}\left(\dfrac{1}{3}\boldsymbol{G}_2^{\mathrm{T}}\boldsymbol{k}_{ijm}^{\phi}\boldsymbol{G}_2 V_j V_m\right)V_i\right]\boldsymbol{\phi} - \boldsymbol{\phi}^{\mathrm{T}}\sum_{i=1}^{J}(\boldsymbol{G}_3^{\mathrm{T}}h_{\mathrm{s}}(\boldsymbol{x}_i)V_i), & \text{2D} \\[4mm] \dfrac{1}{2}\boldsymbol{\phi}^{\mathrm{T}}\displaystyle\sum_{i=1}^{J}\left[\sum_{e=1}^{E_0}\left(\dfrac{1}{4}\boldsymbol{G}_2^{\mathrm{T}}\boldsymbol{k}_{ijmn}^{\phi}\boldsymbol{G}_2 V_j V_m V_n\right)V_i\right]\boldsymbol{\phi} - \boldsymbol{\phi}^{\mathrm{T}}\sum_{i=1}^{J}(\boldsymbol{G}_3^{\mathrm{T}}h_{\mathrm{s}}(\boldsymbol{x}_i)V_i), & \text{3D} \end{cases}$$

$$\tag{4-25}$$

式中，$\boldsymbol{G}_2$ 和 $\boldsymbol{G}_3$ 均表示转换矩阵，具体表达式见附录 A，$\boldsymbol{\phi}$ 表示温度矢量

$$\boldsymbol{\phi} = \{\ \phi_1 \ \cdots \ \phi_i \ \cdots \ \phi_J\ \}^{\mathrm{T}} \tag{4-26}$$

总体热传导矩阵定义为

$$\boldsymbol{K}^{\phi} = \begin{cases} \displaystyle\sum_{i=1}^{J}\left[\sum_{e=1}^{E_0}\left(\dfrac{1}{2}\boldsymbol{G}_2^{\mathrm{T}}\boldsymbol{k}_{ij}^{\phi}\boldsymbol{G}_2 V_j\right)V_i\right], & \text{1D} \\[4mm] \displaystyle\sum_{i=1}^{J}\left[\sum_{e=1}^{E_0}\left(\dfrac{1}{3}\boldsymbol{G}_2^{\mathrm{T}}\boldsymbol{k}_{ijm}^{\phi}\boldsymbol{G}_2 V_j V_m\right)V_i\right], & \text{2D} \\[4mm] \displaystyle\sum_{i=1}^{J}\left[\sum_{e=1}^{E_0}\left(\dfrac{1}{4}\boldsymbol{G}_2^{\mathrm{T}}\boldsymbol{k}_{ijmn}^{\phi}\boldsymbol{G}_2 V_j V_m V_n\right)V_i\right], & \text{3D} \end{cases} \tag{4-27}$$

总体热荷载矢量定义为

$$\boldsymbol{P}^{\phi} = \sum_{i=1}^{J}(\boldsymbol{G}_3^{\mathrm{T}} h_{\mathrm{s}}(\boldsymbol{x}_i) V_i) \tag{4-28}$$

将式 (4-27)、式 (4-28) 代入式 (4-25)，

$$
\begin{aligned}
\Pi_{\mathrm{p}} &= \frac{1}{2}\boldsymbol{\phi}^{\mathrm{T}}\boldsymbol{K}^{\phi}\boldsymbol{\phi} - \boldsymbol{\phi}^{\mathrm{T}}\boldsymbol{P}^{\phi} \\
&= \frac{1}{2}K_{ij}^{\phi}\phi_i\phi_j - P_i^{\phi}\phi_i
\end{aligned} \tag{4-29}
$$

定义粒子 i 允许的温度为

$$\phi_i^* = \phi_i + \delta\phi_i \tag{4-30}$$

式中，ϕ_i 和 $\delta\phi_i$ 分别为粒子 i 的真实温度和真实温度的变分。

将式 (4-30) 代入式 (4-29)，可以得到

$$
\begin{aligned}
\Pi_{\mathrm{p}}(\phi_i^*) &= \frac{1}{2}K_{ij}^{\phi}\phi_i^*\phi_j^* - P_i^{\phi}\phi_i^* \\
&= \frac{1}{2}K_{ij}^{\phi}(\phi_i + \delta\phi_i)(\phi_j + \delta\phi_j) - P_i^{\phi}(\phi_i + \delta\phi_i) \\
&= \frac{1}{2}K_{ij}^{\phi}\phi_i\phi_j + \frac{1}{2}K_{ij}^{\phi}\delta\phi_i\phi_j + \frac{1}{2}K_{ij}^{\phi}\phi_i\delta\phi_j + \frac{1}{2}K_{ij}^{\phi}\delta\phi_i\delta\phi_j - P_i^{\phi}\phi_i - P_i^{\phi}\delta\phi_i
\end{aligned} \tag{4-31}
$$

由于矩阵 K_{ij}^{ϕ} 具有对称性，式 (4-31) 重写为

$$
\begin{aligned}
\Pi_{\mathrm{p}}(\phi_i^*) &= \left[\frac{1}{2}K_{ij}^{\phi}\phi_i\phi_j - P_i^{\phi}\phi_i\right] + \left[K_{ij}^{\phi}\delta\phi_i\phi_j - P_i^{\phi}\delta\phi_i\right] + \frac{1}{2}K_{ij}^{\phi}\delta\phi_i\delta\phi_j \\
&= \Pi_{\mathrm{p}}(\phi_i) + \delta\Pi_{\mathrm{p}}(\phi_i) + \frac{1}{2}\delta^2\Pi_{\mathrm{p}}(\phi_i)
\end{aligned} \tag{4-32}
$$

$$\delta\Pi_{\mathrm{p}}(\phi_i) = \left[K_{ij}^{\phi}\phi_j - P_i^{\phi}\right]\delta\phi_i \tag{4-33}$$

$$\delta^2\Pi_{\mathrm{p}}(\phi_i) = K_{ij}^{\phi}\delta\phi_i\delta\phi_j \tag{4-34}$$

根据变分原理，如果 ϕ_i 表示粒子 i 的真实温度，则模型热势的一阶变分 $\delta\Pi_{\mathrm{p}} = 0$，二阶变分 $\delta^2\Pi_{\mathrm{p}} > 0$[3,4]。令 $\delta\Pi_{\mathrm{p}} = 0$，则

$$K_{ij}^{\phi}\phi_j = P_i^{\phi} \tag{4-35}$$

式 (4-35) 可以改写为矩阵的形式，

$$\boldsymbol{K}^{\phi}\boldsymbol{\phi} = \boldsymbol{P}^{\phi} \tag{4-36}$$

$\delta^2 U$ 只包含热势，除非模型中所有粒子真实温度的变分为 0，否则 $\delta^2 \Pi_{\mathrm{p}} > 0$，所以式 (4-36) 成立。

将式 (4-3)、式 (4-27) 和式 (4-28) 代入式 (4-35)，一维、二维以及三维单元型近场动力学稳态热传导方程写为

$$\sum_{i=1}^{J}\left[\sum_{e=1}^{E_0}\left(\frac{1}{2}\boldsymbol{G}_2^{\mathrm{T}}\begin{bmatrix}k_{ii}^e & k_{ij}^e\\ k_{ji}^e & k_{jj}^e\end{bmatrix}\boldsymbol{G}_2 V_j\right)V_i\right]\cdot\boldsymbol{\phi} = \sum_{i=1}^{J}(\boldsymbol{G}_3^{\mathrm{T}}h_{\mathrm{s}}(x_i)V_i) \tag{4-37a}$$

$$\sum_{i=1}^{J}\left[\sum_{e=1}^{E_0}\left(\frac{1}{3}\boldsymbol{G}_2^{\mathrm{T}}\begin{bmatrix}k_{ii}^e & k_{ij}^e & k_{im}^e\\ k_{ji}^e & k_{jj}^e & k_{jm}^e\\ k_{mi}^e & k_{mj}^e & k_{mm}^e\end{bmatrix}\boldsymbol{G}_2 V_j V_m\right)V_i\right]\cdot\boldsymbol{\phi} = \sum_{i=1}^{J}(\boldsymbol{G}_3^{\mathrm{T}}h_{\mathrm{s}}(\boldsymbol{x}_i)V_i) \tag{4-37b}$$

$$\sum_{i=1}^{J}\left[\sum_{e=1}^{E_0}\left(\frac{1}{4}\boldsymbol{G}_2^{\mathrm{T}}\begin{bmatrix}k_{ii}^e & k_{ij}^e & k_{im}^e & k_{in}^e\\ k_{ji}^e & k_{jj}^e & k_{jm}^e & k_{jn}^e\\ k_{mi}^e & k_{mj}^e & k_{mm}^e & k_{mn}^e\\ k_{ni}^e & k_{nj}^e & k_{nm}^e & k_{nn}^e\end{bmatrix}\boldsymbol{G}_2 V_j V_m V_n\right)V_i\right]\cdot\boldsymbol{\phi} = \sum_{i=1}^{J}(\boldsymbol{G}_3^{\mathrm{T}}h_{\mathrm{s}}(\boldsymbol{x}_i)V_i) \tag{4-37c}$$

单元 e_{ij}、单元 e_{ijm} 和单元 e_{ijmn} 在式 (4-38) 中分别出现了 2 次、3 次和 4 次，式 (4-37) 可以改写为

$$\sum_{i=1}^{J}\left[\sum_{e=1}^{E_0}\left(\boldsymbol{G}_3^{\mathrm{T}}\begin{bmatrix}k_{ii}^e & k_{ij}^e\end{bmatrix}\boldsymbol{G}_2 V_j\right)V_i\right]\cdot\boldsymbol{\phi} = \sum_{i=1}^{J}(\boldsymbol{G}_3^{\mathrm{T}}h_{\mathrm{s}}(x_i)V_i) \tag{4-38a}$$

$$\sum_{i=1}^{J}\left[\sum_{e=1}^{E_0}\left(\boldsymbol{G}_3^{\mathrm{T}}\begin{bmatrix}k_{ii}^e & k_{ij}^e & k_{im}^e\end{bmatrix}\boldsymbol{G}_2 V_j V_m\right)V_i\right]\cdot\boldsymbol{\phi} = \sum_{i=1}^{J}(\boldsymbol{G}_3^{\mathrm{T}}h_{\mathrm{s}}(\boldsymbol{x}_i)V_i) \tag{4-38b}$$

$$\sum_{i=1}^{J}\left[\sum_{e=1}^{E_0}\left(\boldsymbol{G}_3^{\mathrm{T}}\begin{bmatrix}k_{ii}^e & k_{ij}^e & k_{im}^e & k_{in}^e\end{bmatrix}\boldsymbol{G}_2 V_j V_m V_n\right)V_i\right]\cdot\boldsymbol{\phi} = \sum_{i=1}^{J}(\boldsymbol{G}_3^{\mathrm{T}}h_{\mathrm{s}}(\boldsymbol{x}_i)V_i) \tag{4-38c}$$

4.7 瞬态热传导方程

在单元型近场动力学中，粒子 i 的瞬态热传导方程对应的 Euler-Lagrange 方程 [3,5,6] 定义为

$$\frac{\mathrm{d}}{\mathrm{d}t}\left(\frac{\partial L}{\partial \dot{\phi}_i}\right) - \frac{\partial L}{\partial \phi_i} = 0 \tag{4-39}$$

其中，L 表示拉格朗日函数，

$$L = \sum_{i=1}^{J} L_i' V_i \tag{4-40}$$

其中，L' 表示拉格朗日密度，

$$L_i' = Z_i + \rho \hat{s}_i \phi_i \tag{4-41}$$

式中，$\hat{s}_i$ 为单位质量的热源。

由式 (4-4) 和式 (4-6) 可得粒子 i 的热势

$$Z_i = \begin{cases} \displaystyle\sum_{e=1}^{E_0} \left(\frac{1}{4} \boldsymbol{\phi}_e^{\mathrm{T}} \cdot \boldsymbol{k}_{ij}^{\phi} \cdot \boldsymbol{\phi}_e V_j \right), & 1\mathrm{D} \\[3mm] \displaystyle\sum_{e=1}^{E_0} \left(\frac{1}{6} \boldsymbol{\phi}_e^{\mathrm{T}} \cdot \boldsymbol{k}_{ijm}^{\phi} \cdot \boldsymbol{\phi}_e V_j V_m \right), & 2\mathrm{D} \\[3mm] \displaystyle\sum_{e=1}^{E_0} \left(\frac{1}{8} \boldsymbol{\phi}_e^{\mathrm{T}} \cdot \boldsymbol{k}_{ijmn}^{\phi} \cdot \boldsymbol{\phi}_e V_j V_m V_n \right), & 3\mathrm{D} \end{cases} \tag{4-42}$$

将式 (4-41) 和式 (4-42) 代入式 (4-40)，并将拉格朗日函数展开，只列出与粒子 i 相关的项，

$$L = \begin{cases} \cdots + \rho \hat{s}_i \phi_i V_i + \dfrac{1}{4} \displaystyle\sum_{e=1}^{E_0} \left(\boldsymbol{\phi}_e^{\mathrm{T}} \cdot \boldsymbol{k}_{ij}^{\phi} \cdot \boldsymbol{\phi}_e V_j \right) V_i + \cdots \\[3mm] \quad + \dfrac{1}{4} \displaystyle\sum_{e=1}^{E_2} \left(\boldsymbol{\phi}_e^{\mathrm{T}} \cdot \boldsymbol{k}_{ij}^{\phi} \cdot \boldsymbol{\phi}_e V_j \right) V_i + \cdots, & 1\mathrm{D} \\[4mm] \cdots + \rho \hat{s}_i \phi_i V_i + \dfrac{1}{6} \displaystyle\sum_{e=1}^{E_0} \left(\boldsymbol{\phi}_e^{\mathrm{T}} \cdot \boldsymbol{k}_{ijm}^{\phi} \cdot \boldsymbol{\phi}_e V_j V_m \right) V_i + \cdots \\[3mm] \quad + \dfrac{1}{6} \displaystyle\sum_{e=1}^{E_2} \left(\boldsymbol{\phi}_e^{\mathrm{T}} \cdot \boldsymbol{k}_{ijm}^{\phi} \cdot \boldsymbol{\phi}_e V_i V_m \right) V_j + \cdots, & 2\mathrm{D} \\[4mm] \cdots + \rho \hat{s}_i \phi_i V_i + \dfrac{1}{8} \displaystyle\sum_{e=1}^{E_0} \left(\boldsymbol{\phi}_e^{\mathrm{T}} \cdot \boldsymbol{k}_{ijmn}^{\phi} \cdot \boldsymbol{\phi}_e V_j V_m V_n \right) V_i + \cdots \\[3mm] \quad + \dfrac{1}{8} \displaystyle\sum_{e=1}^{E_2} \left(\boldsymbol{\phi}_e^{\mathrm{T}} \cdot \boldsymbol{k}_{ijmn}^{\phi} \cdot \boldsymbol{\phi}_e V_i V_m V_n \right) V_j + \cdots, & 3\mathrm{D} \end{cases} \tag{4-43}$$

在式 (4-43) 中，单元 e_{ij}、单元 e_{ijm} 和单元 e_{ijmn} 分别出现了 2 次、3 次和

4 次，式 (4-43) 可以改写为

$$
L = \begin{cases}
\cdots + \rho \hat{s}_i \phi_i V_i + \dfrac{1}{2} \displaystyle\sum_{e=1}^{E_0} \left(\boldsymbol{\phi}_e^{\mathrm{T}} \cdot \boldsymbol{k}_{ij}^{\phi} \cdot \boldsymbol{\phi}_e V_j \right) V_i + \cdots, & \text{1D} \\[3mm]
\cdots + \rho \hat{s}_i \phi_i V_i + \dfrac{1}{3} \displaystyle\sum_{e=1}^{E_0} \left(\boldsymbol{\phi}_e^{\mathrm{T}} \cdot \boldsymbol{k}_{ijm}^{\phi} \cdot \boldsymbol{\phi}_e V_j V_m \right) V_i + \cdots, & \text{2D} \\[3mm]
\cdots + \rho \hat{s}_i \phi_i V_i + \dfrac{1}{4} \displaystyle\sum_{e=1}^{E_0} \left(\boldsymbol{\phi}_e^{\mathrm{T}} \cdot \boldsymbol{k}_{ijmn}^{\phi} \cdot \boldsymbol{\phi}_e V_j V_m V_n \right) V_i + \cdots, & \text{3D}
\end{cases}
\tag{4-44}
$$

单位质量的物体内能存储速率 $\dot{\varepsilon}_{\mathrm{s}}$ 定义为 [5,6]

$$
\dot{\varepsilon}_{\mathrm{s}} = c_V \frac{\partial \phi}{\partial t}
\tag{4-45}
$$

式中，c_V 表示比热容。

单位质量的热源 $\hat{s}$ 定义为 [5,6]

$$
\hat{s} = \dot{\varepsilon}_{\mathrm{s}} - s_{\mathrm{b}}
\tag{4-46}
$$

将式 (4-3)、式 (4-24)、式 (4-44)、式 (4-45) 和式 (4-46) 代入式 (4-39)，一维、二维以及三维单元型近场动力学瞬态热传导方程写为

$$
\rho c_V \dot{\phi}_i = - \sum_{e=1}^{E_0} \left(k_{ii}^e \phi_i + k_{ij}^e \phi_j \right) V_j + h_{\mathrm{s}}(x_i, t)
\tag{4-47a}
$$

$$
\rho c_V \dot{\phi}_i = - \sum_{e=1}^{E_0} \left(k_{ii}^e \phi_i + k_{ij}^e \phi_j + k_{im}^e \phi_m \right) V_j V_m + h_{\mathrm{s}}(\boldsymbol{x}_i, t)
\tag{4-47b}
$$

$$
\rho c_V \dot{\phi}_i = - \sum_{e=1}^{E_0} \left(k_{ii}^e \phi_i + k_{ij}^e \phi_j + k_{im}^e \phi_m + k_{in}^e \phi_n \right) V_j V_m V_n + h_{\mathrm{s}}(\boldsymbol{x}_i, t)
\tag{4-47c}
$$

4.8 初始条件和边界条件

对于热传导问题，初始条件定义为 [5,6]

$$
\phi(\boldsymbol{x}, t = 0) = \phi^*(\boldsymbol{x})
\tag{4-48}
$$

式中，$\phi^*(\boldsymbol{x})$ 表示 $\boldsymbol{x}$ 处初始时刻的温度。

　　本书介绍如图 4-1 所示的四种边界条件，包括温度边界条件、热流边界条件、对流换热边界条件和热辐射边界条件。温度边界条件的施加方案和弹性问题的位移边界条件相同，施加于宽度为 δ 的虚拟边界层 $\boldsymbol{R}_{\mathrm{t}}$ 中。稳态热传导问题的温度边界条件可以表示为

$$\phi(\boldsymbol{y}) = \phi^*(\boldsymbol{x}^*), \quad \boldsymbol{x}^* \in \boldsymbol{S}_{\mathrm{t}}, \quad \boldsymbol{y} \in \boldsymbol{R}_{\mathrm{t}} \tag{4-49}$$

式中，$\boldsymbol{x}^*$ 和 $\boldsymbol{y}$ 分别代表真实边界 $\boldsymbol{S}_{\mathrm{t}}$ 和虚构边界层 $\boldsymbol{R}_{\mathrm{t}}$ 内粒子的坐标。

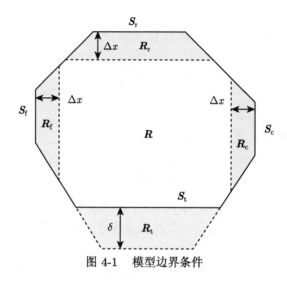

图 4-1　模型边界条件

　　瞬态热传导问题的温度边界条件可以表示为

$$\phi(\boldsymbol{y}, t+\Delta t) = 2\phi^*(\boldsymbol{x}^*, t+\Delta t) - \phi(\boldsymbol{z}, t), \quad \boldsymbol{x}^* \in \boldsymbol{S}_{\mathrm{t}}, \quad \boldsymbol{y} \in \boldsymbol{R}_{\mathrm{t}}, \quad \boldsymbol{z} \in \boldsymbol{R} \quad (4\text{-}50)$$

式中，$\boldsymbol{z}$ 表示与虚构边界层 $\boldsymbol{R}_{\mathrm{t}}$ 关于真实边界 $\boldsymbol{S}_{\mathrm{t}}$ 对称的模型内部粒子的坐标。

　　对于热流边界条件，将穿过边界 $\boldsymbol{S}_{\mathrm{f}}$ 的热流作为内热源密度施加到厚度为 Δx 的真实材料层 $\boldsymbol{R}_{\mathrm{f}}$ 当中，对于稳态热传导和瞬态热传导问题，热流边界条件分别定义为

$$h_{\mathrm{s}}(\boldsymbol{x}) = -\frac{1}{\Delta x} \boldsymbol{q}^*(\boldsymbol{x}) \cdot \boldsymbol{n}, \quad \boldsymbol{x} \in \boldsymbol{R}_{\mathrm{f}} \tag{4-51}$$

$$h_{\mathrm{s}}(\boldsymbol{x}, t) = -\frac{1}{\Delta x} \boldsymbol{q}^*(\boldsymbol{x}, t) \cdot \boldsymbol{n}, \quad \boldsymbol{x} \in \boldsymbol{R}_{\mathrm{f}} \tag{4-52}$$

式中，$\boldsymbol{q}^*(\boldsymbol{x})$ 和 $\boldsymbol{q}^*(\boldsymbol{x}, t)$ 表示边界 $\boldsymbol{S}_{\mathrm{f}}$ 上的热流密度；$\boldsymbol{n}$ 代表边界 $\boldsymbol{S}_{\mathrm{f}}$ 上外法线方向上的单位矢量。

对于对流换热边界条件, 将穿过边界 S_c 的热流作为内热源密度施加到厚度为 Δx 的真实材料层 R_c 当中。对于瞬态热传导问题, 对流换热边界条件定义为

$$h_s(\boldsymbol{x}, t) = \frac{1}{\Delta x} h[\phi_\infty - \phi(\boldsymbol{x}, t)], \quad \boldsymbol{x} \in \boldsymbol{R}_c \tag{4-53}$$

式中, ϕ_∞ 和 h 分别表示环境温度和换热系数。

对于热辐射边界条件, 同样将穿过边界 S_r 的热流作为内热源密度施加到厚度为 Δx 的真实材料层 R_r 当中。对于瞬态热传导问题, 对流换热边界条件定义为

$$h_s(\boldsymbol{x}, t) = \frac{1}{\Delta x} \varepsilon_\phi \sigma_\phi [\phi_{ss}^4 - \phi^4(\boldsymbol{x}, t)], \quad \boldsymbol{x} \in \boldsymbol{R}_r \tag{4-54}$$

式中, ϕ_{ss} 表示物体周围表面温度; σ_ϕ 和 ε_ϕ 分别代表斯特藩-玻尔兹曼常量以及边界表面的发射率。

4.9 求 解 方 案

利用高斯消元法[7]求解稳态热传导方程, 通过罚函数法[1]施加温度边界条件, 并将热流边界条件、对流换热边界条件和热辐射边界条件考虑为内热源密度施加到总体热荷载矢量当中。利用向前差分法[5,6]求解瞬态热传导方程。对于一维问题、二维问题和三维问题, 如果已知第 n 步 (t 时刻) 粒子 i 的温度 ϕ_i^n 和内热源密度 $h_s^n(\boldsymbol{x}_i, t)$, 则第 $n+1$ 步 ($t + \Delta t$ 时刻) 粒子 i 的温度可以写为

$$\phi_i^{n+1} = \phi_i^n + \frac{\Delta t}{\rho c_V} \left\{ -\sum_{e=1}^{E_0} (k_{ii}^e \phi_i^n + k_{ij}^e \phi_j^n) V_j + h_s^n(x_i, t) \right\} \tag{4-55a}$$

$$\phi_i^{n+1} = \phi_i^n + \frac{\Delta t}{\rho c_V} \left\{ -\sum_{e=1}^{E_0} (k_{ii}^e \phi_i^n + k_{ij}^e \phi_j^n + k_{im}^e \phi_m^n) V_j V_m + h_s^n(\boldsymbol{x}_i, t) \right\} \tag{4-55b}$$

$$\phi_i^{n+1} = \phi_i^n + \frac{\Delta t}{\rho c_V} \left\{ -\sum_{e=1}^{E_0} (k_{ii}^e \phi_i^n + k_{ij}^e \phi_j^n + k_{im}^e \phi_m^n + k_{in}^e \phi_n^n) V_j V_m V_n + h_s^n(\boldsymbol{x}_i, t) \right\} \tag{4-55c}$$

显式积分是条件收敛的, 需要给出时间步长的稳定性条件。粒子 i 的温度可以写为[5,6]

$$\phi_i^n = \zeta^n \mathrm{e}^{\Gamma(i)\sqrt{-1}} \tag{4-56}$$

如果式 (4-57) 成立, 则式 (4-56) 有界,

$$|\zeta| \leqslant 1 \tag{4-57}$$

如果模型的内热源为 0，由式 (4-55) 和式 (4-56) 可以得到

$$\rho c_V \frac{\zeta - 1}{\Delta t} = -\sum_{e=1}^{E_0} \left(k_{ii}^e + k_{ij}^e e^{\Gamma(j-i)\sqrt{-1}} \right) V_j$$

$$= -\sum_{e=1}^{E_0} \left(k_{ii}^e + k_{ij}^e \cos[\Gamma(j-i)] \right) V_j \tag{4-58a}$$

$$\rho c_V \frac{\zeta - 1}{\Delta t} = -\sum_{e=1}^{E_0} \left(k_{ii}^e + k_{ij}^e e^{\Gamma(j-i)\sqrt{-1}} + k_{im}^e e^{\Gamma(m-i)\sqrt{-1}} \right) V_j V_m$$

$$= -\sum_{e=1}^{E_0} \left(k_{ii}^e + k_{ij}^e \cos[\Gamma(j-i)] + k_{im}^e \cos[\Gamma(m-i)] \right) V_j V_m \tag{4-58b}$$

$$\rho c_V \frac{\zeta - 1}{\Delta t} = -\sum_{e=1}^{E_0} \left(k_{ii}^e + k_{ij}^e e^{\Gamma(j-i)\sqrt{-1}} + k_{im}^e e^{\Gamma(m-i)\sqrt{-1}} + k_{in}^e e^{\Gamma(n-i)\sqrt{-1}} \right) V_j V_m V_n$$

$$= -\sum_{e=1}^{E_0} (k_{ii}^e + k_{ij}^e \cos[\Gamma(j-i)] + k_{im}^e \cos[\Gamma(m-i)]$$

$$+ k_{in}^e \cos[\Gamma(n-i)]) V_j V_m V_n \tag{4-58c}$$

定义

$$M_\Gamma = \begin{cases} \displaystyle\sum_{e=1}^{E_0} \left(k_{ii}^e + k_{ij}^e \cos[\Gamma(j-i)] \right) V_j, & \text{1D} \\[2ex] \displaystyle\sum_{e=1}^{E_0} \left(k_{ii}^e + k_{ij}^e \cos[\Gamma(j-i)] + k_{im}^e \cos[\Gamma(m-i)] \right) V_j V_m, & \text{2D} \\[2ex] \displaystyle\sum_{e=1}^{E_0} (k_{ii}^e + k_{ij}^e \cos[\Gamma(j-i)] + k_{im}^e \cos[\Gamma(m-i)] \\[1ex] \quad + k_{in}^e \cos[\Gamma(n-i)]) V_j V_m V_n, & \text{3D} \end{cases} \tag{4-59}$$

将式 (4-59) 代入式 (4-58) 得

$$\zeta = 1 - \frac{\Delta t}{\rho c_V} M_\Gamma \tag{4-60}$$

由式 (4-57) 和式 (4-60) 得

$$0 \leqslant \frac{\Delta t}{\rho c_V} M_\Gamma \leqslant 2 \tag{4-61}$$

式 (4-61) 可以重写为

$$\Delta t \leqslant \frac{2\rho c_V}{M_\Gamma} \tag{4-62}$$

由式 (4-59) 可得

$$M_\Gamma \leqslant \begin{cases} \displaystyle\sum_{e=1}^{E_0} (k_{ii}^e + |k_{ij}^e|)V_j, & \text{1D} \\[2mm] \displaystyle\sum_{e=1}^{E_0} (k_{ii}^e + |k_{ij}^e| + |k_{im}^e|)V_j V_m, & \text{2D} \\[2mm] \displaystyle\sum_{e=1}^{E_0} (k_{ii}^e + |k_{ij}^e| + |k_{im}^e| + |k_{in}^e|)V_j V_m V_n, & \text{3D} \end{cases} \tag{4-63}$$

将式 (4-63) 代入式 (4-62) 可以得到收敛条件

$$\Delta t \leqslant \begin{cases} \dfrac{2\rho c_V}{\displaystyle\sum_{e=1}^{E_0} \left(k_{ii}^e + |k_{ij}^e|\right) V_j}, & \text{1D} \\[6mm] \dfrac{2\rho c_V}{\displaystyle\sum_{e=1}^{E_0} \left(k_{ii}^e + |k_{ij}^e| + |k_{im}^e|\right) V_j V_m}, & \text{2D} \\[6mm] \dfrac{2\rho c_V}{\displaystyle\sum_{e=1}^{E_0} \left(k_{ii}^e + |k_{ij}^e| + |k_{im}^e| + |k_{in}^e|\right) V_j V_m V_n}, & \text{3D} \end{cases} \tag{4-64}$$

4.10 含缺陷热传导模型

单元型近场动力学通过单元的状态体现模型的损伤, 对于含缺陷的模型, 一维、二维以及三维单元型近场动力学稳态热传导方程写为

$$\sum_{i=1}^{J} \left[\sum_{e=1}^{E_0} \left(\boldsymbol{G}_3^{\mathrm{T}} \mu_e \begin{bmatrix} k_{ii}^e & k_{ij}^e \end{bmatrix} \boldsymbol{G}_2 V_j \right) V_i \right] \cdot \boldsymbol{\phi} = \sum_{i=1}^{J} (\boldsymbol{G}_3^{\mathrm{T}} h_{\mathrm{s}}(x_i) V_i) \tag{4-65a}$$

$$\sum_{i=1}^{J} \left[\sum_{e=1}^{E_0} \left(\boldsymbol{G}_3^{\mathrm{T}} \mu_e \begin{bmatrix} k_{ii}^e & k_{ij}^e & k_{im}^e \end{bmatrix} \boldsymbol{G}_2 V_j V_m \right) V_i \right] \cdot \boldsymbol{\phi} = \sum_{i=1}^{J} (\boldsymbol{G}_3^{\mathrm{T}} h_{\mathrm{s}}(\boldsymbol{x}_i) V_i) \tag{4-65b}$$

$$\sum_{i=1}^{J} \left[\sum_{e=1}^{E_0} \left(\boldsymbol{G}_3^{\mathrm{T}} \mu_e \begin{bmatrix} k_{ii}^e & k_{ij}^e & k_{im}^e & k_{in}^e \end{bmatrix} \boldsymbol{G}_2 V_j V_m V_n \right) V_i \right] \cdot \boldsymbol{\phi} = \sum_{i=1}^{J} (\boldsymbol{G}_3^{\mathrm{T}} h_{\mathrm{s}}(\boldsymbol{x}_i) V_i)$$

$$\tag{4-65c}$$

式中，μ_e 表示单元 e 的状态。

对于含缺陷的模型，一维、二维以及三维单元型近场动力学瞬态热传导方程写为

$$\rho c_V \dot{\phi}_i = -\sum_{e=1}^{E_0} \mu_e \left(k_{ii}^e \phi_i + k_{ij}^e \phi_j \right) V_j + h_s(x_i, t) \tag{4-66a}$$

$$\rho c_V \dot{\phi}_i = -\sum_{e=1}^{E_0} \mu_e \left(k_{ii}^e \phi_i + k_{ij}^e \phi_j + k_{im}^e \phi_m \right) V_j V_m + h_s(\boldsymbol{x}_i, t) \tag{4-66b}$$

$$\rho c_V \dot{\phi}_i = -\sum_{e=1}^{E_0} \mu_e \left(k_{ii}^e \phi_i + k_{ij}^e \phi_j + k_{im}^e \phi_m + k_{in}^e \phi_n \right) V_j V_m V_n + h_s(\boldsymbol{x}_i, t) \tag{4-66c}$$

4.11 数 值 算 例

4.11.1 一维热传导问题

第 3 章已经讨论了 m 对单元型近场动力学模型计算精度的影响，在热传导问题中，m 的取值和第 3 章相同，取 $m = 3$。本节的算例包括一维瞬态热传导情况和一维稳态热传导情况。瞬态热传导模型如图 4-2 所示，模型长度和横截面面积分别为 $L = 1.0\text{m}$ 和 $A = 0.01\text{m}^2$，材料参数为：热导率 $k = 233\text{W}/(\text{m} \cdot \text{K})$、质量密度 $\rho = 260\text{kg}/\text{m}^3$、比热容 $c_V = 64\text{J}/(\text{kg} \cdot \text{K})$。网格间距和时间步长分别为 $\Delta x = 0.01\text{m}$ 和 $\Delta t = 0.0001\text{s}$。

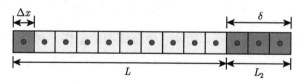

图 4-2 一维瞬态热传导模型

初始条件写为

$$\begin{cases} \phi(x, 0) = 60\text{K}, & 0 \leqslant x \leqslant L/2 \\ \phi(x, 0) = 0, & L/2 < x \leqslant L \end{cases} \tag{4-67}$$

边界条件为

$$q^*(0, t) = 0, \quad \phi(L, t) = 100\text{K}, \quad 0 \leqslant t < \infty \tag{4-68}$$

对应的局部理论解析解写为 [8]

$$\phi(x,t) = \phi(L,t) + \frac{4}{\pi} \sum_{n=1,3,5,\cdots}^{\infty} \frac{1}{n} \left\{ [\phi_1(x,0) - \phi(L,t)] \sin \frac{n\pi}{4} \right.$$

$$\left. + [\phi_2(x,0) - \phi(L,t)] \left(\sin \frac{n\pi}{2} - \sin \frac{n\pi}{4} \right) \right\} \cos \frac{n\pi x}{2L} e^{-\frac{k}{\rho c_V} \frac{n^2 \pi^2}{4L^2} t} \quad (4\text{-}69)$$

一维瞬态热传导解析解和单元型近场动力学模拟结果如图 4-3 所示。

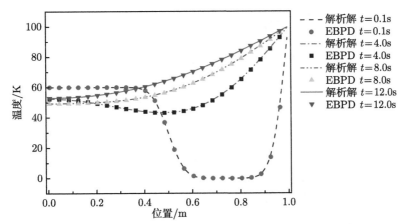

图 4-3　一维瞬态热传导解析解和单元型近场动力学模型结果

一维稳态热传导模型如图 4-4 所示，其几何尺寸、材料性能以及网格间距与一维瞬态热传导模型相同。

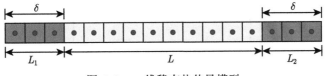

图 4-4　一维稳态热传导模型

边界条件为

$$\phi(0) = 0, \quad \phi(L) = U = 100\text{K} \quad (4\text{-}70)$$

局部理论解析解写为

$$\phi(x) = \frac{U}{L} x \quad (4\text{-}71)$$

一维稳态热传导解析解和单元型近场动力学模拟结果如图 4-5 所示。从图 4-3 和图 4-5 可以看出，单元型近场动力学模拟结果和解析解几乎是一致的。

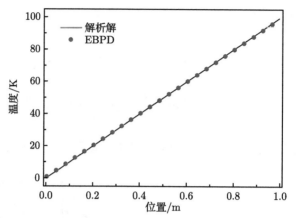

图 4-5   一维稳态热传导解析解和单元型近场动力学模拟结果

4.11.2   二维热传导问题

本节的算例包括二维瞬态热传导情况和二维稳态热传导情况。二维瞬态热传导模型如图 4-6 所示，薄板长度 L 和宽度 W 均为 10.0m，厚度 $t = 0.1$m。材料参数为：热导率 $k = 1.0$W/(m·K)、质量密度 $\rho = 1.0$kg/m³、比热容 $c_V = 1.0$J/(kg·K)。网格间距和时间步长分别为 $\Delta x = 0.1$m 和 $\Delta t = 0.0001$s。

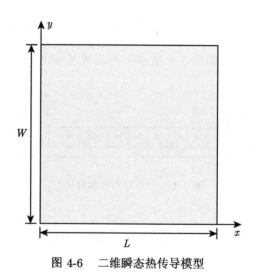

图 4-6   二维瞬态热传导模型

边界条件和初始条件分别写为

$$\phi(0, y, t) = \phi(L, y, t) = \phi(x, 0, t) = \phi(x, W, t) = 0, \quad 0 \leqslant t < \infty \qquad (4\text{-}72)$$

$$\phi(x, y, 0) = 100\text{K}, \quad 0 \leqslant x \leqslant L, \quad 0 \leqslant y \leqslant W \tag{4-73}$$

该问题的局部理论解析解可以通过分离变量法[9,10]得到

$$\phi(x, y, t) = \sum_{m=1}^{\infty} \sum_{n=1}^{\infty} A_{mn} \mathrm{e}^{-\frac{k}{\rho c_V} \left(\frac{m^2 \pi^2}{L^2} + \frac{n^2 \pi^2}{W^2} \right) t} \sin \frac{m\pi x}{L} \sin \frac{n\pi y}{W} \tag{4-74}$$

式中,

$$A_{mn} = \frac{4}{LW} \int_0^W \int_0^L \phi(x, y, 0) \sin \frac{m\pi x}{L} \sin \frac{n\pi y}{W} \mathrm{d}x\mathrm{d}y \tag{4-75}$$

模型在 $t = 0.5\text{s}$、$t = 2.0\text{s}$ 和 $t = 6.0\text{s}$ 时刻的局部理论解析解和单元型近场动力学模拟得到的温度场分布如图 4-7 所示。图 4-8 所示为不同时刻上述两种方法沿直线 $y = 5.0\text{m}$ 的温度分布。图 4-7 和图 4-8 表明,单元型近场动力学模拟结果与局部理论解析解完全吻合。

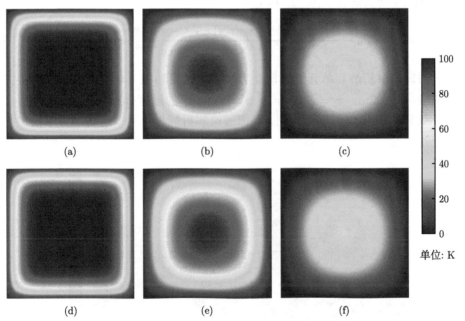

图 4-7 不同时刻局部理论解析解和单元型近场动力学模型温度场分布

(a) $t = 0.5\text{s}$ 时刻局部理论解析解;(b) $t = 2.0\text{s}$ 时刻局部理论解析解;(c) $t = 6.0\text{s}$ 时刻局部理论解析解;(d) $t = 0.5\text{s}$ 时刻单元型近场动力学结果;(e) $t = 2.0\text{s}$ 时刻单元型近场动力学结果;(f) $t = 6.0\text{s}$ 时刻单元型近场动力学结果

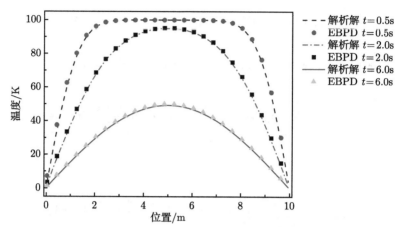

图 4-8　不同时刻局部理论解析解和单元型近场动力学模型沿直线 $y = 5.0\text{m}$ 的温度分布

二维稳态热传导模型的几何尺寸、材料性能和网格间距与上述二维瞬态热传导模型相同，边界条件为

$$\phi(0, y) = 0\text{K}, \quad \phi(L, y) = 0\text{K}, \quad \phi(x, 0) = 0\text{K}, \quad q^*(x, W) = -100\text{W/m}^2 \quad (4\text{-}76)$$

局部理论解析解由文献 [9, 10] 给出

$$\phi(x, y) = u_0 - \frac{2q^*L}{k} \sum_{n=1}^{\infty} \frac{1 - \cos(n\pi)}{n^2\pi^2} \frac{e^{\frac{n\pi}{a}y} - e^{-\frac{n\pi}{a}y}}{e^{\frac{n\pi}{a}b} - e^{-\frac{n\pi}{a}b}} \sin\left(\frac{n\pi}{a}x\right) \quad (4\text{-}77)$$

局部理论解析解和单元型近场动力学模拟结果如图 4-9 所示，上述两种方法沿直线 $x = 1.05\text{m}$、$x = 3.05\text{m}$ 和 $x = 5.05\text{m}$ 的温度分布如图 4-10 所示。从图 4-9 和图 4-10 中可以明显看出，局部理论解析解与单元型近场动力学模拟结果基本一致。

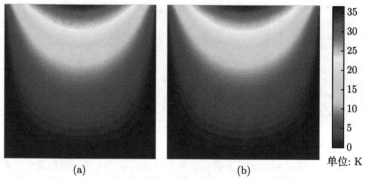

图 4-9　局部理论解析解和单元型近场动力学模型温度场分布

(a) 局部理论解析解；(b) 单元型近场动力学模型

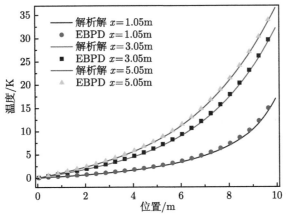

图 4-10 局部理论解析解和单元型近场动力学模型沿直线 $x = 1.05\text{m}$、$x = 3.05\text{m}$ 和

$x = 5.05\text{m}$ 的温度分布

4.11.3 三维热传导问题

三维瞬态热传导模型如图 4-11 所示,模型长度 L、宽度 W 和高度 H 分别为 1.0m、0.25m 和 0.25m。材料参数为:热导率 $k = 233\text{W}/(\text{m} \cdot \text{K})$、质量密度 $\rho = 260\text{kg/m}^3$、比热容 $c_V = 64\text{J}/(\text{kg} \cdot \text{K})$。网格间距和时间步长分别为 $\triangle x = 0.025\text{m}$ 和 $\triangle t = 0.0001\text{s}$。

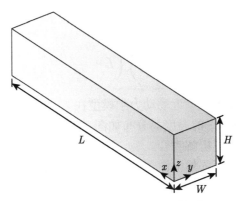

图 4-11 三维瞬态热传导模型

初始条件写为

$$\phi(x, y, z, 0) = x, \quad 0 \leqslant x \leqslant L \tag{4-78}$$

边界条件为

$$
\begin{cases}
-k\dfrac{\mathrm{d}\phi}{\mathrm{d}x}\bigg|_{x=0,y,z} = h_1(\phi_\infty - \phi), & 0 \leqslant t < \infty \\[2mm]
-k\dfrac{\mathrm{d}\phi}{\mathrm{d}x}\bigg|_{x=L,y,z} = h_1(\phi_\infty - \phi), & 0 \leqslant t < \infty \\[2mm]
q^*(x,0,z) = 0, & 0 \leqslant t < \infty \\[2mm]
q^*(x,W,z) = 0, & 0 \leqslant t < \infty \\[2mm]
q^*(x,y,0) = 0, & 0 \leqslant t < \infty \\[2mm]
q^*(x,y,H) = 0, & 0 \leqslant t < \infty
\end{cases}
\tag{4-79}
$$

该立方体沿 x 轴的温度场分布可以视为一维问题, 其解析解 [5,11] 表示为

$$
\phi(x,t) = \sum_{n=1}^{\infty} \mathrm{e}^{-\frac{k}{\rho c_V}\beta_\mathrm{m}^2 t} \frac{1}{N(\beta_\mathrm{m})} X(\beta_\mathrm{m},x) \int_0^L X(\beta_\mathrm{m},x') x' \mathrm{d}x'
\tag{4-80}
$$

式中, $X(\beta_\mathrm{m},x)$ 和 β_m 分别是特征函数和特征值; $N(\beta_\mathrm{m})$ 表示归一化积分

$$
X(\beta_\mathrm{m},x) = \beta_\mathrm{m}\cos(\beta_\mathrm{m}x) + \frac{h_1}{k}\cos(\beta_\mathrm{m}x)
\tag{4-81}
$$

$$
\tan(\beta_\mathrm{m}L) = \frac{\beta_\mathrm{m}(h_1/k + h_2/k)}{\beta_\mathrm{m}^2 - h_1 h_2/k^2}
\tag{4-82}
$$

$$
N(\beta_\mathrm{m}) = \frac{1}{2}\left[\left(\beta_\mathrm{m}^2 + \frac{h_1^2}{k^2}\right)\left(L + \frac{h_2/k}{\beta_\mathrm{m}^2 + h_2^2/k^2}\right) + \frac{h_1}{k}\right]
\tag{4-83}
$$

局部理论解析解和单元型近场动力学模型在 $t = 0.5\mathrm{s}$ 和 $t = 2.5\mathrm{s}$ 时刻沿直线 $(y = 0.125\mathrm{m}, z = 0.125\mathrm{m})$ 的温度场分布如图 4-12 所示, 结果表明, 单元型近场动力学结果与局部理论解析解吻合。

三维稳态热传导模型依然由图 4-11 表示, 模型长度 $L = 0.005\mathrm{m}$、宽度 $W = 0.001\mathrm{m}$、高度 $H = 0.001\mathrm{m}$。热传导系数和网格间距分布为 $k = 1.0\mathrm{W}/(\mathrm{m}\cdot\mathrm{K})$ 和 $\Delta x = 0.001\mathrm{m}$。模型采用以下两种边界条件, 边界条件 1 表示为

$$
\begin{cases}
\phi(0,y,z) = 0, & \phi(0,L,z) = 100\mathrm{K} \\
q^*(x,0,z) = 0, & q^*(x,W,z) = 0 \\
q^*(x,y,0) = 0, & q^*(x,y,H) = 0
\end{cases}
\tag{4-84}
$$

边界条件 2 表示为

$$\begin{cases} \phi(0,y,z) = 0, & q^*(L,y,z) = -1000\mathrm{W/m}^2 \\ q^*(x,0,z) = 0, & q^*(x,W,z) = 0 \\ q^*(x,y,0) = 0, & q^*(x,y,H) = 0 \end{cases} \tag{4-85}$$

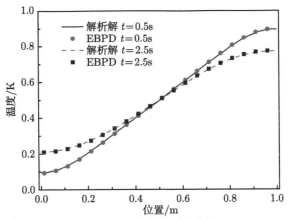

图 4-12　局部理论解析解和单元型近场动力学模型沿直线 $(y = 0.125\mathrm{m}, z = 0.125\mathrm{m})$ 的温度分布

采用 ABAQUS 软件计算得到的有限元结果作为参考, 其中有限元模型采用 8 节点热传导单元, 网格密度取为 0.001m。有限元模型和单元型近场动力学模型在边界条件 1 和边界条件 2 两种情况下的温度场分布分别如图 4-13 和图 4-14 所示。两种边界条件下有限元模型和单元型近场动力学模型沿直线 $(y = 0.0005\mathrm{m}, z = 0.0005\mathrm{m})$ 的温度分布如图 4-15 所示。从图 4-13~ 图 4-15 可以明显看出, 单元型近场动力学结果与有限元结果吻合。

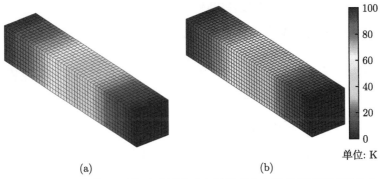

图 4-13　边界条件 1 下单元型近场动力学模型和有限元模型温度场分布

(a) 单元型近场动力学模型；(b) 有限元模型

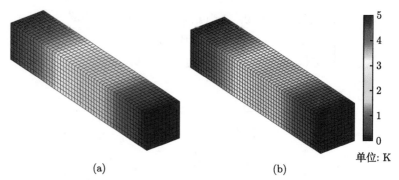

(a)   (b)

图 4-14　边界条件 2 下单元型近场动力学模型和有限元模型温度场分布

(a) 单元型近场动力学模型；(b) 有限元模型

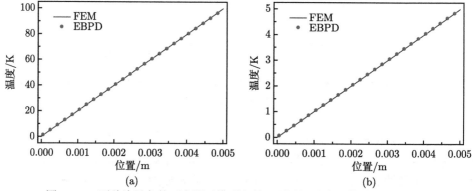

(a)   (b)

图 4-15　两种边界条件下有限元模型和单元型近场动力学模型结果沿直线

$(y = 0.0005\text{m}, z = 0.0005\text{m})$ 的温度分布

(a) 边界条件 1；(b) 边界条件 2

4.11.4　含绝缘裂纹的稳态热传导问题

二维含绝缘裂纹稳态热传导模型如图 4-16 (a) 所示，模型长度和宽度分别为 $L = 0.1\text{m}$ 和 $W = 0.1\text{m}$，模型中央存在一条长度为 $a = 0.05\text{m}$ 的水平绝缘裂纹。模型热传导系数为 $k = 1.0\text{W}/(\text{m} \cdot \text{K})$。二维模型厚度和网格密度分别取 $t = 0.001\text{m}$ 和 $\Delta x = 0.001\text{m}$。边界条件为

$$\begin{cases} q^*(0, y) = 0, \quad q^*(L, y) = 0 \\ \phi(x, 0) = -100\text{K}, \quad \phi(x, W) = 100\text{K} \end{cases} \tag{4-86}$$

三维含绝缘裂纹模型如图 4-16 (b) 所示，模型长度、宽度和高度分别为 $L = 0.1\text{m}$、$W = 0.1\text{m}$ 和 $H = 0.02\text{m}$，模型中央存在一条长度为 $a = 0.05\text{m}$ 的水平绝

缘裂纹。模型热传导系数和网格密度分别取 $k = 1.0\mathrm{W}/(\mathrm{m}\cdot\mathrm{K})$ 和 $\Delta x = 0.002\mathrm{m}$。
边界条件为

$$
\begin{cases}
q^*(0, y, z) = 0, \quad q^*(L, y, z) = 0 \\
\phi(x, 0, z) = -100\mathrm{K}, \quad \phi(x, W, z) = 100\mathrm{K} \\
q^*(x, y, 0) = 0, \quad q^*(x, y, H) = 0
\end{cases}
\tag{4-87}
$$

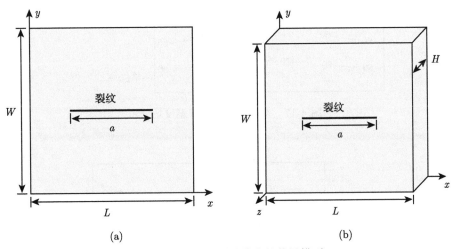

(a)   (b)

图 4-16   含绝缘裂纹稳态热传导模型

(a) 二维模型；(b) 三维模型

　　将二维有限元模型计算结果作为二维单元型近场动力学和三维单元型近场动力学模型的参考。对于含裂纹模型，为了避免网格奇异性，有限元模型需要在裂纹尖端附近细化网格，有限元模型被划分为 40602 个节点和 40100 个 4 节点热传导单元。二维和三维单元型近场动力学模型的粒子总数分别为 10000 个和 25000 个。二维有限元模型、二维单元型近场动力学模型和三维单元型近场动力学模型的温度场分布如图 4-17 所示，以上三种模型沿直线 $x = 0.05\mathrm{m}$ 的温度分布如图 4-18 所示。观察这两图可知，单元型近场动力学模型计算得到的温度场结果与有限元结果吻合。此外，单元型近场动力学模型在裂纹附近不存在奇异性问题，不需要在裂纹附近细化网格，用较少的粒子就可以保证计算精度。

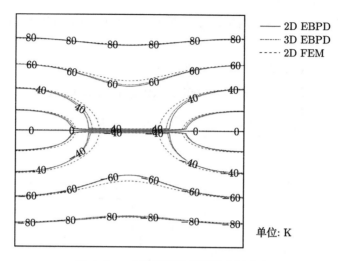

图 4-17　含绝缘裂纹模型温度场分布

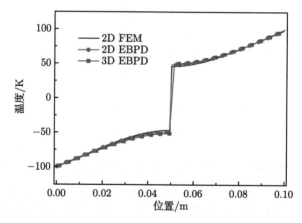

图 4-18　二维有限元模型、二维和三维单元型近场动力学模型沿直线 $x = 0.05\mathrm{m}$ 的温度分布

4.11.5　含绝缘生长裂纹的瞬态热传导问题

对于含裂纹模型,有限元模型需要在裂纹尖端附近细化网格。如果裂纹发生扩展,还需要重新划分网格。然而,近场动力学在处理这些问题上具有天然的优势。本节采用单元型近场动力学模型模拟具有绝缘生长和相交裂纹薄板的瞬态热传导过程。薄板模型如图 4-19 所示,其中长度 L 和宽度 W 均为 0.02m。两个生长裂纹分别从点 (x_1, y_1) 和点 (x_2, y_2) 开始,并以恒定速度 $v = \sqrt{2}\mathrm{cm/s}$ 向板中心方向移动。两个起点的坐标为

$$\begin{cases} x_1 = 3L/4, & y_1 = 3W/4 \\ x_2 = L/4, & y_2 = 3W/4 \end{cases} \tag{4-88}$$

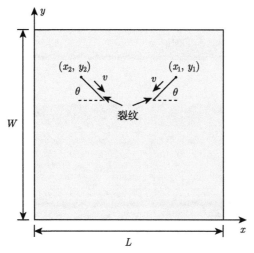

图 4-19   含绝缘生长裂纹的瞬态热传导模型

质量密度和比热容分别为 $\rho = 1.0 \times 10^6 \mathrm{kg/m^3}$ 和 $c_V = 1.0 \mathrm{J/(kg \cdot K)}$，考虑两种热传导系数 $k = 114 \mathrm{W/(m \cdot K)}$ 和 $k = 11.4 \mathrm{W/(m \cdot K)}$。网格间距和时间步长分别取 $\Delta x = 0.00002 \mathrm{m}$ 和 $\Delta t = 0.0001 \mathrm{s}$。初始条件为

$$\phi(x,y,0) = 0, \quad 0 \leqslant x \leqslant L, \quad 0 \leqslant y \leqslant W \tag{4-89}$$

边界条件为

$$\phi(x,0,t) = -100\mathrm{K}, \quad \phi(x,W,t) = 100\mathrm{K}, \quad 0 \leqslant t < \infty \tag{4-90}$$

对于热传导系数取 $k = 114 \mathrm{W/(m \cdot K)}$ 和 $k = 11.4 \mathrm{W/(m \cdot K)}$ 的两种情况，$t = 0.2\mathrm{s}$、$t = 1.0\mathrm{s}$、$t = 2.5\mathrm{s}$ 和 $t = 5.0\mathrm{s}$ 的温度分布如图 4-20 所示。模拟结果表明，绝缘裂纹阻碍了热量的传导，温度在裂纹两侧存在突变。相比于大热传导系数模型，小热传导系数模型的热量传递过程更为缓慢。此外，图 4-20 的结果与文献 [12] 的结果吻合。

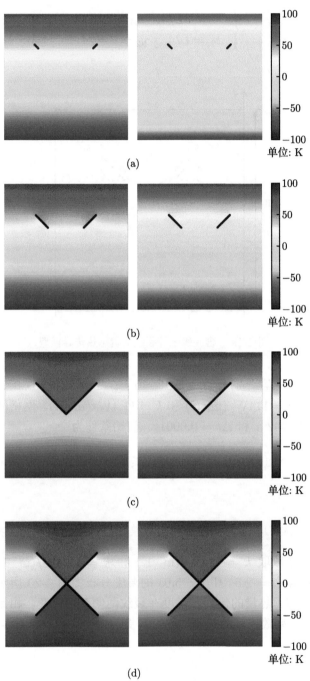

图 4-20   不同时刻的温度场分布 (左右两列分别代表热传导系数取 $k = 114\text{W}/(\text{m} \cdot \text{K})$ 和
$k = 11.4\text{W}/(\text{m} \cdot \text{K})$ 的情况)

(a) $t = 0.2$s；(b) $t = 1.0$s；(c) $t = 2.5$s；(d) $t = 5.0$s

4.12 小 结

本章提出了热传导问题的单元型近场动力学模型,分别通过变分原理和 Euler-Lagrange 方程推导了稳态热传导方程和瞬态热传导方程,并给出了对应的求解方案。随后,通过一组数值算例验证了单元型近场动力学热传导模型的有效性以及处理含绝缘裂纹物体热传导问题的优势。本章的内容为第 5 章热力耦合模型的提出奠定了基础。

参 考 文 献

[1] 王勖成. 有限单元法 [M]. 北京: 清华大学出版社, 2003.

[2] 孔祥谦. 热应力有限单元法分析 [M]. 上海: 上海交通大学出版社, 1999.

[3] Moiseiwitsch B L. Variational Principles[M]. North Chelmsford: Courier Corporation, 2004.

[4] 梁立孚. 变分原理及其应用 [M]. 哈尔滨: 哈尔滨工程大学出版社, 2005.

[5] Madenci E, Oterkus E. Peridynamic Theory and Its Applications[M]. New York: Springer, 2014.

[6] Oterkus S, Madenci E, Agwai A. Peridynamic thermal diffusion[J]. Journal of Computational Physics, 2014, 265: 71-96.

[7] 李景涌. 有限元法 [M]. 北京: 北京邮电学院出版社, 1999.

[8] Bobaru F, Duangpanya M. The peridynamic formulation for transient heat conduction[J]. International Journal of Heat and Mass Transfer, 2010, 53(19-20): 4047-4059.

[9] Bergman T L, Incropera F P, DeWitt D P, et al. Fundamentals of Heat and Mass Transfer[M]. New York: John Wiley & Sons, 2011.

[10] Kakaç S, Yener Y, Naveira-Cotta C P. Heat Conduction[M]. Boca Raton: CRC Press, 2018.

[11] Hahn D W, Özisik M N. Heat Conduction[M]. New York: John Wiley & Sons, 2012.

[12] Bobaru F, Duangpanya M. A peridynamic formulation for transient heat conduction in bodies with evolving discontinuities[J]. Journal of Computational Physics, 2012, 231(7): 2764-2785.

第 5 章　热力耦合模型

5.1　引　　言

面对热力耦合问题，键型理论和常规态理论需要寻求与应变率对应的物理量来反映应变对温度的作用 [1-3]。虽然非常规态理论可以方便地表征应变率，然而该理论却面临着不稳定性问题 [4]。单元型近场动力学理论中含有应变率，且不存在不稳定性问题 [5]，可方便表征应变对温度的作用。本章将在第 3 章弹塑性模型和第 4 章热传导模型的基础上针对稳态问题和瞬态问题提出单元型近场动力学热力耦合模型，并给出热力耦合下的断裂准则和求解方案。

5.2　稳态耦合问题

模型在温度发生变化时会发生膨胀或者收缩现象，温度变化导致的单元应变可以写为 [6]

$$
\varepsilon_0 = \begin{cases} \alpha\phi_{\mathrm{avg}}, & \text{1D} \\[2mm] \begin{bmatrix} \alpha\phi_{\mathrm{avg}} & \alpha\phi_{\mathrm{avg}} & 0 \end{bmatrix}^{\mathrm{T}}, & \text{2D} \\[2mm] \begin{bmatrix} \alpha\phi_{\mathrm{avg}} & \alpha\phi_{\mathrm{avg}} & \alpha v_{\mathrm{avg}} & 0 & 0 & 0 \end{bmatrix}^{\mathrm{T}}, & \text{3D} \end{cases} \tag{5-1}
$$

式中，α 和 ϕ_{avg} 分别代表材料的线膨胀系数以及单元平均温度。

单元平均温度 ϕ_{avg} 定义为

$$
\phi_{\mathrm{avg}} = \begin{cases} (\phi_i + \phi_j)/2 - \phi_0, & \text{1D} \\[2mm] (\phi_i + \phi_j + \phi_m)/3 - \phi_0, & \text{2D} \\[2mm] (\phi_i + \phi_j + \phi_m + \phi_n)/4 - \phi_0, & \text{3D} \end{cases} \tag{5-2}
$$

式中，ϕ_0 为参考温度；ϕ_i、ϕ_j、ϕ_m、ϕ_n 分别代表粒子 i、粒子 j、粒子 m 和粒子 n 的温度。

考虑温度影响时，单元 e_{ij}、单元 e_{ijm} 和单元 e_{ijmn} 的微势能 w_{ij}^e、w_{ijm}^e 和 w_{ijmn}^e 分别写为

$$
w_{ij}^e = \omega\left\langle |\xi| \right\rangle c_e \left(\frac{1}{2} E\varepsilon^2 - E\varepsilon\varepsilon_0 \right) = \omega\left\langle |\xi| \right\rangle c_e \left[\frac{1}{2} \boldsymbol{u}_e^{\mathrm{T}} \boldsymbol{B}^{\mathrm{T}} \boldsymbol{E} \boldsymbol{B} \boldsymbol{u}_e - \boldsymbol{u}_e^{\mathrm{T}} \boldsymbol{B}^{\mathrm{T}} \boldsymbol{E} \varepsilon_0 \right]
$$

$$= \frac{1}{2} \boldsymbol{u}_e^{\mathrm{T}} \boldsymbol{k}_{ij}^e \boldsymbol{u}_e - \omega \langle |\boldsymbol{\xi}| \rangle \, c_e \boldsymbol{u}_e^{\mathrm{T}} \boldsymbol{B}^{\mathrm{T}} E \boldsymbol{\varepsilon}_0 \tag{5-3a}$$

$$w_{ijm}^e = \omega \langle |\boldsymbol{\xi}| \rangle \, c_e \left(\frac{1}{2} \boldsymbol{\varepsilon}^{\mathrm{T}} \boldsymbol{D} \boldsymbol{\varepsilon} - \boldsymbol{\varepsilon}^{\mathrm{T}} \boldsymbol{D} \boldsymbol{\varepsilon}_0 \right) = \omega \langle |\boldsymbol{\xi}| \rangle \, c_e \left[\frac{1}{2} \boldsymbol{u}_e^{\mathrm{T}} \boldsymbol{B}^{\mathrm{T}} \boldsymbol{D} \boldsymbol{B} \boldsymbol{u}_e - \boldsymbol{u}_e^{\mathrm{T}} \boldsymbol{B}^{\mathrm{T}} \boldsymbol{D} \boldsymbol{\varepsilon}_0 \right]$$

$$= \frac{1}{2} \boldsymbol{u}_e^{\mathrm{T}} \boldsymbol{k}_{ijm}^e \boldsymbol{u}_e - \omega \langle |\boldsymbol{\xi}| \rangle \, c_e \boldsymbol{u}_e^{\mathrm{T}} \boldsymbol{B}^{\mathrm{T}} \boldsymbol{D} \boldsymbol{\varepsilon}_0 \tag{5-3b}$$

$$w_{ijmn}^e = \omega \langle |\boldsymbol{\xi}| \rangle \, c_e \left(\frac{1}{2} \boldsymbol{\varepsilon}^{\mathrm{T}} \boldsymbol{D} \boldsymbol{\varepsilon} - \boldsymbol{\varepsilon}^{\mathrm{T}} \boldsymbol{D} \boldsymbol{\varepsilon}_0 \right) = \omega \langle |\boldsymbol{\xi}| \rangle \, c_e \left[\frac{1}{2} \boldsymbol{u}_e^{\mathrm{T}} \boldsymbol{B}^{\mathrm{T}} \boldsymbol{D} \boldsymbol{B} \boldsymbol{u}_e - \boldsymbol{u}_e^{\mathrm{T}} \boldsymbol{B}^{\mathrm{T}} \boldsymbol{D} \boldsymbol{\varepsilon}_0 \right]$$

$$= \frac{1}{2} \boldsymbol{u}_e^{\mathrm{T}} \boldsymbol{k}_{ijmn}^e \boldsymbol{u}_e - \omega \langle |\boldsymbol{\xi}| \rangle \, c_e \boldsymbol{u}_e^{\mathrm{T}} \boldsymbol{B}^{\mathrm{T}} \boldsymbol{D} \boldsymbol{\varepsilon}_0 \tag{5-3c}$$

将式 (5-3) 代入式 (2-22) 得

$$W_i^{\mathrm{nl}} = \begin{cases} \displaystyle\sum_{e=1}^{E_0} \left(\frac{1}{4} \boldsymbol{u}_e^{\mathrm{T}} \boldsymbol{k}_{ij}^e \boldsymbol{u}_e V_j - \frac{1}{2} \omega \langle |\boldsymbol{\xi}| \rangle \, c_e \boldsymbol{u}_e^{\mathrm{T}} \boldsymbol{B}^{\mathrm{T}} E \boldsymbol{\varepsilon}_0 V_j \right), & \text{1D} \\[2ex] \displaystyle\sum_{e=1}^{E_0} \left(\frac{1}{6} \boldsymbol{u}_e^{\mathrm{T}} \boldsymbol{k}_{ijm}^e \boldsymbol{u}_e V_j V_m - \frac{1}{3} \omega \langle |\boldsymbol{\xi}| \rangle \, c_e \boldsymbol{u}_e^{\mathrm{T}} \boldsymbol{B}^{\mathrm{T}} \boldsymbol{D} \boldsymbol{\varepsilon}_0 V_j V_m \right), & \text{2D} \\[2ex] \displaystyle\sum_{e=1}^{E_0} \left(\frac{1}{8} \boldsymbol{u}_e^{\mathrm{T}} \boldsymbol{k}_{ijmn}^e \boldsymbol{u}_e V_j V_m V_n - \frac{1}{4} \omega \langle |\boldsymbol{\xi}| \rangle \, c_e \boldsymbol{u}_e^{\mathrm{T}} \boldsymbol{B}^{\mathrm{T}} \boldsymbol{D} \boldsymbol{\varepsilon}_0 V_j V_m V_n \right), & \text{3D} \end{cases}$$

$$\tag{5-4}$$

将式 (5-4) 代入式 (3-1) 得

$$U = \begin{cases} \boldsymbol{u}^{\mathrm{T}} \displaystyle\sum_{i=1}^{J} \left(\sum_{e=1}^{E_0} \left(\frac{1}{4} \boldsymbol{G}^{\mathrm{T}} \boldsymbol{k}_{ij}^e \boldsymbol{G} \boldsymbol{u} V_j \right. \right. \\[1ex] \left. \left. - \frac{1}{2} \omega \langle |\boldsymbol{\xi}| \rangle \, c_e \boldsymbol{G}^{\mathrm{T}} \boldsymbol{B}^{\mathrm{T}} E \boldsymbol{\varepsilon}_0 V_j \right) V_i \right) - \boldsymbol{u}^{\mathrm{T}} \displaystyle\sum_{i=1}^{J} \left(\boldsymbol{G}_1^{\mathrm{T}} \boldsymbol{b}_i V_i \right), & \text{1D} \\[3ex] \boldsymbol{u}^{\mathrm{T}} \displaystyle\sum_{i=1}^{J} \left(\sum_{e=1}^{E_0} \left(\frac{1}{6} \boldsymbol{G}^{\mathrm{T}} \boldsymbol{k}_{ijm}^e \boldsymbol{G} \boldsymbol{u} V_j V_m \right. \right. \\[1ex] \left. \left. - \frac{1}{3} \omega \langle |\boldsymbol{\xi}| \rangle \, c_e \boldsymbol{G}^{\mathrm{T}} \boldsymbol{B}^{\mathrm{T}} \boldsymbol{D} \boldsymbol{\varepsilon}_0 V_j V_m \right) V_i \right) - \boldsymbol{u}^{\mathrm{T}} \displaystyle\sum_{i=1}^{J} \left(\boldsymbol{G}_1^{\mathrm{T}} \boldsymbol{b}_i V_i \right), & \text{2D} \\[3ex] \boldsymbol{u}^{\mathrm{T}} \displaystyle\sum_{i=1}^{J} \left(\sum_{e=1}^{E_0} \left(\frac{1}{8} \boldsymbol{G}^{\mathrm{T}} \boldsymbol{k}_{ijmn}^e \boldsymbol{G} \boldsymbol{u} V_j V_m V_n \right. \right. \\[1ex] \left. \left. - \frac{1}{4} \omega \langle |\boldsymbol{\xi}| \rangle \, c_e \boldsymbol{G}^{\mathrm{T}} \boldsymbol{B}^{\mathrm{T}} \boldsymbol{D} \boldsymbol{\varepsilon}_0 V_j V_m V_n \right) V_i \right) - \boldsymbol{u}^{\mathrm{T}} \displaystyle\sum_{i=1}^{J} \left(\boldsymbol{G}_1^{\mathrm{T}} \boldsymbol{b}_i V_i \right), & \text{3D} \end{cases}$$

$$\tag{5-5}$$

定义模型的总体刚度矩阵为

$$
\boldsymbol{K} = \begin{cases}
\sum\limits_{i=1}^{J} \left[\sum\limits_{e=1}^{E_0} \left(\boldsymbol{G}^{\mathrm{T}} \dfrac{1}{2} \boldsymbol{k}_{ij}^{e} \boldsymbol{G} V_j \right) V_i \right], & \text{1D} \\[4mm]
\sum\limits_{i=1}^{J} \left[\sum\limits_{e=1}^{E_0} \left(\boldsymbol{G}^{\mathrm{T}} \dfrac{1}{3} \boldsymbol{k}_{ijm}^{e} \boldsymbol{G} V_j V_m \right) V_i \right], & \text{2D} \\[4mm]
\sum\limits_{i=1}^{J} \left[\sum\limits_{e=1}^{E_0} \left(\boldsymbol{G}^{\mathrm{T}} \dfrac{1}{4} \boldsymbol{k}_{ijmn}^{e} \boldsymbol{G} V_j V_m V_n \right) V_i \right], & \text{3D}
\end{cases}
\tag{5-6}
$$

模型在温度荷载和机械荷载作用下，总体荷载矢量写为

$$
\boldsymbol{P} = \boldsymbol{P}_{\varepsilon_0} + \boldsymbol{P}_1 = \begin{cases}
\sum\limits_{i=1}^{J} \left(\sum\limits_{e=1}^{E_0} \left(\dfrac{1}{2} \omega \left\langle |\xi| \right\rangle c_e \boldsymbol{G}^{\mathrm{T}} \boldsymbol{B}^{\mathrm{T}} E \varepsilon_0 V_j \right) V_i \right) \\[2mm]
\qquad + \sum\limits_{i=1}^{J} \left(\boldsymbol{G}_1^{\mathrm{T}} b_i V_i \right), & \text{1D} \\[4mm]
\sum\limits_{i=1}^{J} \left(\sum\limits_{e=1}^{E_0} \left(\dfrac{1}{3} \omega \left\langle |\boldsymbol{\xi}| \right\rangle c_e \boldsymbol{G}^{\mathrm{T}} \boldsymbol{B}^{\mathrm{T}} \boldsymbol{D} \boldsymbol{\varepsilon}_0 V_j V_m \right) V_i \right) \\[2mm]
\qquad + \sum\limits_{i=1}^{J} \left(\boldsymbol{G}_1^{\mathrm{T}} \boldsymbol{b}_i V_i \right), & \text{2D} \\[4mm]
\sum\limits_{i=1}^{J} \left(\sum\limits_{e=1}^{E_0} \left(\dfrac{1}{4} \omega \left\langle |\boldsymbol{\xi}| \right\rangle c_e \boldsymbol{G}^{\mathrm{T}} \boldsymbol{B}^{\mathrm{T}} \boldsymbol{D} \boldsymbol{\varepsilon}_0 V_j V_m V_n \right) V_i \right) \\[2mm]
\qquad + \sum\limits_{i=1}^{J} \left(\boldsymbol{G}_1^{\mathrm{T}} \boldsymbol{b}_i V_i \right), & \text{3D}
\end{cases}
\tag{5-7}
$$

式中，$\boldsymbol{P}_{\varepsilon_0}$ 和 $\boldsymbol{P}_1$ 分别表示温度荷载和机械荷载。

将式 (5-6) 和式 (5-7) 代入式 (5-5) 得

$$
U = \frac{1}{2} \boldsymbol{u}^{\mathrm{T}} \boldsymbol{K} \boldsymbol{u} - \boldsymbol{u}^{\mathrm{T}} \boldsymbol{P} = \frac{1}{2} K_{ij} u_i u_j - P_i u_i
\tag{5-8}
$$

对于一维、二维以及三维情况，利用最小势能原理，单元型近场动力学理论在稳态热力耦合情况下的一维、二维以及三维平衡方程可以写为

$$
\sum_{i=1}^{J} \left[\sum_{e=1}^{E_0} \left(\boldsymbol{G}^{\mathrm{T}} \frac{1}{2} \boldsymbol{k}_{ij}^{e} \boldsymbol{G} V_j \right) V_i \right] \cdot \boldsymbol{u}
$$

$$
= \sum_{i=1}^{J} \left(\sum_{e=1}^{E_0} \left(\frac{1}{2} \omega \left\langle |\xi| \right\rangle c_e \boldsymbol{G}^{\mathrm{T}} \boldsymbol{B}^{\mathrm{T}} E \varepsilon_0 V_j \right) V_i \right) + \sum_{i=1}^{J} \left(\boldsymbol{G}_1^{\mathrm{T}} b_i V_i \right)
\tag{5-9a}
$$

$$\sum_{i=1}^{J} \left[\sum_{e=1}^{E_0} \left(\boldsymbol{G}^{\mathrm{T}} \frac{1}{3} \boldsymbol{k}_{ijm}^{e} \boldsymbol{G} V_j V_m \right) V_i \right] \cdot \boldsymbol{u}$$

$$= \sum_{i=1}^{J} \left(\sum_{e=1}^{E_0} \left(\frac{1}{3} \omega \left\langle |\boldsymbol{\xi}| \right\rangle c_e \boldsymbol{G}^{\mathrm{T}} \boldsymbol{B}^{\mathrm{T}} \boldsymbol{D} \boldsymbol{\varepsilon}_0 V_j V_m \right) V_i \right) + \sum_{i=1}^{J} \left(\boldsymbol{G}_1^{\mathrm{T}} \boldsymbol{b}_i V_i \right) \qquad (5\text{-}9\mathrm{b})$$

$$\sum_{i=1}^{J} \left[\sum_{e=1}^{E_0} \left(\boldsymbol{G}^{\mathrm{T}} \frac{1}{4} \boldsymbol{k}_{ijmn}^{e} \boldsymbol{G} V_j V_m V_n \right) V_i \right] \cdot \boldsymbol{u}$$

$$= \sum_{i=1}^{J} \left(\sum_{e=1}^{E_0} \left(\frac{1}{4} \omega \left\langle |\boldsymbol{\xi}| \right\rangle c_e \boldsymbol{G}^{\mathrm{T}} \boldsymbol{B}^{\mathrm{T}} \boldsymbol{D} \boldsymbol{\varepsilon}_0 V_j V_m V_n \right) V_i \right) + \sum_{i=1}^{J} \left(\boldsymbol{G}_1^{\mathrm{T}} \boldsymbol{b}_i V_i \right) \qquad (5\text{-}9\mathrm{c})$$

单元 e_{ij} 在式 (5-9a) 中出现了两次。单元 e_{ijm} 和单元 e_{ijmn} 在式 (5-9b) 和式 (5-9c) 中分别出现了 3 次和 4 次。式 (5-9) 可以改写为

$$\sum_{i=1}^{J} \left[\sum_{e=1}^{E_0} \left(\boldsymbol{G}_1^{\mathrm{T}} \left[\begin{array}{cc} \overline{k}_{ii}^{e} & \overline{k}_{ij}^{e} \end{array} \right] \boldsymbol{G} V_j \right) V_i \right] \cdot \boldsymbol{u}$$

$$= \sum_{i=1}^{J} \left(\sum_{e=1}^{E_0} \left(\omega \left\langle |\xi| \right\rangle c_e \boldsymbol{G}_1^{\mathrm{T}} \boldsymbol{B}_1^{\mathrm{T}} E \boldsymbol{\varepsilon}_0 V_j \right) V_i \right) + \sum_{i=1}^{J} \left(\boldsymbol{G}_1^{\mathrm{T}} b_i V_i \right) \qquad (5\text{-}10\mathrm{a})$$

$$\sum_{i=1}^{J} \left[\sum_{e=1}^{E_0} \left(\boldsymbol{G}_1^{\mathrm{T}} \left[\begin{array}{ccc} \overline{\boldsymbol{k}}_{ii}^{e} & \overline{\boldsymbol{k}}_{ij}^{e} & \overline{\boldsymbol{k}}_{im}^{e} \end{array} \right] \boldsymbol{G} V_j V_m \right) V_i \right] \cdot \boldsymbol{u}$$

$$= \sum_{i=1}^{J} \left(\sum_{e=1}^{E_0} \left(\omega \left\langle |\xi| \right\rangle c_e \boldsymbol{G}_1^{\mathrm{T}} \boldsymbol{B}_1^{\mathrm{T}} \boldsymbol{D} \boldsymbol{\varepsilon}_0 V_j V_m \right) V_i \right) + \sum_{i=1}^{J} \left(\boldsymbol{G}_1^{\mathrm{T}} \boldsymbol{b}_i V_i \right) \qquad (5\text{-}10\mathrm{b})$$

$$\sum_{i=1}^{J} \left[\sum_{e=1}^{E_0} \left(\boldsymbol{G}_1^{\mathrm{T}} \left[\begin{array}{cccc} \overline{\boldsymbol{k}}_{ii}^{e} & \overline{\boldsymbol{k}}_{ij}^{e} & \overline{\boldsymbol{k}}_{im}^{e} & \overline{\boldsymbol{k}}_{in}^{e} \end{array} \right] \boldsymbol{G} V_j V_m V_n \right) V_i \right] \cdot \boldsymbol{u}$$

$$= \sum_{i=1}^{J} \left(\sum_{e=1}^{E_0} \left(\omega \left\langle |\xi| \right\rangle c_e \boldsymbol{G}_1^{\mathrm{T}} \boldsymbol{B}_1^{\mathrm{T}} \boldsymbol{D} \boldsymbol{\varepsilon}_0 V_j V_m V_n \right) V_i \right) + \sum_{i=1}^{J} \left(\boldsymbol{G}_1^{\mathrm{T}} \boldsymbol{b}_i V_i \right) \qquad (5\text{-}10\mathrm{c})$$

对于稳态情况，模型中的温度和位移不再发生变化，应变率为零。因此变形不会对温度造成影响，耦合模型中的稳态热传导方程和式 (4-39) 具有相同的表达式。

5.3　瞬态耦合问题

利用式 (3-22)、式 (3-23) 以及式 (5-5)，Lagrange 函数 L 可以写为

$$
L=\begin{cases}
\cdots+\dfrac{1}{2}\rho_i\dot{u}_i^2 V_i-\dfrac{1}{2}\displaystyle\sum_{e=1}^{E_0}\left(\boldsymbol{u}_e^{\mathrm{T}}\boldsymbol{k}_{ij}^e\boldsymbol{u}_e V_j\right)V_i-\cdots\\[2mm]
\quad+\displaystyle\sum_{e=1}^{E_0}\left[\omega\left\langle|\xi|\right\rangle c_e\boldsymbol{u}_e^{\mathrm{T}}\boldsymbol{B}^{\mathrm{T}}E\varepsilon_0 V_j\right]V_i+\cdots+b_i u_i V_i+\cdots, & \text{1D}\\[4mm]
\cdots+\dfrac{1}{2}\rho_i\dot{\boldsymbol{u}}_i\cdot\dot{\boldsymbol{u}}_i V_i-\dfrac{1}{2}\displaystyle\sum_{e=1}^{E_0}\left(\boldsymbol{u}_e^{\mathrm{T}}\boldsymbol{k}_{ijm}^e\boldsymbol{u}_e V_j V_m\right)V_i-\cdots\\[2mm]
\quad+\displaystyle\sum_{e=1}^{E_0}\left(\omega\left\langle|\boldsymbol{\xi}|\right\rangle c_e\boldsymbol{u}_e^{\mathrm{T}}\boldsymbol{B}^{\mathrm{T}}\boldsymbol{D}\boldsymbol{\varepsilon}_0 V_j V_m\right)V_i+\cdots+\boldsymbol{b}_i\cdot\boldsymbol{u}_i V_i+\cdots, & \text{2D}\\[4mm]
\cdots+\dfrac{1}{2}\rho_i\dot{\boldsymbol{u}}_i\cdot\dot{\boldsymbol{u}}_i V_i-\dfrac{1}{2}\displaystyle\sum_{e=1}^{E_0}\left(\boldsymbol{u}_e^{\mathrm{T}}\boldsymbol{k}_{ijmn}^e\boldsymbol{u}_e V_j V_m V_n\right)V_i-\cdots\\[2mm]
\quad+\displaystyle\sum_{e=1}^{E_0}\left(\omega\left\langle|\boldsymbol{\xi}|\right\rangle c_e\boldsymbol{u}_e^{\mathrm{T}}\boldsymbol{B}^{\mathrm{T}}\boldsymbol{D}\boldsymbol{\varepsilon}_0 V_j V_m V_n\right)V_i+\cdots+\boldsymbol{b}_i\cdot\boldsymbol{u}_i V_i+\cdots, & \text{3D}
\end{cases}
$$

$$\tag{5-11}$$

式 (2-3)、式 (2-11)、式 (2-18)、式 (2-21) 和式 (5-11) 代入式 (3-21) 可以得到瞬态热力耦合情况下一维问题、二维问题以及三维问题的运动方程

$$
\rho_i\ddot{u}_i=-\sum_{e=1}^{E_0}\left(\overline{k}_{ii}^e u_i+\overline{k}_{ij}^e u_j\right)V_j+\sum_{e=1}^{E_0}\left[\omega\left\langle|\xi|\right\rangle c_e\boldsymbol{u}_e^{\mathrm{T}}\boldsymbol{B}^{\mathrm{T}}E\varepsilon_0 V_j\right]+b_i \tag{5-12a}
$$

$$
\rho_i\ddot{u}_i=-\sum_{e=1}^{E_0}\left(\overline{\boldsymbol{k}}_{ii}^e\boldsymbol{u}_i+\overline{\boldsymbol{k}}_{ij}^e\boldsymbol{u}_j+\overline{\boldsymbol{k}}_{im}^e\boldsymbol{u}_m\right)V_j V_m
$$
$$
+\sum_{e=1}^{E_0}\left(\omega\left\langle|\boldsymbol{\xi}|\right\rangle c_e\boldsymbol{u}_e^{\mathrm{T}}\boldsymbol{B}^{\mathrm{T}}\boldsymbol{D}\boldsymbol{\varepsilon}_0 V_j V_m\right)+\boldsymbol{b}_i \tag{5-12b}
$$

$$
\rho_i\ddot{u}_i=-\sum_{e=1}^{E_0}\left(\overline{\boldsymbol{k}}_{ii}^e\boldsymbol{u}_i+\overline{\boldsymbol{k}}_{ij}^e\boldsymbol{u}_j+\overline{\boldsymbol{k}}_{im}^e\boldsymbol{u}_m+\overline{\boldsymbol{k}}_{in}^e\boldsymbol{u}_n\right)V_j V_m V_n
$$
$$
+\sum_{e=1}^{E_0}\left(\omega\left\langle|\boldsymbol{\xi}|\right\rangle c_e\boldsymbol{u}_e^{\mathrm{T}}\boldsymbol{B}^{\mathrm{T}}\boldsymbol{D}\boldsymbol{\varepsilon}_0 V_j V_m V_n\right)+\boldsymbol{b}_i \tag{5-12c}
$$

利用近场动力学参量表达的热力学第一方程定义为 [1,2]

$$
\dot{\varepsilon}_s=\overline{Q}_{\dot{\varepsilon}}+\overline{Q}/\rho+s_b \tag{5-13}
$$

式中，$\overline{Q}$ 和 $\overline{Q}_{\dot{\varepsilon}}$ 分别表示与其他粒子的能量交换率以及吸收能量的密度；$\dot{\varepsilon}_{\mathrm{s}}$ 为内能密度变化率，

$$\dot{\varepsilon}_{\mathrm{s}} = c_V \dot{\phi}_i \tag{5-14}$$

在经典连续介质力学中，吸收能量的密度为 [6]

$$\overline{Q}_{\dot{\varepsilon}} = -\frac{\beta_{\mathrm{cl}}\phi\dot{e}}{\rho} \tag{5-15}$$

式中，$\dot{e}$ 和 ϕ 分别表示体积应变率和现时温度；β_{cl} 代表热模量 [2]，

$$\beta_{\mathrm{cl}} = \begin{cases} E\alpha, & \text{1D} \\ E\alpha/(1-\nu), & \text{2D} \\ E\alpha/(1-2\nu), & \text{3D} \end{cases} \tag{5-16}$$

根据文献 [7] 的建议，如果现时温度 ϕ 与参考温度 ϕ_0 相差不大，则式 (5-15) 可以重写为

$$\overline{Q}_{\dot{\varepsilon}} = -\frac{\beta_{\mathrm{cl}}\phi_0\dot{e}}{\rho} \tag{5-17}$$

参照经典连续介质力学，单元型近场动力学理论定义吸收能量的密度为

$$\overline{Q}_{\dot{\varepsilon}} = \begin{cases} -\omega\langle|\xi|\rangle c_e \sum\limits_{e=1}^{E_0} \beta_{\mathrm{cl}}\phi_0\dot{e}V_j/(2\rho), & \text{1D} \\ -\omega\langle|\boldsymbol{\xi}|\rangle c_e \sum\limits_{e=1}^{E_0} \beta_{\mathrm{cl}}\phi_0\dot{e}V_jV_m/(3\rho), & \text{2D} \\ -\omega\langle|\boldsymbol{\xi}|\rangle c_e \sum\limits_{e=1}^{E_0} \beta_{\mathrm{cl}}\phi_0\dot{e}V_jV_mV_n/(4\rho), & \text{3D} \end{cases} \tag{5-18}$$

利用式 (2-2)、式 (2-9)、式 (2-16) 和式 (2-21)，2 节点杆单元、3 节点三角形和 4 节点四面体单元的体积应变率写为

$$\dot{e} = \dot{\varepsilon}_x = \frac{\dot{u}_j - \dot{u}_i}{x_j - x_i} \tag{5-19a}$$

$$\dot{e} = \dot{\varepsilon}_x + \dot{\varepsilon}_y = \frac{1}{2S_{ijm}}\left[(b_i\dot{u}_i + b_j\dot{u}_j + b_m\dot{u}_m) + (c_i\dot{v}_i + c_j\dot{v}_j + c_m\dot{v}_m)\right] \tag{5-19b}$$

$$\dot{e} = \dot{\varepsilon}_x + \dot{\varepsilon}_y + \dot{\varepsilon}_z = \frac{1}{6V_{ijmn}}[(b_i\dot{u}_i + b_j\dot{u}_j + b_m\dot{u}_m + b_n\dot{u}_n)$$

$$+ \left(c_i \dot{v}_i + c_j \dot{v}_j + c_m \dot{v}_m + c_n \dot{v}_n\right)$$

$$+ \left(d_i \dot{w}_i + d_j \dot{w}_j + d_m \dot{w}_m + d_n \dot{w}_n\right)] \tag{5-19c}$$

根据式 (4-48)，粒子 i 与其作用范围内所有粒子的能量交换律可以写为

$$\overline{Q}_i = \begin{cases} -\displaystyle\sum_{e=1}^{E_0} \left(k_{ii}^e \phi_i + k_{ij}^e \phi_j\right) V_j, & \text{1D} \\[2mm] -\displaystyle\sum_{e=1}^{E_0} \left(k_{ii}^e \phi_i + k_{ij}^e \phi_j + k_{im}^e \phi_m\right) V_j V_m, & \text{2D} \\[2mm] -\displaystyle\sum_{e=1}^{E_0} \left(k_{ii}^e \phi_i + k_{ij}^e \phi_j + k_{im}^e \phi_m + k_{in}^e \phi_n\right) V_j V_m V_n, & \text{3D} \end{cases} \tag{5-20}$$

将式 (4-25)、式 (5-14)、式 (5-15)、式 (5-20) 代入式 (5-13) 可以得到瞬态热力耦合情况下一维问题、二维问题以及三维问题的热传导方程

$$\rho c_V \dot{\phi}_i = -\sum_{e=1}^{E_0} \left(k_{ii}^e \phi_i + k_{ij}^e \phi_j\right) V_j - \sum_{e=1}^{E_0} \frac{1}{2} \omega \left\langle |\xi| \right\rangle c_e \beta_{\mathrm{c1}} \phi_0 \dot{e} + h_{\mathrm{s}}\left(x_i, t\right) \tag{5-21a}$$

$$\rho c_V \dot{\phi}_i = -\sum_{e=1}^{E_0} \left(k_{ii}^e \phi_i + k_{ij}^e \phi_j + k_{im}^e \phi_m\right) V_j V_m - \sum_{e=1}^{E_0} \frac{1}{3} \omega \left\langle |\boldsymbol{\xi}| \right\rangle c_e \beta_{\mathrm{c1}} \phi_0 \dot{e} + h_{\mathrm{s}}\left(\boldsymbol{x}_i, t\right)$$

$$\tag{5-21b}$$

$$\rho c_V \dot{\phi}_i = -\sum_{e=1}^{E_0} \left(k_{ii}^e \phi_i + k_{ij}^e \phi_j + k_{im}^e \phi_m + k_{in}^e \phi_n\right) V_j V_m V_n$$

$$- \sum_{e=1}^{E_0} \frac{1}{4} \omega \left\langle |\boldsymbol{\xi}| \right\rangle c_e \beta_{\mathrm{c1}} \phi_0 \dot{e} + h_{\mathrm{s}}\left(\boldsymbol{x}_i, t\right) \tag{5-21c}$$

5.4　断 裂 准 则

以第 3 章提出的临界应变能密度准则作为热力耦合作用下的断裂准则。和第 3 章不同的地方在于，本章的模型考虑了模型的温度变化。排除温度变化导致的单元应变后，单元的机械应变可以写为

$$\boldsymbol{\varepsilon}_e = \boldsymbol{B} \boldsymbol{u}_e - \boldsymbol{\varepsilon}_0 \tag{5-22}$$

根据式 (5-22)，单元 e_{ijm} 的应变能密度 $\overline{w}_{ijm}^e$ 以及单元 e_{ijmn} 的应变能密度 $\overline{w}_{ijm}^e$ 可以分别写为

$$\overline{w}_{ijm}^e = \frac{1}{2} \boldsymbol{\varepsilon}_e^{\mathrm{T}} \boldsymbol{\sigma}_e = \frac{1}{2} \left(\boldsymbol{u}_e^{\mathrm{T}} \boldsymbol{B}^{\mathrm{T}} - \boldsymbol{\varepsilon}_0^{\mathrm{T}}\right) \boldsymbol{D} \left(\boldsymbol{B} \boldsymbol{u}_e - \boldsymbol{\varepsilon}_0\right) \tag{5-23}$$

$$\overline{w}_{ijmn}^e = \frac{1}{2} \boldsymbol{\varepsilon}_e^{\mathrm{T}} \boldsymbol{\sigma}_e = \frac{1}{2} \left(\boldsymbol{u}_e^{\mathrm{T}} \boldsymbol{B}^{\mathrm{T}} - \boldsymbol{\varepsilon}_0^{\mathrm{T}} \right) \boldsymbol{D} \left(\boldsymbol{B} \boldsymbol{u}_e - \boldsymbol{\varepsilon}_0 \right) \tag{5-24}$$

随后，将式 (5-23) 和式 (5-24) 计算得到的应变能密度分别代入二维和三维临界应变能密度断裂准则 (式 (3-31) 式 (3-39)) 中判断单元是否发生破坏。考虑到单元的破坏，稳态热力耦合情况下的二维平衡方程和热传导方程可以写为

$$\sum_{i=1}^{J} \left[\sum_{e=1}^{E_0} \left(\boldsymbol{G}_1^{\mathrm{T}} \mu_e \begin{bmatrix} \overline{\boldsymbol{k}}_{ii}^e & \overline{\boldsymbol{k}}_{ij}^e & \overline{\boldsymbol{k}}_{im}^e \end{bmatrix} \boldsymbol{G} V_j V_m \right) V_i \right] \cdot \boldsymbol{u}$$
$$= \sum_{i=1}^{J} \left(\sum_{e=1}^{E_0} \left(\omega \langle |\boldsymbol{\xi}| \rangle c_e \mu_e \boldsymbol{G}_1^{\mathrm{T}} \boldsymbol{B}_1^{\mathrm{T}} \boldsymbol{D} \boldsymbol{\varepsilon}_0 V_j V_m \right) V_i \right) + \sum_{i=1}^{J} \left(\boldsymbol{G}_1^{\mathrm{T}} \boldsymbol{b}_i V_i \right) \tag{5-25}$$

$$\sum_{i=1}^{J} \left[\sum_{e=1}^{E_0} \left(\boldsymbol{G}_3^{\mathrm{T}} \mu_e \begin{bmatrix} k_{ii}^e & k_{ij}^e & k_{im}^e \end{bmatrix} \boldsymbol{G}_2 V_j V_m \right) V_i \right] \cdot \boldsymbol{\phi} = \sum_{i=1}^{J} \left(\boldsymbol{G}_3^{\mathrm{T}} h_{\mathrm{s}} \left(\boldsymbol{x}_i \right) V_i \right) \tag{5-26}$$

稳态热力耦合情况下的三维平衡方程和热传导方程可以写为

$$\sum_{i=1}^{J} \left[\sum_{e=1}^{E_0} \left(\boldsymbol{G}_1^{\mathrm{T}} \mu_e \begin{bmatrix} \overline{\boldsymbol{k}}_{ii}^e & \overline{\boldsymbol{k}}_{ij}^e & \overline{\boldsymbol{k}}_{im}^e & \overline{\boldsymbol{k}}_{in}^e \end{bmatrix} \boldsymbol{G} V_j V_m V_n \right) V_i \right] \cdot \boldsymbol{u}$$
$$= \sum_{i=1}^{J} \left(\sum_{e=1}^{E_0} \left(\omega \langle |\boldsymbol{\xi}| \rangle c_e \mu_e \boldsymbol{G}_1^{\mathrm{T}} \boldsymbol{B}_1^{\mathrm{T}} \boldsymbol{D} \boldsymbol{\varepsilon}_0 V_j V_m V_n \right) V_i \right) + \sum_{i=1}^{J} \left(\boldsymbol{G}_1^{\mathrm{T}} \boldsymbol{b}_i V_i \right) \tag{5-27}$$

$$\sum_{i=1}^{J} \left[\sum_{e=1}^{E_0} \left(\boldsymbol{G}_3^{\mathrm{T}} \mu_e \begin{bmatrix} k_{ii}^e & k_{ij}^e & k_{im}^e & k_{in}^e \end{bmatrix} \boldsymbol{G}_2 V_j V_m V_n \right) V_i \right] \cdot \boldsymbol{\phi} = \sum_{i=1}^{J} \left(\boldsymbol{G}_3^{\mathrm{T}} h_{\mathrm{s}} \left(\boldsymbol{x}_i \right) V_i \right)$$
$$\tag{5-28}$$

瞬态热力耦合情况下的二维平衡方程和热传导方程写为

$$\rho_i \ddot{\boldsymbol{u}}_i = - \sum_{e=1}^{E_0} \mu_e \left(\overline{\boldsymbol{k}}_{ii}^e \boldsymbol{u}_i + \overline{\boldsymbol{k}}_{ij}^e \boldsymbol{u}_j + \overline{\boldsymbol{k}}_{im}^e \boldsymbol{u}_m \right) V_j V_m$$
$$+ \sum_{e=1}^{E_0} \left(\omega \langle |\boldsymbol{\xi}| \rangle c_e \mu_e \boldsymbol{u}_e^{\mathrm{T}} \boldsymbol{B}^{\mathrm{T}} \boldsymbol{D} \boldsymbol{\varepsilon}_0 V_j V_m \right) + \boldsymbol{b}_i \tag{5-29}$$

$$\rho c_V \dot{\phi}_i = - \sum_{e=1}^{E_0} \left[\mu_e \left(k_{ii}^e \phi_i + k_{ij}^e \phi_j + k_{im}^e \phi_m \right) + \frac{1}{3} \omega \langle |\boldsymbol{\xi}| \rangle c_e \mu_e \beta_{\mathrm{cl}} \phi_0 \dot{e} \right] V_j V_m$$

$$+ h_{\mathrm{s}}\left(\boldsymbol{x}_i, t\right) \tag{5-30}$$

瞬态热力耦合情况下的三维平衡方程和热传导方程写为

$$\rho_i \ddot{\boldsymbol{u}}_i = -\sum_{e=1}^{E_0} \mu_e \left(\overline{\boldsymbol{k}}_{ii}^e \boldsymbol{u}_i + \overline{\boldsymbol{k}}_{ij}^e \boldsymbol{u}_j + \overline{\boldsymbol{k}}_{im}^e \boldsymbol{u}_m + \overline{\boldsymbol{k}}_{in}^e \boldsymbol{u}_n\right) V_j V_m V_n$$

$$+ \sum_{e=1}^{E_0} \left(\omega \left\langle |\boldsymbol{\xi}| \right\rangle c_e \mu_e \boldsymbol{u}_e^{\mathrm{T}} \boldsymbol{B}^{\mathrm{T}} \boldsymbol{D} \boldsymbol{\varepsilon}_0 V_j V_m V_n\right) + \boldsymbol{b}_i \tag{5-31}$$

$$\rho c_V \dot{\phi}_i = -\sum_{e=1}^{E_0} \left[\mu_e \left(k_{ii}^e \phi_i + k_{ij}^e \phi_j + k_{im}^e \phi_m + k_{in}^e \phi_n\right)\right.$$

$$\left. + \frac{1}{4} \omega \left\langle |\boldsymbol{\xi}| \right\rangle c_e \mu_e \beta_{\mathrm{cl}} \phi_0 \dot{e} \right] V_j V_m V_n + h_{\mathrm{s}}\left(\boldsymbol{x}_i, t\right) \tag{5-32}$$

5.5   求 解 方 案

对于稳态热力耦合情况，依然利用高斯消元法求解平衡方程，通过罚函数法施加位移边界条件，并将外荷载考虑为体力密度施加到总体荷载矢量当中。此外，热应力引起的变形也作为体力密度施加到总体荷载矢量当中。利用高斯消元法求解热传导方程，通过罚函数法施加温度边界条件，并将热流荷载考虑为内热源密度施加到总体热荷载矢量当中。对于稳态问题，应变率为零，所以不需要考虑应变率对温度的作用。

对于瞬态热力耦合情况，利用显示积分方案对运动方程和热传导方程进行交错计算 [2]。对于一维问题、二维问题和三维问题，如果已知 t 时刻粒子 i 的位移 $\boldsymbol{u}_i^t$、速度 $\dot{\boldsymbol{u}}_i^t$。利用式 (5-12) 可以得到粒子 i 在 t 时刻的加速度 $\ddot{\boldsymbol{u}}_i^t$

$$\ddot{u}_i^t = \left[-\sum_{e=1}^{E_0} \left(\overline{\boldsymbol{k}}_{ii}^e u_i^t + \overline{\boldsymbol{k}}_{ij}^e u_j^t\right) V_j + \sum_{e=1}^{E_0} \left[\omega \left\langle |\xi| \right\rangle c_e \boldsymbol{u}_e^{\mathrm{T}} \boldsymbol{B}^{\mathrm{T}} E \boldsymbol{\varepsilon}_0 V_j\right] + b_i^t \right] \bigg/ \rho_i^t \tag{5-33a}$$

$$\ddot{u}_i^t = \left[-\sum_{e=1}^{E_0} \left(\overline{\boldsymbol{k}}_{ii}^e u_i^t + \overline{\boldsymbol{k}}_{ij}^e u_j^t + \overline{\boldsymbol{k}}_{im}^e u_m^t\right) V_j V_m \right.$$

$$\left. + \sum_{e=1}^{E_0} \left(\omega \left\langle |\xi| \right\rangle c_e \boldsymbol{u}_e^{\mathrm{T}} \boldsymbol{B}^{\mathrm{T}} \boldsymbol{D} \boldsymbol{\varepsilon}_0 V_j V_m\right) + b_i^t \right] \bigg/ \rho_i^t \tag{5-33b}$$

$$\ddot{u}_i^t = \left[-\sum_{e=1}^{E_0} \left(\overline{\boldsymbol{k}}_{ii}^e u_i^t + \overline{\boldsymbol{k}}_{ij}^e u_j^t + \overline{\boldsymbol{k}}_{im}^e u_m^t + \overline{\boldsymbol{k}}_{in}^e u_n^t\right) V_j V_m V_n \right.$$

$$+ \sum_{e=1}^{E_0} \left(\omega \langle |\boldsymbol{\xi}| \rangle c_e \boldsymbol{u}_e^{\mathrm{T}} \boldsymbol{B}^{\mathrm{T}} \boldsymbol{D} \boldsymbol{\varepsilon}_0 V_j V_m V_n \right) + \boldsymbol{b}_i^t \bigg] \Big/ \rho_i^t \qquad (5\text{-}33\mathrm{c})$$

随后，利用式 (3-43) 和式 (3-45) 可以分别得到粒子 i 在 $t + \Delta t$ 时刻的速度 $\dot{\boldsymbol{u}}_i^{t+\Delta t}$ 和位移 $\boldsymbol{u}_i^{t+\Delta t}$。

对于一维问题、二维问题和三维问题，如果已知粒子 i 在 t 时刻的温度 ϕ_i^t，内热源密度 $h_{\mathrm{s}}^t(\boldsymbol{x}_i, t)$，则粒子 i 在 $t + \Delta t$ 时刻的温度为

$$\phi_i^{t+\Delta t} = \phi_i^t + \frac{\Delta t}{\rho c_V} \left\{ - \sum_{e=1}^{E_0} \left[\left(k_{ii}^e \phi_i^t + k_{ij}^e \phi_j^t \right) + \frac{1}{2} \omega \langle |\boldsymbol{\xi}| \rangle c_e \beta_{\mathrm{c1}} \phi_0 \dot{e}^t \right] V_j + h_{\mathrm{s}}^t(\boldsymbol{x}_i, t) \right\}$$
$$(5\text{-}34\mathrm{a})$$

$$\phi_i^{t+\Delta t} = \phi_i^t + \frac{\Delta t}{\rho c_V} \left\{ - \sum_{e=1}^{E_0} \left[\left(k_{ii}^e \phi_i^t + k_{ij}^e \phi_j^t + k_{im}^e \phi_m^t \right) \right. \right.$$
$$\left. \left. + \frac{1}{3} \omega \langle |\boldsymbol{\xi}| \rangle c_e \beta_{\mathrm{c1}} \phi_0 \dot{e}^t \right] V_j V_m + h_{\mathrm{s}}^t(\boldsymbol{x}_i, t) \right\} \qquad (5\text{-}34\mathrm{b})$$

$$\phi_i^{t+\Delta t} = \phi_i^t + \frac{\Delta t}{\rho c_V} \left\{ - \sum_{e=1}^{E_0} \left[\left(k_{ii}^e \phi_i^t + k_{ij}^e \phi_j^t + k_{im}^e \phi_m^t + k_{in}^e \phi_n^t \right) \right. \right.$$
$$\left. \left. + \frac{1}{4} \omega \langle |\boldsymbol{\xi}| \rangle c_e \beta_{\mathrm{c1}} \phi_0 \dot{e}^t \right] V_j V_m V_n + h_{\mathrm{s}}^t(\boldsymbol{x}_i, t) \right\} \qquad (5\text{-}34\mathrm{c})$$

5.6 无量纲形式

将热力耦合模型写为无量纲形式可以更加直观地观测模型中的参数变化对模型的影响。文献 [1, 2] 定义了近场动力学热力耦合模型的特征长度 l^* 和特征时间 t^*

$$l^* = \frac{\gamma}{\tilde{\alpha}} \qquad (5\text{-}35)$$

$$t^* = \frac{\gamma}{\tilde{\alpha}^2} \qquad (5\text{-}36)$$

其中，γ 表示扩散率

$$\gamma = \frac{k}{\rho c_V} \qquad (5\text{-}37)$$

$\tilde{\alpha}$ 代表弹性波速度

$$\tilde{\alpha} = \sqrt{\frac{\lambda + 2\mu}{\rho}} \tag{5-38}$$

与长度相关的无量纲量可以写为

$$x_k = \overline{x}_k \frac{\gamma}{\tilde{a}} \, (k = i, j, m, n), \quad V_k = \overline{V}_k \left(\frac{\gamma}{\tilde{a}}\right)^3 \quad (k = i, j, m, n), \quad l_e = \overline{l}_e \frac{\gamma}{\tilde{a}} \tag{5-39}$$

需要指出的是，在本节中带有上划线的变量均表示为无量纲化之后的变量。

与温度相关的无量纲量可以写为

$$\phi_k = \overline{\phi}_k \phi_0 \, (k = i, j, m, n), \quad \dot{\phi}_k = \frac{\partial \phi_k}{\partial t} = \frac{\partial \overline{\phi}_k}{\partial \overline{t}} \phi_0 \frac{\tilde{a}^2}{\gamma} \quad (k = i, j, m, n) \tag{5-40}$$

无量纲化后的位移写为 [1,2]

$$\overline{u}_i = \frac{\tilde{a}}{\gamma} \frac{\lambda + 2\mu}{\beta_{\mathrm{cl}} \phi_0} u_i \tag{5-41}$$

耦合系数写为 [1,2]

$$\psi = \frac{\beta_{\mathrm{cl}}^2 \phi_0}{\rho c_V (\lambda + 2\mu)} \tag{5-42}$$

无量纲化后的体力密度写为 [1,2]

$$\overline{\boldsymbol{b}}_i = \frac{\gamma (\lambda + 2\mu)}{\rho \tilde{a}^3 \beta_{\mathrm{cl}} \phi_0} \boldsymbol{b}_i \tag{5-43}$$

无量纲化后的内热源密度写为 [1,2]

$$\overline{h}_{\mathrm{s}} = \frac{\gamma}{\rho c_V \tilde{a}^2 \phi_0} h_{\mathrm{s}} \tag{5-44}$$

无量纲化后的速度和加速度可以写为

$$\dot{u}_k = \frac{\partial u_k}{\partial t} = \frac{\partial \overline{u}_k}{\partial \overline{t}} \frac{\beta_{\mathrm{cl}} \phi_0}{\lambda + 2\mu} \tilde{a}, \quad \ddot{u}_k = \frac{\partial \dot{u}_k}{\partial t} = \frac{\partial \overline{\dot{u}}_k}{\partial \overline{t}} \frac{\beta_{\mathrm{cl}} \phi_0}{\lambda + 2\mu} \frac{\tilde{a}^3}{\gamma} \quad (k = i, j, m, n)$$

$$\tag{5-45}$$

对于一维、二维和三维问题，无量纲化后的微模量系数可以写为

$$c_e = \begin{cases} \overline{c}_e \, (\tilde{a}/\gamma)^3, & \text{1D} \\ \overline{c}_e \, (\tilde{a}/\gamma)^6, & \text{2D} \\ \overline{c}_e \, (\tilde{a}/\gamma)^9, & \text{3D} \end{cases} \tag{5-46}$$

将式 (2-3)、式 (5-16)、式 (5-38) ~ 式 (5-41)、式 (5-43)、式 (5-45)、式 (5-46) 代入式 (5-12a)，令 $\omega\langle|\xi|\rangle = 1$，无量纲形式的一维运动方程可以写为

$$\bar{\dot{u}}_i = -\sum_{e=1}^{E_0} \left[\frac{\bar{c}_e}{\bar{l}_e^2} \left(\bar{u}_i - \bar{u}_j \right) - \frac{\bar{c}_e}{\bar{l}_e} \overline{T}_{\mathrm{avg}} \right] \overline{V}_j + \bar{b}_i \tag{5-47}$$

将式 (4-4a)、式 (5-37)、式 (5-39)、式 (5-40)、式 (5-42)、式 (5-44) ~ 式 (5-46) 代入式 (5-21a)，令 $\omega\langle|\xi|\rangle = 1$，无量纲形式的一维瞬态热传导方程可以写为

$$\bar{\dot{\phi}}_i = -\sum_{e=1}^{E_0} \left[\frac{\bar{c}_e}{\bar{l}_e^2} \left(\bar{\phi}_i - \bar{\phi}_j \right) + \frac{1}{2} \bar{c}_e \psi \frac{\bar{u}_j - \bar{u}_i}{\bar{x}_j - \bar{x}_i} \right] \overline{V}_j + \bar{h}_{\mathrm{s}} \tag{5-48}$$

无量纲化后的 3 节点三角形单元 e_{ijm} 的面积 S_{ijm} 以及参数 b_k、$c_k(k=i,j,m)$ 分别写为

$$S_{ijm} = \overline{S}_{ijm} \left(\frac{\gamma}{\tilde{a}} \right)^2 \tag{5-49}$$

$$b_k = \bar{b}_k \frac{\gamma}{\tilde{a}}, \quad c_k = \bar{c}_k \frac{\gamma}{\tilde{a}} \quad (k=i,j,m) \tag{5-50}$$

将式 (2-11)、式 (5-16)、式 (5-38) ~ 式 (5-41)、式 (5-43)、式 (5-45)、式 (5-46)、式 (5-49)、式 (5-50) 代入式 (5-12b)，令 $\omega\langle|\xi|\rangle = 1$，无量纲形式的二维运动方程可以写为

$$\begin{aligned}
\bar{\dot{u}}_i = -\sum_{e=1}^{E_0} \Bigg[& \frac{\bar{c}_e}{4\overline{S}_{ijm}^2} \Bigg\{ \left(\bar{b}_i\bar{b}_i + \frac{1-\nu}{2}\bar{c}_i\bar{c}_i \right) \bar{u}_i + \left(\nu\bar{b}_i\bar{c}_i + \frac{1-\nu}{2}\bar{b}_i\bar{c}_i \right) \bar{v}_i \\
& + \left(\bar{b}_i\bar{b}_j + \frac{1-\nu}{2}\bar{c}_i\bar{c}_j \right) \bar{u}_j + \left(\nu\bar{b}_i\bar{c}_j + \frac{1-\nu}{2}\bar{b}_j\bar{c}_i \right) \bar{v}_j \\
& + \left(\bar{b}_i\bar{b}_m + \frac{1-\nu}{2}\bar{c}_i\bar{c}_m \right) \bar{u}_m + \left(\nu\bar{b}_i\bar{c}_m + \frac{1-\nu}{2}\bar{b}_m\bar{c}_i \right) \bar{v}_m \Bigg\} \\
& - \frac{\bar{c}_e\bar{b}_i\overline{T}_{\mathrm{avg}}}{2\overline{S}_{ijm}} \Bigg] \overline{V}_j\overline{V}_m + \bar{b}_i^x
\end{aligned} \tag{5-51a}$$

$$\begin{aligned}
\bar{\dot{v}}_i = -\sum_{e=1}^{E_0} \Bigg[& \frac{\bar{c}_e}{4\overline{S}_{ijm}^2} \Bigg\{ \left(\nu\bar{b}_i\bar{c}_i + \frac{1-\nu}{2}\bar{b}_i\bar{c}_i \right) \bar{u}_i + \left(\bar{c}_i\bar{c}_i + \frac{1-\nu}{2}\bar{b}_i\bar{b}_i \right) \bar{v}_i \\
& + \left(\nu\bar{b}_j\bar{c}_i + \frac{1-\nu}{2}\bar{b}_i\bar{c}_j \right) \bar{u}_j + \left(\bar{c}_i\bar{c}_j + \frac{1-\nu}{2}\bar{b}_i\bar{b}_j \right) \bar{v}_j
\end{aligned}$$

$$+ \left(\nu \bar{b}_m \bar{c}_i + \frac{1-\nu}{2} \bar{b}_i \bar{c}_m \right) \bar{u}_m + \left(\bar{c}_i \bar{c}_m + \frac{1-\nu}{2} \bar{b}_i \bar{b}_m \right) \bar{v}_m \Bigg\}$$

$$- \frac{\bar{c}_e \bar{c}_i \overline{T}_{\text{avg}}}{2 \overline{S}_{ijm}} \Bigg] \overline{V}_j \overline{V}_m + \bar{b}_i^y \tag{5-51b}$$

将式 (4-4b)、式 (5-37)、式 (5-39)、式 (5-40)、式 (5-42)、式 (5-44) ∼ 式 (5-46)、式 (5-49)、式 (5-50) 代入式 (5-21b)，令 $\omega \langle |\xi| \rangle = 1$，无量纲形式的二维瞬态热传导方程可以写为

$$\bar{\phi}_i = -\sum_{e=1}^{E_0} \left[\frac{\bar{c}_e}{4 \overline{S}_{ijm}^2} \left(\left(\bar{b}_i^2 + \bar{c}_i^2 \right) \bar{\phi}_i + \left(\bar{b}_i \bar{b}_j + \bar{c}_i \bar{c}_j \right) \bar{\phi}_j + \left(\bar{b}_i \bar{b}_m + \bar{c}_i \bar{c}_m \right) \bar{\phi}_m \right) \right.$$

$$\left. + \frac{\bar{c}_e \psi}{6 \overline{S}_{ijm}} \left[\left(\bar{b}_i \bar{u}_i + \bar{b}_j \bar{u}_j + \bar{b}_m \bar{u}_m \right) + \left(\bar{c}_i \bar{v}_i + \bar{c}_j \bar{v}_j + \bar{c}_m \bar{v}_m \right) \right] \right] \overline{V}_j \overline{V}_m + \bar{h}_s$$
$$\tag{5-52}$$

无量纲化后的 4 节点四面体单元 e_{ijmn} 的体积 V_{ijmn} 以及参数 b_k、c_k、$d_k(k = i, j, m, n)$ 分别写为

$$V_{ijmn} = \overline{V}_{ijmn} \left(\frac{\gamma}{\tilde{a}} \right)^3 \tag{5-53}$$

$$b_k = \bar{b}_k \left(\frac{\gamma}{\tilde{a}} \right)^2, \quad c_k = \bar{c}_k \left(\frac{\gamma}{\tilde{a}} \right)^2, \quad d_k = \bar{d}_k \left(\frac{\gamma}{\tilde{a}} \right)^2 \quad (k = i, j, m, n) \tag{5-54}$$

将式 (2-18)、式 (5-16)、式 (5-38) ∼ 式 (5-41)、式 (5-43)、式 (5-45)、式 (5-46)、式 (5-53)、式 (5-54) 代入式 (5-12c)，令 $\omega \langle |\xi| \rangle = 1$，无量纲形式的三维运动方程可以写为

$$\bar{u}_i = \sum_{e=1}^{E_0} \left\{ \frac{\bar{c}_e}{36 \left(\overline{V}_{ijmn} \right)^2} \left[\left(\bar{b}_i \bar{b}_i + \bar{c}_i \bar{c}_i \mu_3 + \bar{d}_i \bar{d}_i \mu_3 \right) \bar{u}_i + \left(\bar{b}_i \bar{c}_i \mu_2 + \bar{b}_i \bar{c}_i \mu_3 \right) \bar{v}_i \right. \right.$$

$$+ \left(\bar{b}_i \bar{d}_i \mu_2 + \bar{b}_i \bar{d}_i \mu_3 \right) \bar{w}_i + \left(\bar{b}_i \bar{b}_j + \bar{c}_i \bar{c}_j \mu_3 + \bar{d}_i \bar{d}_j \mu_3 \right) \bar{u}_j$$

$$+ \left(\bar{b}_i \bar{c}_j \mu_2 + \bar{b}_j \bar{c}_i \mu_3 \right) \bar{v}_j + \left(\bar{b}_i \bar{d}_j \mu_2 + \bar{b}_j \bar{d}_i \mu_3 \right) \bar{w}_j + \left(\bar{b}_i \bar{b}_m + \bar{c}_i \bar{c}_m \mu_3 + \bar{d}_i \bar{d}_m \mu_3 \right) \bar{u}_m$$

$$+ \left(\bar{b}_i \bar{c}_m \mu_2 + \bar{b}_m \bar{c}_i \mu_3 \right) \bar{v}_m + \left(\bar{b}_i \bar{d}_m \mu_2 + \bar{b}_m \bar{d}_i \mu_3 \right) \bar{w}_m$$

$$+ \left(\bar{b}_i \bar{b}_n + \bar{c}_i \bar{c}_n \mu_3 + \bar{d}_i \bar{d}_n \mu_3 \right) \bar{u}_n + \left(\bar{b}_i \bar{c}_n \mu_2 + \bar{b}_n \bar{c}_i \mu_3 \right) \bar{v}_n$$

$$\left. \left. + \left(\bar{b}_i \bar{d}_n \mu_2 + \bar{b}_n \bar{d}_i \mu_3 \right) \bar{w}_n \right] + \frac{\bar{c}_e \bar{b}_i \overline{T}_{\text{avg}}}{6 \overline{V}_{ijmn}} \right\} \overline{V}_j \overline{V}_m \overline{V}_n + \bar{b}_i^x \tag{5-55a}$$

$$\overline{v}_i = \sum_{e=1}^{E_0} \left\{ \frac{\overline{c}_e}{36\left(\overline{V}_{ijmn}\right)^2} \left[\left(\overline{b}_i\overline{c}_i\mu_2 + \overline{b}_i\overline{c}_i\mu_3\right)\overline{u}_i + \left(\overline{c}_i\overline{c}_i + \overline{b}_i\overline{b}_i\mu_3 + \overline{d}_i\overline{d}_i\mu_3\right)\overline{v}_i \right. \right.$$

$$+ \left(\overline{c}_i\overline{d}_i\mu_2 + \overline{c}_i\overline{d}_i\mu_3\right)\overline{w}_i + \left(\overline{b}_j\overline{c}_i\mu_2 + \overline{b}_i\overline{c}_j\mu_3\right)\overline{u}_j + \left(\overline{c}_i\overline{c}_j + \overline{b}_i\overline{b}_j\mu_3 + \overline{d}_i\overline{d}_j\mu_3\right)\overline{v}_j$$

$$+ \left(\overline{c}_i\overline{d}_j\mu_2 + \overline{c}_j\overline{d}_i\mu_3\right)\overline{w}_j + \left(\overline{b}_m\overline{c}_i\mu_2 + \overline{b}_i\overline{c}_m\mu_3\right)\overline{u}_m$$

$$+ \left(\overline{c}_i\overline{c}_m + \overline{b}_i\overline{b}_m\mu_3 + \overline{d}_i\overline{d}_m\mu_3\right)\overline{v}_m + \left(\overline{c}_i\overline{d}_m\mu_2 + \overline{c}_m\overline{d}_i\mu_3\right)\overline{w}_m$$

$$+ \left(\overline{b}_n\overline{c}_i\mu_2 + \overline{b}_i\overline{c}_n\mu_3\right)\overline{u}_n + \left(\overline{c}_i\overline{c}_n + \overline{b}_i\overline{b}_n\mu_3 + \overline{d}_i\overline{d}_n\mu_3\right)\overline{v}_n$$

$$\left. \left. + \left(\overline{c}_i\overline{d}_n\mu_2 + \overline{c}_n\overline{d}_i\mu_3\right)\overline{w}_n \right] + \frac{\overline{c}_e\overline{c}_i\overline{T}_{\mathrm{avg}}}{6\overline{V}_{ijmn}} \right\} \overline{V}_j\overline{V}_m\overline{V}_n + \overline{b}_i^y \tag{5-55b}$$

$$\overline{w}_i = \sum_{e=1}^{E_0} \left\{ \frac{\overline{c}_e}{36\left(\overline{V}_{ijmn}\right)^2} \left[\left(\overline{b}_i\overline{d}_i\mu_2 + \overline{b}_i\overline{d}_i\mu_3\right)\overline{u}_i + \left(\overline{c}_i\overline{d}_i\mu_2 + \overline{c}_i\overline{d}_i\mu_3\right)\overline{v}_i \right. \right.$$

$$+ \left(\overline{d}_i\overline{d}_i + \overline{c}_i\overline{c}_i\mu_3 + \overline{b}_i\overline{b}_i\mu_3\right)\overline{w}_i + \left(\overline{b}_j\overline{d}_i\mu_2 + \overline{b}_i\overline{d}_j\mu_3\right)\overline{u}_j$$

$$+ \left(\overline{c}_j\overline{d}_i\mu_2 + \overline{c}_i\overline{d}_j\mu_3\right)\overline{v}_j + \left(\overline{d}_i\overline{d}_j + \overline{c}_i\overline{c}_j\mu_3 + \overline{b}_i\overline{b}_j\mu_3\right)\overline{w}_j$$

$$+ \left(\overline{b}_m\overline{d}_i\mu_2 + \overline{b}_i\overline{d}_m\mu_3\right)\overline{u}_m + \left(\overline{c}_m\overline{d}_i\mu_2 + \overline{c}_i\overline{d}_m\mu_3\right)\overline{v}_m$$

$$+ \left(\overline{d}_i\overline{d}_m + \overline{c}_i\overline{c}_m\mu_3 + \overline{b}_i\overline{b}_m\mu_3\right)\overline{w}_m + \left(\overline{b}_n\overline{d}_i\mu_2 + \overline{b}_i\overline{d}_n\mu_3\right)\overline{u}_n$$

$$\left. + \left(\overline{c}_n\overline{d}_i\mu_2 + \overline{c}_i\overline{d}_n\mu_3\right)\overline{v}_n + \left(\overline{d}_i\overline{d}_n + \overline{c}_i\overline{c}_n\mu_3 + \overline{b}_i\overline{b}_n\mu_3\right)\overline{w}_n \right]$$

$$\left. + \frac{\overline{c}_e\overline{d}_i\overline{T}_{\mathrm{avg}}}{6\overline{V}_{ijmn}} \right\} \overline{V}_j\overline{V}_m\overline{V}_n + \overline{b}_i^z \tag{5-55c}$$

其中的参数 μ_2 和 μ_3 分别写为

$$\mu_2 = \frac{\nu}{1-\nu}, \quad \mu_3 = \frac{1-2\nu}{2(1-\nu)} \tag{5-56}$$

将式 (4-4c)、式 (5-37)、式 (5-39)、式 (5-40)、式 (5-42)、式 (5-44) ～式 (5-46)、式 (5-53)、式 (5-54) 代入式 (5-21c)，令 $\omega\langle|\xi|\rangle = 1$，无量纲形式的三维瞬态热传导方程可以写为

$$\overline{\phi}_i = -\sum_{e=1}^{E_0} \left\{ \frac{\overline{c}_e}{36\left(\overline{V}_{ijmn}\right)^2} \left[\left(\overline{b}_i^2 + \overline{c}_i^2 + \overline{d}_i^2\right)\overline{\phi}_i + \left(\overline{b}_i\overline{b}_j + \overline{c}_i\overline{c}_j + \overline{d}_i\overline{d}_j\right)\overline{\phi}_j \right. \right.$$

$$\left. + \left(\overline{b}_i\overline{b}_m + \overline{c}_i\overline{c}_m + \overline{d}_i\overline{d}_m\right)\overline{\phi}_m + \left(\overline{b}_i\overline{b}_n + \overline{c}_i\overline{c}_n + \overline{d}_iv_n\right)\overline{\phi}_n \right.$$

$$+ \frac{\overline{c}_e \psi}{24\overline{V}_{ijmn}} \Bigg[\left(\overline{b}_i \overline{\overline{u}}_i + \overline{b}_j \overline{\overline{u}}_j + \overline{b}_m \overline{\overline{u}}_m + \overline{b}_n \overline{\overline{u}}_n \right)$$

$$+ \left(\overline{c}_i \overline{\overline{v}}_i + \overline{c}_j \overline{\overline{v}}_j + \overline{c}_m \overline{\overline{v}}_m + \overline{c}_n \overline{\overline{v}}_n \right)$$

$$+ \left(\overline{d}_i \overline{\overline{w}}_i + \overline{d}_j \overline{\overline{w}}_j + \overline{d}_m \overline{\overline{w}}_m + \overline{d}_n \overline{\overline{w}}_n \right) \Bigg] \Bigg\} \overline{V}_j \overline{V}_m \overline{V}_n + \overline{h}_{\mathrm{s}} \tag{5-57}$$

5.7 数 值 算 例

5.7.1 一维杆的热力耦合问题

杆的尺寸及边界条件如图 5-1 所示，无量纲化之后的长度和横截面积分别为 $\overline{L} = 5$ 和 $\overline{A} = 6.25 \times 10^{-4}$，模型右端自由，左端按式 (5-58) 施加温度边界条件

$$\overline{\phi}\left(0, \overline{t}\right) = \begin{cases} \dfrac{\overline{t}}{\overline{t}_0}, & 0 \leqslant \overline{t} \leqslant \overline{t}_0 \\ 1, & \overline{t}_0 < \overline{t} \end{cases} \tag{5-58}$$

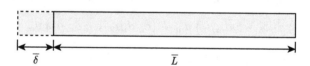

图 5-1 杆的尺寸及边界条件

其初始条件写为

$$\overline{\phi}\left(\overline{x}, 0\right) = 0 \tag{5-59}$$

$$\overline{u}\left(\overline{x}, 0\right) = 0 \tag{5-60}$$

无量纲化的相邻粒子之间的距离取 $\Delta \overline{x} = 0.025$，耦合系数分别取 $\psi = 0.0$、$\psi = 0.3$ 和 $\psi = 1.0$。利用本章的单元型近场动力学热力耦合模型对以上问题进行模拟。图 5-2 展示了单元型近场动力学 (EBPD) 热力耦合模型、常规态近场动力学 (OSBPD) 热力耦合模型以及有限元 (采用 ANSYS 软件) 模拟得到的 $\overline{x} = 1$ 处无量纲温度 $\overline{\phi}$ 和无量纲位移 $\overline{u}$ 随时间 $\overline{t}$ 的变化规律，观察图 5-2 (a) 可知，$\overline{t} < 0.5$ 时，不同耦合系数对温度 $\overline{\phi}$ 和位移 $\overline{u}$ 几乎没有影响。$\overline{t}$ 超过 0.5 之后，耦合系数不为零的模型温度有所下降，耦合系数越大，温度下降越明显。这种现象表明耦合项加速了温度的扩散。图 5-2 (b) 表明，对于耦合系数越大的模型，其位移的峰值越低，产生这种现象的原因在于耦合系数越大，温度降低越明显，热变形也

会越小。此外，图 5-2 (a) 和 (b) 表明，单元型近场动力学热力耦合模型的计算得到的无量纲温度以及无量纲位移随时间变化曲线与常规态近场动力学热力耦合模型 [1] 以及有限元模拟结果 [1] 一致。

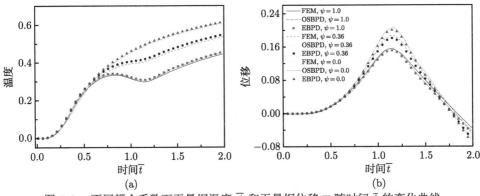

图 5-2　不同耦合系数下无量纲温度 $\overline{\phi}$ 和无量纲位移 $\overline{u}$ 随时间 $\overline{t}$ 的变化曲线

(a) 无量纲温度 $\overline{\phi}$；(b) 无量纲位移 $\overline{u}$

5.7.2　二维薄板的热力耦合问题

薄板几何尺寸和边界条件如图 5-3 所示，无量纲化之后的长度和宽度分别为 $\overline{L} = 10$ 和 $\overline{W} = 10$，无量纲化温度 $\overline{\phi}$ 和无量纲化位移 $\overline{u}$ 的初始条件分别为

$$\overline{\phi}\left(\overline{x}, \overline{y}, 0\right) = 0 \tag{5-61}$$

$$\overline{u}\left(\overline{x}, \overline{y}, 0\right) = \overline{v}\left(\overline{x}, \overline{y}, 0\right) = 0 \tag{5-62}$$

薄板的右边界固定，即

$$\overline{u}\left(10, \overline{y}, 0\right) = \overline{v}\left(10, \overline{y}, 0\right) = 0 \tag{5-63}$$

薄板左边界分别施加热冲击荷载、机械冲击荷载以及热力耦合冲击荷载。对于热冲击荷载，左边界的无量纲化温度 $\overline{\phi}$ 和压力 P 分别定义为

$$\overline{\phi}\left(0, \overline{y}, \overline{t}\right) = 5\overline{t}e^{-2\overline{t}} \tag{5-64}$$

$$P\left(0, \overline{y}, \overline{t}\right) = 0 \tag{5-65}$$

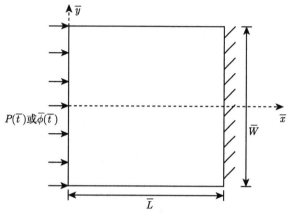

图 5-3　薄板几何尺寸以及边界条件

对于机械冲击荷载，左边界的无量纲化温度 $\overline{\phi}$ 和压力 P 分别定义为

$$\overline{\phi}\left(0, \overline{y}, \overline{t}\right) = 0 \tag{5-66}$$

$$P\left(0, \overline{y}, \overline{t}\right) = 5\overline{t}\mathrm{e}^{-2\overline{t}} \tag{5-67}$$

对于热力耦合冲击荷载，左边界的无量纲化温度 $\overline{\phi}$ 和压力 P 分别定义为

$$\overline{\phi}\left(0, \overline{y}, \overline{t}\right) = 5\overline{t}\mathrm{e}^{-2\overline{t}} \tag{5-68}$$

$$P\left(0, \overline{y}, \overline{t}\right) = 5\overline{t}\mathrm{e}^{-2\overline{t}} \tag{5-69}$$

无量纲化的相邻粒子之间的距离取 $\Delta\overline{x} = 0.1$。利用单元型近场动力学热力耦合模型对以上三种工况进行模拟。图 5-4 展示了单元型近场动力学热力耦合模型、常规态近场动力学 (OSBPD) 热力耦合模型 [1] 和边界元模型 (BEM)[8] 模拟得到的热冲击荷载下直线 $l(\overline{y} = 0)$ 在时刻 $\overline{t} = 3$ 和时刻 $\overline{t} = 6$ 的无量纲温度 $\overline{\phi}$ 和无量纲位移 $\overline{u}$。观察图 5-4 可知，存在耦合项的模型计算得到的位移的最大值低于不存在耦合项的模型计算得到的位移的最大值，这一规律与一维杆的热力耦合问题算例中表现出的规律一致。图 5-5 和图 5-6 分别展示了以上三种方法在机械冲击荷载以及热力耦合冲击荷载下直线 l 在时刻 $\overline{t} = 3$ 和时刻 $\overline{t} = 6$ 的无量纲温度 $\overline{\phi}$ 和无量纲位移 $\overline{u}$。观察图 5-5 可知，对于存在耦合项的模型，机械荷载会导致模型温度的变化，而不存在耦合项的模型的温度始终为零。观察图 5-4 ～ 图 5-6，单元型近场动力学热力耦合模型的计算结果与常规态热力耦合模型计算结果 [1]、边界元模型计算结果 [8] 保持一致。

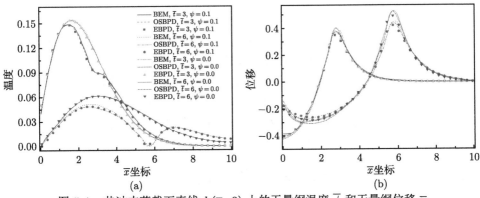

图 5-4　热冲击荷载下直线 l ($\overline{y}=0$) 上的无量纲温度 $\overline{\phi}$ 和无量纲位移 $\overline{u}$

(a) 无量纲温度 $\overline{\phi}$；(b) 无量纲位移 $\overline{u}$

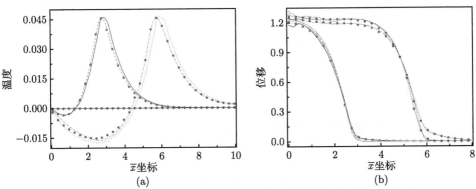

图 5-5　机械冲击荷载下直线 $l(\overline{y}=0)$ 上的无量纲温度 $\overline{\phi}$ 和无量纲位移 $\overline{u}$

(a) 无量纲温度 $\overline{\phi}$；(b) 无量纲位移 $\overline{u}$

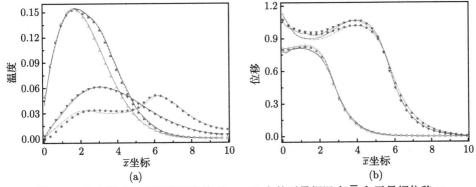

图 5-6　热力耦合冲击荷载下直线 $l(\overline{y}=0)$ 上的无量纲温度 $\overline{\phi}$ 和无量纲位移 $\overline{u}$

(a) 无量纲温度 $\overline{\phi}$；(b) 无量纲位移 $\overline{u}$

5.7.3　陶瓷淬火过程模拟

本节将模拟陶瓷放入水中淬火时的裂纹形核以及扩展过程，模型初始温度为 $600℃$，水温取为 $20℃$。陶瓷模型尺寸以及边界条件如图 5-7 (a) 所示，模型的长度 L 为 0.05m，宽度 W 为 0.01m。四周施加对流换热边界条件。根据模型以及边界条件的对称性，取如图 5-7 (b) 所示的四分之一模型，模型的长度为 $L/2 = 0.025$m，宽度为 $W/2 = 0.005$m。左边界以及下边界仍然施加对流换热边界条件，约束上边界的竖直位移和右边界的水平位移。

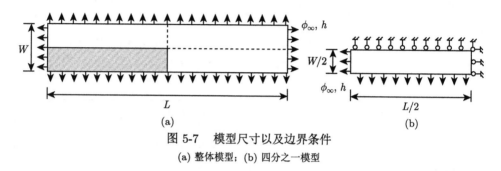

图 5-7　模型尺寸以及边界条件

(a) 整体模型；(b) 四分之一模型

模型的材料参数以及热交换系数 h 在不同温度时的取值分别如表 5-1 和表 5-2 所示。各个温度区间段内的热交换系数由区间两端的热交换系数线性插值得到。

表 5-1　材料参数 [9]

参数	数值	参数	数值
杨氏模量 E/MPa	370000	泊松比 ν	1/3
密度 ρ/(kg/m³)	3980	断裂能 G_C/(J/m²)	24.3
热导率 k/[J/(m·℃)]	31	比热容 c_V/[J/(kg·℃)]	880
热膨胀系数 α/(1/℃)	7.5×10^{-6}		

表 5-2　不同温度下的热交换系数 [9]

温度/℃	300	350	400	500	600
热交换系数 h/[W/(m²·℃)]	55000	100000	85000	60000	45000

如果采用显式动力学求解该问题，由于时间步长的限制，计算量将极其巨大，而材料中热流的传播速度要远低于应力波的传播速度，因此，本算例采用文献 [9] 的计算方案，将热传导问题作为瞬态热传导问题进行求解，将变形场作为静力学问题采用高斯消元法进行求解，从而减少模型计算时间步，减小模型计算量。相邻粒子间距和时间步长分别取 $\Delta x = 1.0 \times 10^{-7}$m 和 $dt = 1.0 \times 10^{-5}$s。图 5-8 展

示了单元型近场动力学热力耦合模型预测得到的裂纹扩展结果以及实验结果[10]。模拟结果表明，淬火过程中模型出现了多条裂纹，裂纹长短相间，呈现周期分布的趋势。此外，模拟结果与实验结果吻合。

(a)   (b)

图 5-8　陶瓷裂纹扩展路径

(a) 模拟结果；(b) 实验结果[10]

5.8　小　　结

本章在第 3 章和第 4 章的基础上提出了单元型近场动力学热力耦合模型，并给出了断裂准则以及针对稳态问题和瞬态问题的求解方案。通过一系列热力耦合算例验证了耦合模型处理热力耦合变形问题和裂纹扩展问题的能力。本章的热力耦合模型包含应变率，能够方便地表征应变率对温度的作用。此外，模型含有本构矩阵，可方便拓展至热力耦合作用下的弹塑性等复杂的本构模型。

参 考 文 献

[1] Oterkus S, Madenci E, Agwai A. Fully coupled peridynamic thermomechanics[J]. Journal of the Mechanics and Physics of Solids, 2014, 64: 1-23.

[2] Madenci E, Oterkus E. Peridynamic Theory and Its Applications[M]. New York: Springer, 2014.

[3] Gao Y, Oterkus S. Ordinary state-based peridynamic modelling for fully coupled thermoelastic problems[J]. Continuum Mechanics and Thermodynamics, 2019, 31(4): 907-937.

[4] Zhang H, Qiao P. An extended state-based peridynamic model for damage growth prediction of bimaterial structures under thermomechanical loading[J]. Engineering Fracture Mechanics, 2018, 189: 81-97.

[5] 刘硕. 单元型近场动力学理论及断裂问题研究 [D]. 哈尔滨: 哈尔滨工业大学, 2021.

[6] 孔祥谦. 热应力有限单元法分析 [M]. 上海: 上海交通大学出版社, 1999.

[7] Nowinski J L. Theory of Thermoelasticity with Applications[M]. New York: Springer, 1978.

[8] Hosseini-Tehrani P, Eslami M R. BEM analysis of thermal and mechanical shock in a two-dimensional finite domain considering coupled thermoelasticity[J]. Engineering Analysis with Boundary Elements, 2000, 24(3): 249-257.

[9] Wang Y, Zhou X, Kou M. An improved coupled thermo-mechanic bond-based peri-dynamic model for cracking behaviors in brittle solids subjected to thermal shocks[J]. European Journal of Mechanics-A/Solids, 2019, 73: 282-305.

[10] Jiang C P, Wu X F, Li J, et al. A study of the mechanism of formation and numerical simulations of crack patterns in ceramics subjected to thermal shock[J]. Acta Materialia, 2012, 60(11): 4540-4550.

第 6 章　单元型近场动力学与局部理论的耦合模型

6.1　引　　言

本章将单元型近场动力学理论与局部理论模型耦合，含初始裂纹区域以及可能发生裂纹扩展的区域采用近场动力学进行离散，其他区域采用局部理论进行表征，并采用有限元法进行离散。在发挥近场动力学理论与局部理论优势的同时避免以上两种理论的不足。随后，将耦合方案应用于弹性问题、弹塑性问题、热传导问题以及热力耦合问题。

6.2　耦 合 方 案

文献 [1, 2] 提出了混合建模方法，其中界面附近的近场动力学粒子和有限元节点分别采用单元型近场动力学的方式以及有限元的方式与其他粒子 (节点) 相互作用。该方法不需要设置耦合区域，使用简便。本书将混合建模方法推广至单元型近场动力学模型与有限元模型的耦合方案当中。一维模型、二维模型和三维模型的耦合方案分别如图 6-1 (a)~(c) 所示，其中 Ω_1 和 Ω_2 分别表示有限元区域和单元型近场动力学区域，以上两区域采用相同的网格密度进行离散。如图 6-1 (a) 所示，有限元区域采用 2 节点杆单元进行离散。其中的单元 1 和单元 2 为有限元单元，单元 3 和单元 4 为近场动力学单元。单元 1 的两个节点 b_1 和 b_2 均为有限元节点，节点 b_1 与节点 b_2 采用有限元的方式相互作用。单元 2 中的节点 b_2 为有限元节点，粒子 a_1 为近场动力学粒子，粒子 a_1 利用有限元的方式对节点 b_2 进行作用。单元 3 的两个粒子 a_1 和 a_2 均为近场动力学粒子，粒子 a_1 与粒子 a_2 采用近场动力学的方式相互作用。单元 4 中的节点 b_1 为有限元节点，粒子 a_1 为近场动力学粒子，节点 b_1 利用近场动力学的方式对粒子 a_1 进行作用。如图 6-1 (b) 和 (c) 所示，二维和三维模型的有限元区域分别采用 4 节点矩形单元和 8 节点六面体单元进行离散，近场动力学粒子之间采用近场动力学的方式相互作用，有限元节点之间采用有限元的方式相互作用，近场动力学粒子与有限元节点之间的相互作用方式与一维模型相同，在此不再赘述。

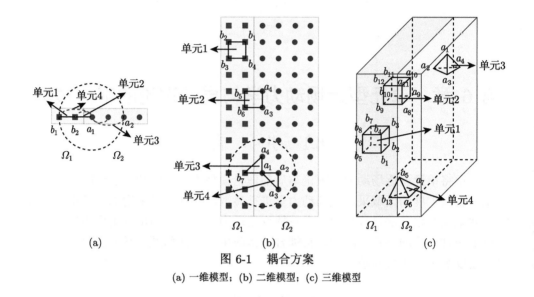

图 6-1　耦合方案

(a) 一维模型；(b) 二维模型；(c) 三维模型

6.3　弹　性　问　题

图 6-1 (a) 所示单元 1 的单元刚度矩阵写为 [3]

$$\overline{\boldsymbol{k}}_{b_1 b_2} = EAl_e \boldsymbol{B}^{\mathrm{T}} \boldsymbol{B} = \frac{EA}{l_e} \left[\begin{array}{cc} 1 & -1 \\ -1 & 1 \end{array} \right] = \left[\begin{array}{cc} \overline{k}_{11} & \overline{k}_{12} \\ \overline{k}_{21} & \overline{k}_{22} \end{array} \right] \tag{6-1}$$

式中，A 和 l_e 分别表示单元横截面积和单元长度；$\boldsymbol{B}$ 表示应变矩阵，由式 (2-2) 给出。

单元 2 中只有节点 b_2 属于有限元节点，因此单元 2 的单元刚度矩阵只需要考虑节点 b_2 受到的作用

$$\overline{\boldsymbol{k}}_{b_2 a_1} = EAl_e \boldsymbol{B}_1^{\mathrm{T}} \boldsymbol{B} = \frac{EA}{l_e} \left[\begin{array}{cc} 1 & -1 \\ 0 & 0 \end{array} \right] = \left[\begin{array}{cc} \overline{k}_{11} & \overline{k}_{12} \\ 0 & 0 \end{array} \right] \tag{6-2}$$

式中，$\boldsymbol{B}_1$ 代表应变矩阵，

$$\boldsymbol{B}_1 = \frac{1}{l_e} \left[\begin{array}{cc} -1 & 0 \end{array} \right] \tag{6-3}$$

图 6-1 (b) 所示单元 1 的所有节点均为有限元节点, 单元刚度矩阵可以写为 [3]

$$\overline{\boldsymbol{k}}_{b_1 b_2 b_3 b_4} = \int_S \boldsymbol{B}^{\mathrm{T}} \boldsymbol{D} \boldsymbol{B} h \mathrm{d}S = \begin{bmatrix} \overline{\boldsymbol{k}}_{11} & \overline{\boldsymbol{k}}_{12} & \overline{\boldsymbol{k}}_{13} & \overline{\boldsymbol{k}}_{14} \\ \overline{\boldsymbol{k}}_{21} & \overline{\boldsymbol{k}}_{22} & \overline{\boldsymbol{k}}_{23} & \overline{\boldsymbol{k}}_{24} \\ \overline{\boldsymbol{k}}_{31} & \overline{\boldsymbol{k}}_{32} & \overline{\boldsymbol{k}}_{33} & \overline{\boldsymbol{k}}_{34} \\ \overline{\boldsymbol{k}}_{41} & \overline{\boldsymbol{k}}_{42} & \overline{\boldsymbol{k}}_{43} & \overline{\boldsymbol{k}}_{44} \end{bmatrix} \qquad (6\text{-}4)$$

式中, $\boldsymbol{D}$ 代表弹性矩阵, 由式 (2-6) 表示; h 表示单元厚度; $\boldsymbol{B}$ 表示应变矩阵

$$\boldsymbol{B} = \begin{bmatrix} \boldsymbol{N}_1' & \boldsymbol{N}_2' & \boldsymbol{N}_3' & \boldsymbol{N}_4' \end{bmatrix} \qquad (6\text{-}5)$$

$\boldsymbol{N}_k'$ ($k =1,2,3,4$) 为形函数对坐标的导数,

$$\boldsymbol{N}_k' = \begin{bmatrix} \partial N_k/\partial x & 0 \\ 0 & \partial N_k/\partial y \\ \partial N_k/\partial y & \partial N_k/\partial x \end{bmatrix} \qquad (6\text{-}6)$$

N_k ($k =1,2,3,4$) 代表形函数,

$$\begin{cases} N_1 = (1+x/a)\,(1+y/b)/4 \\ N_2 = (1-x/a)\,(1+y/b)/4 \\ N_3 = (1-x/a)\,(1-y/b)/4 \\ N_4 = (1+x/a)\,(1-y/b)/4 \end{cases} \qquad (6\text{-}7)$$

单元 2 中只有节点 b_5 和节点 b_6 属于有限元节点, 因此单元 2 的单元刚度矩阵只需要考虑单元中所有节点 (粒子) 对节点 b_5 和节点 b_6 的作用

$$\overline{\boldsymbol{k}}_{b_5 b_6 a_3 a_4} = \int_S \boldsymbol{B}_1^{\mathrm{T}} \boldsymbol{D} \boldsymbol{B} h \mathrm{d}S = \begin{bmatrix} \overline{\boldsymbol{k}}_{11} & \overline{\boldsymbol{k}}_{12} & \overline{\boldsymbol{k}}_{13} & \overline{\boldsymbol{k}}_{14} \\ \overline{\boldsymbol{k}}_{21} & \overline{\boldsymbol{k}}_{22} & \overline{\boldsymbol{k}}_{23} & \overline{\boldsymbol{k}}_{24} \\ \boldsymbol{0} & \boldsymbol{0} & \boldsymbol{0} & \boldsymbol{0} \\ \boldsymbol{0} & \boldsymbol{0} & \boldsymbol{0} & \boldsymbol{0} \end{bmatrix} \qquad (6\text{-}8)$$

式中, $\boldsymbol{B}_1$ 为应变矩阵,

$$\boldsymbol{B}_1 = \begin{bmatrix} \boldsymbol{N}_1' & \boldsymbol{N}_2' & \boldsymbol{0} & \boldsymbol{0} \end{bmatrix} \qquad (6\text{-}9)$$

$\boldsymbol{N}_k'$($k =1,2$) 表示形函数对坐标的导数, 由式 (6-6) 表示。

图 6-1 (c) 所示单元 1 的所有节点均为有限元节点，单元刚度矩阵可以写为 [3]

$$\bar{\boldsymbol{k}}_{b_1 b_2 b_3 b_4 b_5 b_6 b_7 b_8} = \int_V \boldsymbol{B}^{\mathrm{T}} \boldsymbol{D} \boldsymbol{B} \mathrm{d}V = \begin{bmatrix} \bar{k}_{11} & \bar{k}_{12} & \bar{k}_{13} & \bar{k}_{14} & \bar{k}_{15} & \bar{k}_{16} & \bar{k}_{17} & \bar{k}_{18} \\ \bar{k}_{21} & \bar{k}_{22} & \bar{k}_{23} & \bar{k}_{24} & \bar{k}_{25} & \bar{k}_{26} & \bar{k}_{27} & \bar{k}_{28} \\ \bar{k}_{31} & \bar{k}_{32} & \bar{k}_{33} & \bar{k}_{34} & \bar{k}_{35} & \bar{k}_{36} & \bar{k}_{37} & \bar{k}_{38} \\ \bar{k}_{41} & \bar{k}_{42} & \bar{k}_{43} & \bar{k}_{44} & \bar{k}_{45} & \bar{k}_{46} & \bar{k}_{47} & \bar{k}_{48} \\ \bar{k}_{51} & \bar{k}_{52} & \bar{k}_{53} & \bar{k}_{54} & \bar{k}_{55} & \bar{k}_{56} & \bar{k}_{57} & \bar{k}_{58} \\ \bar{k}_{61} & \bar{k}_{62} & \bar{k}_{63} & \bar{k}_{64} & \bar{k}_{65} & \bar{k}_{66} & \bar{k}_{67} & \bar{k}_{68} \\ \bar{k}_{71} & \bar{k}_{72} & \bar{k}_{73} & \bar{k}_{74} & \bar{k}_{75} & \bar{k}_{76} & \bar{k}_{77} & \bar{k}_{78} \\ \bar{k}_{81} & \bar{k}_{82} & \bar{k}_{83} & \bar{k}_{84} & \bar{k}_{85} & \bar{k}_{86} & \bar{k}_{87} & \bar{k}_{88} \end{bmatrix}$$

$$(6\text{-}10)$$

其中，$\boldsymbol{D}$ 由式 (2-14) 表示；V 代表单元体积；$\boldsymbol{B}$ 表示单元应变矩阵

$$\boldsymbol{B} = \begin{bmatrix} \boldsymbol{N}_1' & \boldsymbol{N}_2' & \boldsymbol{N}_3' & \boldsymbol{N}_4' & \boldsymbol{N}_5' & \boldsymbol{N}_6' & \boldsymbol{N}_7' & \boldsymbol{N}_8' \end{bmatrix} \tag{6-11}$$

$\boldsymbol{N}_k'(k=1,2,\cdots,8)$ 为形函数对坐标的导数

$$\boldsymbol{N}_k' = \begin{bmatrix} \partial N_k/\partial x & 0 & 0 \\ 0 & \partial N_k/\partial y & 0 \\ 0 & 0 & \partial N_k/\partial z \\ \partial N_k/\partial y & \partial N_k/\partial x & 0 \\ 0 & \partial N_k/\partial z & \partial N_k/\partial y \\ \partial N_k/\partial z & 0 & \partial N_k/\partial x \end{bmatrix} \tag{6-12}$$

$N_k \ (k=1,2,\cdots,8)$ 表示形函数

$$\begin{cases} N_1 = (1-x/a)(1-y/b)(1-z/c)/8 \\ N_2 = (1+x/a)(1-y/b)(1-z/c)/8 \\ N_3 = (1+x/a)(1+y/b)(1-z/c)/8 \\ N_4 = (1-x/a)(1+y/b)(1-z/c)/8 \\ N_5 = (1-x/a)(1-y/b)(1+z/c)/8 \\ N_6 = (1+x/a)(1-y/b)(1+z/c)/8 \\ N_7 = (1+x/a)(1+y/b)(1+z/c)/8 \\ N_8 = (1-x/a)(1+y/b)(1+z/c)/8 \end{cases} \tag{6-13}$$

单元 2 中只有节点 b_9、节点 b_{10}、节点 b_{11} 和节点 b_{12} 属于有限元节点，因此单元 2 的单元刚度矩阵只需要考虑单元中所有节点 (粒子) 对节点 b_9、节点 b_{10}、

节点 b_{11} 和节点 b_{12} 的作用。

$$\overline{\boldsymbol{k}}_{b_9 b_{10} b_{11} b_{12} a_1 a_2 a_3 a_4} = \int_V \boldsymbol{B}_1^{\mathrm{T}} \boldsymbol{D} \boldsymbol{B} \mathrm{d}V$$

$$= \begin{bmatrix} \bar{\boldsymbol{k}}_{11} & \bar{\boldsymbol{k}}_{12} & \bar{\boldsymbol{k}}_{13} & \bar{\boldsymbol{k}}_{14} & \bar{\boldsymbol{k}}_{15} & \bar{\boldsymbol{k}}_{16} & \bar{\boldsymbol{k}}_{17} & \bar{\boldsymbol{k}}_{18} \\ \bar{\boldsymbol{k}}_{21} & \bar{\boldsymbol{k}}_{22} & \bar{\boldsymbol{k}}_{23} & \bar{\boldsymbol{k}}_{24} & \bar{\boldsymbol{k}}_{25} & \bar{\boldsymbol{k}}_{26} & \bar{\boldsymbol{k}}_{27} & \bar{\boldsymbol{k}}_{28} \\ \bar{\boldsymbol{k}}_{31} & \bar{\boldsymbol{k}}_{32} & \bar{\boldsymbol{k}}_{33} & \bar{\boldsymbol{k}}_{34} & \bar{\boldsymbol{k}}_{35} & \bar{\boldsymbol{k}}_{36} & \bar{\boldsymbol{k}}_{37} & \bar{\boldsymbol{k}}_{38} \\ \bar{\boldsymbol{k}}_{41} & \bar{\boldsymbol{k}}_{42} & \bar{\boldsymbol{k}}_{43} & \bar{\boldsymbol{k}}_{44} & \bar{\boldsymbol{k}}_{45} & \bar{\boldsymbol{k}}_{46} & \bar{\boldsymbol{k}}_{47} & \bar{\boldsymbol{k}}_{48} \\ \boldsymbol{0} & \boldsymbol{0} & \boldsymbol{0} & \boldsymbol{0} & \boldsymbol{0} & \boldsymbol{0} & \boldsymbol{0} & \boldsymbol{0} \\ \boldsymbol{0} & \boldsymbol{0} & \boldsymbol{0} & \boldsymbol{0} & \boldsymbol{0} & \boldsymbol{0} & \boldsymbol{0} & \boldsymbol{0} \\ \boldsymbol{0} & \boldsymbol{0} & \boldsymbol{0} & \boldsymbol{0} & \boldsymbol{0} & \boldsymbol{0} & \boldsymbol{0} & \boldsymbol{0} \\ \boldsymbol{0} & \boldsymbol{0} & \boldsymbol{0} & \boldsymbol{0} & \boldsymbol{0} & \boldsymbol{0} & \boldsymbol{0} & \boldsymbol{0} \end{bmatrix} \tag{6-14}$$

$\boldsymbol{B}_1$ 表示单元应变矩阵，

$$\boldsymbol{B}_1 = \begin{bmatrix} \boldsymbol{N}_1' & \boldsymbol{N}_2' & \boldsymbol{N}_3' & \boldsymbol{N}_4' & \boldsymbol{0} & \boldsymbol{0} & \boldsymbol{0} & \boldsymbol{0} \end{bmatrix} \tag{6-15}$$

其中，$\boldsymbol{N}_k'(k=1,2,3,4)$ 由式 (6-12) 表示。

利用式 (6-1)、式 (6-2) 和式 (3-16a)，一维耦合模型的总体刚度矩阵可以写为

$$\boldsymbol{K}_Z = \sum_{e=1}^{M^1} \left(\boldsymbol{G}_4^{\mathrm{T}} \overline{\boldsymbol{k}} \boldsymbol{G}_4 \right) + \sum_{i=1}^{J^{\mathrm{nl}}} \left(\sum_{j=1}^{E_0} \boldsymbol{G}_1^{\mathrm{T}} \cdot \begin{bmatrix} \bar{k}_{ii}^e & \bar{k}_{ij}^e \end{bmatrix} V_i V_j \cdot \boldsymbol{G} \right) \tag{6-16}$$

式中，M^1 表示耦合模型中有限元单元个数；J^{nl} 和 E_0 分别表示耦合模型中单元型近场动力学粒子个数和近场动力学粒子作用范围内的粒子总数；$\boldsymbol{G}$、$\boldsymbol{G}_1$、$\boldsymbol{G}_4$ 表示转换矩阵，具体表达式见附录 A。

利用式 (6-4)、式 (6-8) 和式 (3-16b)，二维耦合模型的总体刚度矩阵写为

$$\boldsymbol{K}_Z = \sum_{e=1}^{M^1} \left(\boldsymbol{G}_4^{\mathrm{T}} \overline{\boldsymbol{k}} \boldsymbol{G}_4 \right) + \sum_{i=1}^{J^{\mathrm{nl}}} \left(\sum_{j=1}^{E_0} \boldsymbol{G}_1^{\mathrm{T}} \cdot \begin{bmatrix} \bar{k}_{ii}^e & \bar{k}_{ij}^e & \bar{k}_{im}^e \end{bmatrix} V_i V_j V_m \cdot \boldsymbol{G} \right) \tag{6-17}$$

利用式 (6-10)、式 (6-14) 和式 (3-16c)，三维耦合模型的总体刚度矩阵写为

$$\boldsymbol{K}_Z = \sum_{e=1}^{M^1} \left(\boldsymbol{G}_4^{\mathrm{T}} \overline{\boldsymbol{k}} \boldsymbol{G}_4 \right) + \sum_{i=1}^{J^{\mathrm{nl}}} \left(\sum_{j=1}^{E_0} \boldsymbol{G}_1^{\mathrm{T}} \cdot \begin{bmatrix} \bar{k}_{ii}^e & \bar{k}_{ij}^e & \bar{k}_{im}^e & \bar{k}_{in}^e \end{bmatrix} V_i V_j V_m V_n \cdot \boldsymbol{G} \right)$$

$$\tag{6-18}$$

耦合模型的总体荷载矢量为

$$F_Z = \sum_{i=1}^{J^{\mathrm{l}}} \left(G_1^{\mathrm{T}} \bar{f}_i \right) + \sum_{i=1}^{J^{\mathrm{nl}}} \left(G_1^{\mathrm{T}} b_i V_i \right) \tag{6-19}$$

式中，$\bar{f}_i$ 表示有限元节点 i 所受的外力 (将体力、面力、集中力等写为节点力的形式)；J^{l} 代表模型中有限元节点的数量。

耦合模型的总体位移矢量为

$$U_Z = \begin{cases} \left\{ \begin{array}{cccc} u_1 & \cdots & u_J \end{array} \right\}^{\mathrm{T}}, & \text{1D} \\ \left\{ \begin{array}{cccc} u_1 & v_1 & \cdots & u_J & v_J \end{array} \right\}^{\mathrm{T}}, & \text{2D} \\ \left\{ \begin{array}{cccccc} u_1 & v_1 & w_1 & \cdots & u_J & v_J & w_J \end{array} \right\}^{\mathrm{T}}, & \text{3D} \end{cases} \tag{6-20}$$

式中，J 表示模型中有限元节点和近场动力学粒子数量的总和。

因此，单元型近场动力学有限元耦合模型的平衡方程写为

$$K_Z U_Z = F_Z \tag{6-21}$$

根据有限元运动方程 [3]，对于一维模型、二维模型和三维模型，有限元节点 i 受到单元中其他节点的力密度矢量分别写为

$$f^{\mathrm{l}}_{ii_2} = (\bar{k}_{11}u_i + \bar{k}_{12}u_{i_2})/(Al_e) \tag{6-22a}$$

$$f^{\mathrm{l}}_{ii_2i_3i_4} = (\bar{k}_{11}u_i + \bar{k}_{12}u_{i_2} + \bar{k}_{13}u_{i_3} + \bar{k}_{14}u_{i_4})/(Sh) \tag{6-22b}$$

$$f^{\mathrm{l}}_{ii_2i_3i_4i_5i_6i_7i_8} = (\bar{k}_{11}u_i + \bar{k}_{12}u_{i_2} + \bar{k}_{13}u_{i_3} + \bar{k}_{14}u_{i_4} + \bar{k}_{15}u_{i_5} + \bar{k}_{16}u_{i_6} \\ + \bar{k}_{17}u_{i_7} + \bar{k}_{18}u_{i_8})/V \tag{6-22c}$$

近场动力学中，粒子 i 的运动方程仍然由式 (3-26) 表示。利用式 (6-22)，对于一维模型、二维模型和三维模型，有限元节点 i 的运动方程分别写为

$$\rho_i \ddot{u}_i = -\sum_{e=1}^{E_i} (\bar{k}_{11}u_i + \bar{k}_{12}u_{i_2})/(Al_e) + \bar{f}_i \tag{6-23a}$$

$$\rho_i \ddot{u}_i = -\sum_{e=1}^{E_i} (\bar{k}_{11}u_i + \bar{k}_{12}u_{i_2} + \bar{k}_{13}u_{i_3} + \bar{k}_{14}u_{i_4})/(St) + \bar{f}_i \tag{6-23b}$$

$$\rho_i \ddot{u}_i = - \sum_{e=1}^{E_i} (\bar{k}_{11} u_i + \bar{k}_{12} u_{i_2} + \bar{k}_{13} u_{i_3} + \bar{k}_{14} u_{i_4} + \bar{k}_{15} u_{i_5} + \bar{k}_{16} u_{i_6} + \bar{k}_{17} u_{i_7}$$

$$+ \bar{k}_{18} u_{i_8})/V + \bar{f}_i \tag{6-23c}$$

式中，E_i 代表有限元区域包含节点 i 的有限元单元总数。

6.4 弹塑性问题

对于弹塑性问题，图 6-1(a) 所示单元 1 的单元刚度矩阵写为 [3]

$$\bar{\boldsymbol{k}}_{b_1 b_2} = E^{\mathrm{ep}} A l_e \boldsymbol{B}^{\mathrm{T}} \boldsymbol{B} = \frac{E^{\mathrm{ep}} A}{l_e} \begin{bmatrix} 1 & -1 \\ -1 & 1 \end{bmatrix} = \begin{bmatrix} \bar{k}_{11} & \bar{k}_{12} \\ \bar{k}_{21} & \bar{k}_{22} \end{bmatrix} \tag{6-24}$$

其中，E^{ep} 表示弹塑性模量。

单元 2 的单元刚度矩阵写为

$$\bar{\boldsymbol{k}}_{b_2 a_1} = E^{\mathrm{ep}} A l_e \boldsymbol{B}_1^{\mathrm{T}} \boldsymbol{B} = \frac{E^{\mathrm{ep}} A}{l_e} \begin{bmatrix} 1 & -1 \\ 0 & 0 \end{bmatrix} = \begin{bmatrix} \bar{k}_{11} & \bar{k}_{12} \\ 0 & 0 \end{bmatrix} \tag{6-25}$$

对于二维模型，图 6-1 (b) 所示单元 1 的单元刚度矩阵写为 [3]

$$\bar{\boldsymbol{k}}_{b_1 b_2 b_3 b_4} = \int_S \boldsymbol{B}^{\mathrm{T}} \boldsymbol{D}^{\mathrm{ep}} \boldsymbol{B} t \mathrm{d}S = \begin{bmatrix} \bar{k}_{11} & \bar{k}_{12} & \bar{k}_{13} & \bar{k}_{14} \\ \bar{k}_{21} & \bar{k}_{22} & \bar{k}_{23} & \bar{k}_{24} \\ \bar{k}_{31} & \bar{k}_{32} & \bar{k}_{33} & \bar{k}_{34} \\ \bar{k}_{41} & \bar{k}_{42} & \bar{k}_{43} & \bar{k}_{44} \end{bmatrix} \tag{6-26}$$

式中，$\boldsymbol{D}^{\mathrm{ep}}$ 代表弹塑性矩阵。

单元 2 的单元刚度矩阵写为

$$\bar{\boldsymbol{k}}_{b_5 b_6 a_3 a_4} = \int_S \boldsymbol{B}_1^{\mathrm{T}} \boldsymbol{D}^{\mathrm{ep}} \boldsymbol{B} t \mathrm{d}S = \begin{bmatrix} \bar{k}_{11} & \bar{k}_{12} & \bar{k}_{13} & \bar{k}_{14} \\ \bar{k}_{21} & \bar{k}_{22} & \bar{k}_{23} & \bar{k}_{24} \\ 0 & 0 & 0 & 0 \\ 0 & 0 & 0 & 0 \end{bmatrix} \tag{6-27}$$

对于三维模型，图 6-1 (c) 所示单元 1 的单元刚度矩阵写为 [3]

$$\bar{\boldsymbol{k}}_{b_1 b_2 b_3 b_4 b_5 b_6 b_7 b_8} = \int_V \boldsymbol{B}^{\mathrm{T}} \boldsymbol{D}^{\mathrm{ep}} \boldsymbol{B} \mathrm{d}V$$

$$
= \begin{bmatrix}
\bar{k}_{11} & \bar{k}_{12} & \bar{k}_{13} & \bar{k}_{14} & \bar{k}_{15} & \bar{k}_{16} & \bar{k}_{17} & \bar{k}_{18} \\
\bar{k}_{21} & \bar{k}_{22} & \bar{k}_{23} & \bar{k}_{24} & \bar{k}_{25} & \bar{k}_{26} & \bar{k}_{27} & \bar{k}_{28} \\
\bar{k}_{31} & \bar{k}_{32} & \bar{k}_{33} & \bar{k}_{34} & \bar{k}_{35} & \bar{k}_{36} & \bar{k}_{37} & \bar{k}_{38} \\
\bar{k}_{41} & \bar{k}_{42} & \bar{k}_{43} & \bar{k}_{44} & \bar{k}_{45} & \bar{k}_{46} & \bar{k}_{47} & \bar{k}_{48} \\
\bar{k}_{51} & \bar{k}_{52} & \bar{k}_{53} & \bar{k}_{54} & \bar{k}_{55} & \bar{k}_{56} & \bar{k}_{57} & \bar{k}_{58} \\
\bar{k}_{61} & \bar{k}_{62} & \bar{k}_{63} & \bar{k}_{64} & \bar{k}_{65} & \bar{k}_{66} & \bar{k}_{67} & \bar{k}_{68} \\
\bar{k}_{71} & \bar{k}_{72} & \bar{k}_{73} & \bar{k}_{74} & \bar{k}_{75} & \bar{k}_{76} & \bar{k}_{77} & \bar{k}_{78} \\
\bar{k}_{81} & \bar{k}_{82} & \bar{k}_{83} & \bar{k}_{84} & \bar{k}_{85} & \bar{k}_{86} & \bar{k}_{87} & \bar{k}_{88}
\end{bmatrix} \tag{6-28}
$$

单元 2 的单元刚度矩阵写为

$$
\bar{k}_{b_9 b_{10} b_{11} b_{12} a_1 a_2 a_3 a_4} = \int_V B_1^{\mathrm{T}} D^{\mathrm{ep}} B \mathrm{d}V
$$

$$
= \begin{bmatrix}
\bar{k}_{11} & \bar{k}_{12} & \bar{k}_{13} & \bar{k}_{14} & \bar{k}_{15} & \bar{k}_{16} & \bar{k}_{17} & \bar{k}_{18} \\
\bar{k}_{21} & \bar{k}_{22} & \bar{k}_{23} & \bar{k}_{24} & \bar{k}_{25} & \bar{k}_{26} & \bar{k}_{27} & \bar{k}_{28} \\
\bar{k}_{31} & \bar{k}_{32} & \bar{k}_{33} & \bar{k}_{34} & \bar{k}_{35} & \bar{k}_{36} & \bar{k}_{37} & \bar{k}_{38} \\
\bar{k}_{41} & \bar{k}_{42} & \bar{k}_{43} & \bar{k}_{44} & \bar{k}_{45} & \bar{k}_{46} & \bar{k}_{47} & \bar{k}_{48} \\
0 & 0 & 0 & 0 & 0 & 0 & 0 & 0 \\
0 & 0 & 0 & 0 & 0 & 0 & 0 & 0 \\
0 & 0 & 0 & 0 & 0 & 0 & 0 & 0 \\
0 & 0 & 0 & 0 & 0 & 0 & 0 & 0
\end{bmatrix} \tag{6-29}
$$

由式 (3-76)、式 (6-24)~ 式 (6-29)，弹塑性耦合模型的总体刚度矩阵写为

$$
{}^{\tau}K_Z^{\mathrm{ep}} = \sum_{e=1}^{M^{\mathrm{l}}} \left(G_4^{\mathrm{T}} \bar{k} G_4\right) + \sum_{i=1}^{J^{\mathrm{nl}}} \left(\sum_{e=1}^{E_0} \omega\langle|\boldsymbol{\xi}|\rangle c_e G_1^{\mathrm{T}} B_1^{\mathrm{T}\tau} D^{\mathrm{ep}} B G \bar{V}\right) \tag{6-30}
$$

荷载增量矢量 ΔQ_Z 写为

$$
\Delta Q_Z = {}^{t+\Delta t}Q_l - {}^t Q_i \tag{6-31}
$$

其中，${}^{t+\Delta t}Q_l$ 和 ${}^t Q_i$ 分别为 $t + \Delta t$ 时刻的外荷载矢量和 t 时刻的内力矢量。

$t + \Delta t$ 时刻的外荷载矢量 ${}^{t+\Delta t}Q_l$ 写为

$$
{}^{t+\Delta t}Q_l = \sum_{i=1}^{J^{\mathrm{l}}} G_1^{\mathrm{T}} \left({}^t \bar{f}_i + \Delta \bar{f}_i\right) + \sum_{i=1}^{J^{\mathrm{nl}}} G_1^{\mathrm{T}} \left({}^t b_i + \Delta b_i\right) V_i \tag{6-32}
$$

其中，${}^t \bar{f}_i$ 和 $\Delta \bar{f}_i$ 分别表示有限元节点 i 在 t 时刻受到的外力矢量以及外力矢量的增量。

t 时刻的内力矢量 ${}^t\boldsymbol{Q}_i$ 写为

$$ {}^t\boldsymbol{Q}_i = \sum_{e=1}^{M^1} \left(\boldsymbol{G}_4^{\mathrm{T}}\boldsymbol{B}_1^{\mathrm{T}t}\boldsymbol{\sigma}_e V\right) + \sum_{i=1}^{J^{\mathrm{nl}}}\sum_{e=1}^{E_0} \omega\left\langle|\boldsymbol{\xi}|\right\rangle c_e \boldsymbol{G}_1^{\mathrm{T}}\boldsymbol{B}_1^{\mathrm{T}t}\boldsymbol{\sigma}_e \bar{V} \tag{6-33} $$

此时，增量形式的弹塑性耦合平衡方程写为

$$ {}^\tau\boldsymbol{K}_Z^{\mathrm{ep}}\Delta\boldsymbol{U}_Z = \Delta\boldsymbol{Q}_Z \tag{6-34} $$

其中，${}^\tau\boldsymbol{K}_Z^{\mathrm{ep}}$ 和 $\Delta\boldsymbol{Q}_Z$ 分别由式 (6-30) 和式 (6-31) 表示；$\Delta\boldsymbol{U}_Z$ 表示总体位移矢量的增量。

6.5 热传导问题

图 6-1 (a) 所示由节点 b_1、节点 b_2 组成的单元 1 和节点 b_2、粒子 a_1 组成的单元 2 的单元热传导矩阵分别写为 [3]

$$ \bar{\boldsymbol{k}}_{b_1 b_2}^\phi = k\boldsymbol{B}^{\mathrm{T}}\boldsymbol{B}Al_e = \begin{bmatrix} \bar{k}_{11}^\phi & \bar{k}_{12}^\phi \\ \bar{k}_{21}^\phi & \bar{k}_{22}^\phi \end{bmatrix} \tag{6-35} $$

$$ \bar{\boldsymbol{k}}_{b_2 a_1}^\phi = k\boldsymbol{B}_1^{\mathrm{T}}\boldsymbol{B}Al_e = \begin{bmatrix} \bar{k}_{11}^\phi & \bar{k}_{12}^\phi \\ 0 & 0 \end{bmatrix} \tag{6-36} $$

图 6-1 (b) 所示由节点 b_1、节点 b_2、节点 b_3、节点 b_4 组成的单元 1 和节点 b_5、节点 b_6，粒子 a_3、a_4 组成的单元 2 的单元热传导矩阵分别写为 [3]

$$ \bar{\boldsymbol{k}}_{b_1 b_2 b_3 b_4}^\phi = \int_S k\boldsymbol{B}^{\mathrm{T}}\boldsymbol{B}h\mathrm{d}S = \begin{bmatrix} \bar{k}_{11}^\phi & \bar{k}_{12}^\phi & \bar{k}_{13}^\phi & \bar{k}_{14}^\phi \\ \bar{k}_{21}^\phi & \bar{k}_{22}^\phi & \bar{k}_{23}^\phi & \bar{k}_{24}^\phi \\ \bar{k}_{31}^\phi & \bar{k}_{32}^\phi & \bar{k}_{33}^\phi & \bar{k}_{34}^\phi \\ \bar{k}_{41}^\phi & \bar{k}_{42}^\phi & \bar{k}_{43}^\phi & \bar{k}_{44}^\phi \end{bmatrix} \tag{6-37} $$

$$ \bar{\boldsymbol{k}}_{b_5 b_6 a_3 a_4}^\phi = \int_S k\boldsymbol{B}_1^{\mathrm{T}}\boldsymbol{B}t\mathrm{d}S = \begin{bmatrix} \bar{k}_{11}^\phi & \bar{k}_{12}^\phi & \bar{k}_{13}^\phi & \bar{k}_{14}^\phi \\ \bar{k}_{21}^\phi & \bar{k}_{22}^\phi & \bar{k}_{23}^\phi & \bar{k}_{24}^\phi \\ 0 & 0 & 0 & 0 \\ 0 & 0 & 0 & 0 \end{bmatrix} \tag{6-38} $$

图 6-1 (c) 所示单元 1 和单元 2 的单元热传导矩阵分别写为 [3]

$$
\bar{\boldsymbol{k}}^{\phi}_{b_1 b_2 b_3 b_4 b_5 b_6 b_7 b_8} = \int_V k \boldsymbol{B}^{\mathrm{T}} \boldsymbol{B} \mathrm{d}V =
\begin{bmatrix}
\bar{k}^{\phi}_{11} & \bar{k}^{\phi}_{12} & \bar{k}^{\phi}_{13} & \bar{k}^{\phi}_{14} & \bar{k}^{\phi}_{15} & \bar{k}^{\phi}_{16} & \bar{k}^{\phi}_{17} & \bar{k}^{\phi}_{18} \\
\bar{k}^{\phi}_{21} & \bar{k}^{\phi}_{22} & \bar{k}^{\phi}_{23} & \bar{k}^{\phi}_{24} & \bar{k}^{\phi}_{25} & \bar{k}^{\phi}_{26} & \bar{k}^{\phi}_{27} & \bar{k}^{\phi}_{28} \\
\bar{k}^{\phi}_{31} & \bar{k}^{\phi}_{32} & \bar{k}^{\phi}_{33} & \bar{k}^{\phi}_{34} & \bar{k}^{\phi}_{35} & \bar{k}^{\phi}_{36} & \bar{k}^{\phi}_{37} & \bar{k}^{\phi}_{38} \\
\bar{k}^{\phi}_{41} & \bar{k}^{\phi}_{42} & \bar{k}^{\phi}_{43} & \bar{k}^{\phi}_{44} & \bar{k}^{\phi}_{45} & \bar{k}^{\phi}_{46} & \bar{k}^{\phi}_{47} & \bar{k}^{\phi}_{48} \\
\bar{k}^{\phi}_{51} & \bar{k}^{\phi}_{52} & \bar{k}^{\phi}_{53} & \bar{k}^{\phi}_{54} & \bar{k}^{\phi}_{55} & \bar{k}^{\phi}_{56} & \bar{k}^{\phi}_{57} & \bar{k}^{\phi}_{58} \\
\bar{k}^{\phi}_{61} & \bar{k}^{\phi}_{62} & \bar{k}^{\phi}_{63} & \bar{k}^{\phi}_{64} & \bar{k}^{\varphi}_{65} & \bar{k}^{\phi}_{66} & \bar{k}^{\phi}_{67} & \bar{k}^{\phi}_{68} \\
\bar{k}^{\phi}_{71} & \bar{k}^{\phi}_{72} & \bar{k}^{\phi}_{73} & \bar{k}^{\phi}_{74} & \bar{k}^{\phi}_{75} & \bar{k}^{\phi}_{76} & \bar{k}^{\phi}_{77} & \bar{k}^{\phi}_{78} \\
\bar{k}^{\phi}_{81} & \bar{k}^{\phi}_{82} & \bar{k}^{\phi}_{83} & \bar{k}^{\phi}_{84} & \bar{k}^{\phi}_{85} & \bar{k}^{\phi}_{86} & \bar{k}^{\phi}_{87} & \bar{k}^{\phi}_{88}
\end{bmatrix}
\tag{6-39}
$$

$$
\bar{\boldsymbol{k}}^{\phi}_{b_9 b_{10} b_{11} b_{12} a_1 a_2 a_3 a_4} = \int_V k \boldsymbol{B}_1^{\mathrm{T}} \boldsymbol{B} \mathrm{d}V =
\begin{bmatrix}
\bar{k}^{\phi}_{11} & \bar{k}^{\phi}_{12} & \bar{k}^{\phi}_{13} & \bar{k}^{\phi}_{14} & \bar{k}^{\phi}_{15} & \bar{k}^{\phi}_{16} & \bar{k}^{\phi}_{17} & \bar{k}^{\phi}_{18} \\
\bar{k}^{\phi}_{21} & \bar{k}^{\phi}_{22} & \bar{k}^{\phi}_{23} & \bar{k}^{\phi}_{24} & \bar{k}^{\phi}_{25} & \bar{k}^{\phi}_{26} & \bar{k}^{\phi}_{27} & \bar{k}^{\phi}_{28} \\
\bar{k}^{\phi}_{31} & \bar{k}^{\phi}_{32} & \bar{k}^{\phi}_{33} & \bar{k}^{\phi}_{34} & \bar{k}^{\phi}_{35} & \bar{k}^{\phi}_{36} & \bar{k}^{\phi}_{37} & \bar{k}^{\phi}_{38} \\
\bar{k}^{\phi}_{41} & \bar{k}^{\phi}_{42} & \bar{k}^{\phi}_{43} & \bar{k}^{\phi}_{44} & \bar{k}^{\phi}_{45} & \bar{k}^{\phi}_{46} & \bar{k}^{\phi}_{47} & \bar{k}^{\phi}_{48} \\
0 & 0 & 0 & 0 & 0 & 0 & 0 & 0 \\
0 & 0 & 0 & 0 & 0 & 0 & 0 & 0 \\
0 & 0 & 0 & 0 & 0 & 0 & 0 & 0 \\
0 & 0 & 0 & 0 & 0 & 0 & 0 & 0
\end{bmatrix}
\tag{6-40}
$$

利用式 (6-35)、式 (6-36) 和式 (4-39a)，一维耦合模型的总体热传导矩阵可以写为

$$
\boldsymbol{K}_Z = \sum_{e=1}^{M^1} \left(\boldsymbol{G}_5^{\mathrm{T}} \bar{\boldsymbol{k}}^{\phi} \boldsymbol{G}_5 \right) + \sum_{i=1}^{J^{\mathrm{nl}}} \left(\sum_{j=1}^{E_0} \boldsymbol{G}_1^{\mathrm{T}} \cdot \begin{bmatrix} k_{ii}^e & k_{ij}^e \end{bmatrix} V_i V_j \cdot \boldsymbol{G} \right)
\tag{6-41}
$$

式中，$\boldsymbol{G}_5$ 表示转换矩阵，具体表达式见附录 A。

利用式 (6-37)、式 (6-38) 和式 (4-39b)，二维耦合模型的总体热传导矩阵可以写为

$$
\boldsymbol{K}_Z = \sum_{e=1}^{M^1} \left(\boldsymbol{G}_5^{\mathrm{T}} \bar{\boldsymbol{k}}^{\phi} \boldsymbol{G}_5 \right) + \sum_{i=1}^{J^{\mathrm{nl}}} \left(\sum_{j=1}^{E_0} \boldsymbol{G}_1^{\mathrm{T}} \cdot \begin{bmatrix} k_{ii}^e & k_{ij}^e & k_{im}^e \end{bmatrix} V_i V_j V_m \cdot \boldsymbol{G} \right)
\tag{6-42}
$$

利用式 (6-39)、式 (6-40) 和式 (4-39c)，三维耦合模型的总体热传导矩阵可

以写为

$$\boldsymbol{K}_Z^\phi = \sum_{e=1}^{M^l}\left(\boldsymbol{G}_5^{\mathrm{T}}\bar{\boldsymbol{k}}^\phi\boldsymbol{G}_5\right) + \sum_{i=1}^{J^{\mathrm{nl}}}\left(\sum_{j=1}^{E_0}\boldsymbol{G}_1^{\mathrm{T}}\cdot\left[\begin{array}{cccc} k_{ii}^e & k_{ij}^e & k_{im}^e & k_{in}^e \end{array}\right]V_iV_jV_mV_n\cdot\boldsymbol{G}\right) \tag{6-43}$$

耦合模型的总体热荷载矢量为

$$\boldsymbol{P}_Z^\phi = \sum_{i=1}^{J^l}\left(\boldsymbol{G}_3^{\mathrm{T}}p_i\right) + \sum_{i=1}^{J^{\mathrm{nl}}}\left(\boldsymbol{G}_3^{\mathrm{T}}h_s(\boldsymbol{x}_i)V_i\right) \tag{6-44}$$

其中，p_i 表示节点 i 受到的热荷载；$h_s(\boldsymbol{x}_i)$ 代表粒子 i 的热源密度。

耦合模型的总体温度矢量为

$$\boldsymbol{\phi}_Z = \left\{\begin{array}{ccc} \phi_1 & \cdots & \phi_J \end{array}\right\}^{\mathrm{T}} \tag{6-45}$$

因此，单元型近场动力学有限元耦合模型的稳态热传导方程可以写为

$$\boldsymbol{K}_Z^\phi\boldsymbol{\phi}_Z = \boldsymbol{P}_Z^\phi \tag{6-46}$$

根据有限元瞬态热传导方程 [3]，对于一维模型、二维模型和三维模型，有限元节点 i 受到单元中其他节点的热流密度分别写为

$$q_{ii_2}^l = \left(\bar{k}_{11}^\phi\phi_i + \bar{k}_{12}^\phi\phi_{i_2}\right)/(Al_e) \tag{6-47a}$$

$$q_{ii_2i_3i_4}^l = \left(\bar{k}_{11}^\phi\phi_i + \bar{k}_{12}^\phi\phi_{i_2} + \bar{k}_{13}^\phi\phi_{i_3} + \bar{k}_{14}^\phi\phi_{i_4}\right)/(St) \tag{6-47b}$$

$$q_{ii_2i_3i_4i_5i_6i_7i_8}^l = \left(\bar{k}_{11}^\phi\phi_i + \bar{k}_{12}^\phi\phi_{i_2} + \bar{k}_{13}^\phi\phi_{i_3} + \bar{k}_{14}^\phi\phi_{i_4} + \bar{k}_{15}^\phi\phi_{i_5} + \bar{k}_{16}^\phi\phi_{i_6}\right.$$
$$\left. + \bar{k}_{17}^\phi\phi_{i_7} + \bar{k}_{18}^\phi\phi_{i_8}\right)/V \tag{6-47c}$$

近场动力学中，粒子 i 的瞬态热传导方程仍然由式 (4-48) 表示。利用式 (6-47)，对于一维模型、二维模型和三维模型，有限元节点 i 的瞬态热传导方程分别写为

$$\rho c_V\dot{\phi}_i = -\sum_{e=1}^{E_i}\left(\bar{k}_{11}^\phi\phi_i + \bar{k}_{12}^\phi\phi_{i_2}\right)/(Al_e) + p_i \tag{6-48a}$$

$$\rho c_V\dot{\phi}_i = -\sum_{e=1}^{E_i}\left(\bar{k}_{11}^\phi\phi_i + \bar{k}_{12}^\phi\phi_{i_2} + \bar{k}_{13}^\phi\phi_{i_3} + \bar{k}_{14}^\phi\phi_{i_4}\right)/(St) + p_i \tag{6-48b}$$

$$\rho c_V \dot{\phi}_i = -\sum_{e=1}^{E_i} \left(\bar{k}_{11}^{\phi} \phi_i + \bar{k}_{12}^{\phi} \phi_{i_2} + \bar{k}_{13}^{\phi} \phi_{i_3} + \bar{k}_{14}^{\phi} \phi_{i_4} + \bar{k}_{15}^{\phi} \phi_{i_5} + \bar{k}_{16}^{\phi} \phi_{i_6} \right.$$

$$\left. + \bar{k}_{17}^{\phi} \phi_{i_7} + \bar{k}_{18}^{\phi} \phi_{i_8} \right)/V + p_i \tag{6-48c}$$

6.6　热力耦合问题

在有限元中，将温度升高或降低导致的热荷载写为 [3]

$$\boldsymbol{F}_{\varepsilon_0}^{\mathrm{l}} = \sum_{e=1}^{M^{\mathrm{l}}} \left(\boldsymbol{G}_4^{\mathrm{T}} \boldsymbol{B}^{\mathrm{T}} \boldsymbol{D} \boldsymbol{\varepsilon}_0 \right) \tag{6-49}$$

式中，$\boldsymbol{B}$ 表示应变矩阵，对于一维、二维以及三维模型，分别由式 (2-2)、式 (6-5) 和式 (6-11) 表示，$\boldsymbol{D}$ 代表弹性矩阵，$\boldsymbol{\varepsilon}_0$ 为热应变 [3]，

$$\boldsymbol{\varepsilon}_0 = \begin{cases} \alpha\,(\phi - \phi_0), & \text{1D} \\ \alpha\,(\phi - \phi_0) \begin{bmatrix} 1 & 1 & 0 \end{bmatrix}^{\mathrm{T}}, & \text{2D} \\ \alpha\,(\phi - \phi_0) \begin{bmatrix} 1 & 1 & 1 & 0 & 0 & 0 \end{bmatrix}^{\mathrm{T}}, & \text{3D} \end{cases} \tag{6-50}$$

其中，α 表示材料的热膨胀系数；ϕ 和 ϕ_0 分别为单元的现时温度和初始温度。

利用式 (5-7)，单元型近场动力学中由温度升高或降低导致的热荷载写为

$$\boldsymbol{F}_{\varepsilon_0}^{\mathrm{nl}} = \begin{cases} \displaystyle\sum_{i=1}^{J} \left(\sum_{e=1}^{E_0} \left(\frac{1}{2} \omega \left\langle |\boldsymbol{\xi}| \right\rangle c_e \boldsymbol{G}^{\mathrm{T}} \boldsymbol{B}^{\mathrm{T}} E \boldsymbol{\varepsilon}_0 V_j \right) V_i \right), & \text{1D} \\ \displaystyle\sum_{i=1}^{J} \left(\sum_{e=1}^{E_0} \left(\frac{1}{3} \omega \left\langle |\boldsymbol{\xi}| \right\rangle c_e \boldsymbol{G}^{\mathrm{T}} \boldsymbol{B}^{\mathrm{T}} \boldsymbol{D} \boldsymbol{\varepsilon}_0 V_j V_m \right) V_i \right), & \text{2D} \\ \displaystyle\sum_{i=1}^{J} \left(\sum_{e=1}^{E_0} \left(\frac{1}{4} \omega \left\langle |\boldsymbol{\xi}| \right\rangle c_e \boldsymbol{G}^{\mathrm{T}} \boldsymbol{B}^{\mathrm{T}} \boldsymbol{D} \boldsymbol{\varepsilon}_0 V_j V_m V_n \right) V_i \right), & \text{3D} \end{cases} \tag{6-51}$$

利用式 (6-19)、式 (6-49) 和式 (6-51)，单元型近场动力学有限元耦合模型的总体荷载矢量写为

$$\boldsymbol{F}_Z = \sum_{i=1}^{J^{\mathrm{l}}} \left(\boldsymbol{G}_1^{\mathrm{T}} \bar{\boldsymbol{f}}_i \right) + \sum_{i=1}^{J^{\mathrm{nl}}} \left(\boldsymbol{G}_1^{\mathrm{T}} \boldsymbol{b}_i V_i \right) + \boldsymbol{F}_{\varepsilon_0}^{\mathrm{l}} + \boldsymbol{F}_{\varepsilon_0}^{\mathrm{nl}} \tag{6-52}$$

对于稳态热力耦合情况，一维模型、二维模型和三维模型的总体刚度矩阵仍然由式 (6-16) ~ 式 (6-18) 表示，模型的总体位移矢量仍然由式 (6-20) 表示，平衡方程和稳态热传导方程仍由式 (6-21) 以及 (6-46) 表示。

对于瞬态热力耦合情况, 单元型近场动力学粒子的运动方程和瞬态热传导方程仍然由式 (4-60) 和式 (5-21) 表示。有限元节点 i 除了受到单元中其他节点的力密度矢量 $\bar{f}_i$ 之外, 还会受到温度升高或降低导致的热荷载, 利用式 (6-49), 节点 i 受到的热荷载可以写为

$$\bar{f}_i^{\varepsilon_0} = \boldsymbol{G}_1^{\mathrm{T}} \boldsymbol{B}^{\mathrm{T}} \boldsymbol{D} \boldsymbol{\varepsilon}_0 \tag{6-53}$$

利用式 (6-23) 和式 (6-53), 对于一维模型、二维模型和三维模型, 有限元节点 i 的运动方程分别写为

$$\rho_i \ddot{u}_i = -\sum_{e=1}^{E_i} \left(\bar{k}_{11} u_i + \bar{k}_{12} u_{i_2} \right)/(Al_e) + \bar{f}_i + \bar{f}_i^{\varepsilon_0} \tag{6-54a}$$

$$\rho_i \ddot{u}_i = -\sum_{e=1}^{E_i} \left(\bar{k}_{11} u_i + \bar{k}_{12} u_{i_2} + \bar{k}_{13} u_{i_3} + \bar{k}_{14} u_{i_4} \right)/(St) + \bar{f}_i + \bar{f}_i^{\varepsilon_0} \tag{6-54b}$$

$$\rho_i \ddot{u}_i = -\sum_{e=1}^{E_i} \left(\bar{k}_{11} u_i + \bar{k}_{12} u_{i_2} + \bar{k}_{13} u_{i_3} + \bar{k}_{14} u_{i_4} + \bar{k}_{15} u_{i_5} + \bar{k}_{16} u_{i_6} \right.$$
$$\left. + \bar{k}_{17} u_{i_7} + \bar{k}_{18} u_{i_8} \right)/V + \bar{f}_i + \bar{f}_i^{\varepsilon_0} \tag{6-54c}$$

根据文献 [3], 有限元单元应变率引起单元中的节点 i 的热荷载写为

$$p_i^{\varepsilon_0} = -\frac{\beta_{\mathrm{cl}} \phi_0 \dot{e}}{\rho} \tag{6-55}$$

利用式 (6-48) 和式 (6-55), 对于一维模型、二维模型和三维模型, 有限元节点 i 的瞬态热传导方程分别写为

$$\rho c_V \dot{\phi}_i = -\sum_{e=1}^{E_i} \left(\bar{k}_{11}^\phi \phi_i + \bar{k}_{12}^\phi \phi_{i_2} \right)/(Al_e) + p_i + p_i^{\varepsilon_0} \tag{6-56a}$$

$$\rho c_V \dot{\phi}_i = -\sum_{e=1}^{E_i} \left(\bar{k}_{11}^\phi \phi_i + \bar{k}_{12}^\phi \phi_{i_2} + \bar{k}_{13}^\phi \phi_{i_3} + \bar{k}_{14}^\phi \phi_{i_4} \right)/(St) + p_i + p_i^{\varepsilon_0} \tag{6-56b}$$

$$\rho c_V \dot{\phi}_i = -\sum_{e=1}^{E_i} \left(\bar{k}_{11}^\phi \phi_i + \bar{k}_{12}^\phi \phi_{i_2} + \bar{k}_{13}^\phi \phi_{i_3} + \bar{k}_{14}^\phi \phi_{i_4} + \bar{k}_{15}^\phi \phi_{i_5} + \bar{k}_{16}^\phi \phi_{i_6} \right.$$
$$\left. + \bar{k}_{17}^\phi \phi_{i_7} + \bar{k}_{18}^\phi \phi_{i_8} \right)/V + p_i + p_i^{\varepsilon_0} \tag{6-56c}$$

6.7　求解方案

对于弹性问题中的平衡方程，热传导问题中的稳态热传导方程，以及热力耦合问题中的平衡方程和稳态热传导方程，均利用高斯消元法[4] 进行求解。对于弹性问题中的运动方程，热传导问题中的瞬态热传导方程，以及热力耦合问题中的运动方程和瞬态热传导方程，均利用向前差分方法[5,6] 进行求解。以上几种问题的求解方案在前面章节中已经做过系统介绍，本节只具体介绍如何求解弹塑性问题的增量形式的平衡方程。

弹塑性问题的求解过程包括两部分：第一部分计算弹性极限载荷，第二部分通过增量法计算材料的弹塑性变形[7]。具体计算流程如下：

(1) 将模型划分为有限元区域和单元型近场动力学区域，并采用相同的网格密度进行离散。

(2) 按式 (6-24) ～ 式 (6-29) 计算有限元区域所有单元的单元刚度矩阵，并按式 (6-30) 将有限元区域所有单元的单元刚度矩阵组装到总体刚度矩阵。

(3) 按式 (3-76) 计算单元型近场动力学区域所有单元的刚度密度矩阵，并按式 (6-30) 将单元型近场动力学区域所有单元的单元刚度密度矩阵组装到总体刚度矩阵。

(4) 对弹性模型施加任意外部载荷 $\boldsymbol{Q}_0$，计算位移矢量 $\boldsymbol{u}_0$。

(5) 根据位移矢量 $\boldsymbol{u}_0$ 计算有限元区域和单元型近场动力学区域各单元的等效应力 σ_{eq} 和应力 σ_{e0}，得到模型的最大等效应力 σ_{max}。此时弹性极限荷载参数可表示为

$$p_e = \frac{\sigma^{s0}}{\sigma_{\mathrm{max}}} \tag{6-57}$$

式中，σ^{s0} 为初始屈服应力。

(6) 计算弹性极限荷载所对应的所有单元的位移矢量、外载荷矢量以及单元应力，并以此作为弹塑性计算的初始条件。

$$\boldsymbol{u}_{\mathrm{p}} = p_e \boldsymbol{u}_0 \tag{6-58}$$

$$\boldsymbol{Q}_{\mathrm{p}} = p_e \boldsymbol{Q}_0 \tag{6-59}$$

$$\boldsymbol{\sigma}_e = p_e \boldsymbol{\sigma}_{e0} \tag{6-60}$$

假定得到了单元 e 在 t 时刻的外荷载矢量 ${}^t\boldsymbol{Q}_l$、位移矢量 ${}^t\boldsymbol{u}_e$、应力 ${}^t\boldsymbol{\sigma}_e$ 和应变 ${}^t\boldsymbol{\varepsilon}_e$。在 $t + \Delta t$ 时刻，外荷载矢量的增量为 $\Delta\boldsymbol{Q}_l$。从 t 时刻到 $t + \Delta t$ 时刻，模型弹塑性变形的详细计算过程如下：

(1) 计算 $t + \Delta t$ 时刻的外荷载矢量

$$^{t+\Delta t}\boldsymbol{Q}_l = {}^t\boldsymbol{Q}_l + \Delta\boldsymbol{Q}_l \tag{6-61}$$

(2) 通过式 (6-62) 计算 t 时刻第 n 个迭代步的内力矢量

$$^t\boldsymbol{Q}_i^n = \sum_{e=1}^{M^1}\left(\boldsymbol{G}_4^{\mathrm{T}}\boldsymbol{B}_1^{\mathrm{T}t}\boldsymbol{\sigma}_e^n V\right) + \sum_{i=1}^{J^{\mathrm{nl}}}\sum_{e=1}^{E_0}\omega\left\langle|\boldsymbol{\xi}|\right\rangle c_e \boldsymbol{G}_1^{\mathrm{T}}\boldsymbol{B}_1^{\mathrm{T}t}\boldsymbol{\sigma}_e^n \overline{V} \tag{6-62}$$

(3) 通过式 (6-31) 计算 $t + \Delta t$ 时刻的外载荷矢量与 t 时刻第 n 个迭代步内力矢量 $^t\boldsymbol{Q}_i^n$ 的差值，通过式 (6-34) 计算位移矢量的增量。

(4) 判断位移增量是否满足式 (6-63) 的收敛条件

$$e_{\boldsymbol{u}} = \sum_{e=1}^{M^1}\left(\Delta\boldsymbol{u}_i^{\mathrm{T}}\cdot\Delta\boldsymbol{u}_i\right) + \sum_{i=1}^{J^{\mathrm{nl}}}\left(\Delta\boldsymbol{u}_i^{\mathrm{T}}\cdot\Delta\boldsymbol{u}_i\right) < e_{u,\mathrm{error}} \tag{6-63}$$

式中，$e_{u,\mathrm{error}}$ 代表指定的误差常数。

若位移增量 $\Delta\boldsymbol{U}_Z$ 满足此条件，则根据式 (3-78) 所示的失效准则判断单元型近场动力学区域内的单元是否发生破坏，并进行下一时间步的计算。如果不满足式 (6-63) 的收敛条件，则继续下面的计算步骤。

(5) 计算各单元的应变增量，即

$$\Delta\boldsymbol{\varepsilon}_e = \boldsymbol{B}\Delta\boldsymbol{u}_e \tag{6-64}$$

(6) 根据弹性关系预测应力增量和 $t + \Delta t$ 时刻的应力

$$\Delta\tilde{\boldsymbol{\sigma}}_e = \boldsymbol{D}^e\Delta\boldsymbol{\varepsilon}_e \tag{6-65}$$

$$^{t+\Delta t}_{n+1}\tilde{\boldsymbol{\sigma}}_e = {}^{t+\Delta t}_{n}\tilde{\boldsymbol{\sigma}}_e + \Delta\tilde{\boldsymbol{\sigma}}_e \tag{6-66}$$

式中，$^{t+\Delta t}_{n}\boldsymbol{\sigma}_e$ 为上一个迭代步骤的应力。

(7) 计算各单元的屈服函数，并分为以下三种情况：

① 如果 $F\left(^{t+\Delta t}_{n+1}\tilde{\boldsymbol{\sigma}}_e, {}^t\bar{\boldsymbol{\varepsilon}}_e^{\mathrm{p}}\right) \leqslant 0$，则单元处于弹性加载或弹塑性卸载状态。应力增量等于应力增量预测值，其表达式为

$$\Delta\boldsymbol{\sigma}_e = \Delta\tilde{\boldsymbol{\sigma}}_e \tag{6-67}$$

② 如果 $F\left(^{t+\Delta t}_{n+1}\tilde{\boldsymbol{\sigma}}_e, {}^t\bar{\boldsymbol{\varepsilon}}_e^{\mathrm{p}}\right) > 0$ 且 $F\left(^{t+\Delta t}_{n}\tilde{\boldsymbol{\sigma}}_e, {}^t\bar{\boldsymbol{\varepsilon}}_e^{\mathrm{p}}\right) < 0$，则单元由弹性加载过渡到塑性加载。通过式 (6-68) 计算弹性系数 m^e

$$F({}^{t}\boldsymbol{\sigma}_e + m^e\Delta\tilde{\boldsymbol{\sigma}}_e, {}^{t}\bar{\boldsymbol{\varepsilon}}_e^{\mathrm{p}}) = 0 \tag{6-68}$$

对于 Mises 屈服条件和各向同性硬化规律，m^e 可表示为 [3]

$$m^e = \left(-a_1 + \sqrt{a_1^2 - 4a_0a_2}\right)\Big/(2a_2) \tag{6-69}$$

式中

$$a_0 = F({}^{t}\boldsymbol{\sigma}_e, {}^{t}\bar{\boldsymbol{\varepsilon}}_e^{\mathrm{p}}) \tag{6-70}$$

$$a_1 = {}^{t}\boldsymbol{s}^{\mathrm{T}}\tilde{\boldsymbol{s}} \tag{6-71}$$

$$a_2 = \frac{1}{2}\Delta\tilde{\boldsymbol{s}}^{\mathrm{T}}\tilde{\boldsymbol{s}} \tag{6-72}$$

式中，$\boldsymbol{s}$ 和 $\tilde{\boldsymbol{s}}$ 分别表示应力偏张量和预测应力偏张量。应力偏张量在附录 B 中给出。

ⓘ 如果 $F\left({}^{t+\Delta t}_{n+1}\tilde{\boldsymbol{\sigma}}_e, {}^{t}\bar{\boldsymbol{\varepsilon}}_e^{\mathrm{p}}\right) > 0$ 且 $F\left({}^{t+\Delta t}_{n}\tilde{\boldsymbol{\sigma}}_e, {}^{t}\bar{\boldsymbol{\varepsilon}}_e^{\mathrm{p}}\right) = 0$，则单元处于塑性加载状态。此时，弹性系数 $m^e = 0$。

(8) 计算单元的应力张量 ${}^{t+\Delta t}_{n+1}\boldsymbol{\sigma}_e$ 和等效塑性应变 ${}^{t+\Delta t}_{n+1}\bar{\varepsilon}_e^{\mathrm{p}}$。
对于情形ⓘ，

$$^{t+\Delta t}_{n+1}\boldsymbol{\sigma}_e = {}^{t+\Delta t}_{n}\boldsymbol{\sigma}_e + \Delta\boldsymbol{\sigma}_e \tag{6-73}$$

$$^{t+\Delta t}_{n+1}\bar{\varepsilon}_e^{\mathrm{p}} = {}^{t+\Delta t}_{n}\bar{\varepsilon}_e^{\mathrm{p}} \tag{6-74}$$

对于情形ⓘ和情形ⓘ，弹塑性部分对应的应变增量为

$$\Delta\boldsymbol{\varepsilon}_e' = (1 - m^e)\Delta\boldsymbol{\varepsilon}_e \tag{6-75}$$

弹塑性应力增量为

$$\Delta\boldsymbol{\sigma}_e' = \int_0^{\Delta\boldsymbol{\varepsilon}_e'} \mathrm{d}\boldsymbol{\sigma}_e = \int_0^{\Delta\boldsymbol{\varepsilon}_e'} \boldsymbol{D}^{\mathrm{ep}}\mathrm{d}\boldsymbol{\varepsilon}_e \tag{6-76}$$

式 (6-76) 的计算过程见附录 C。

(9) 该迭代步骤结束时应力张量 ${}^{t+\Delta t}_{n+1}\boldsymbol{\sigma}_e$ 和等效塑性应变 ${}^{t+\Delta t}_{n+1}\bar{\varepsilon}_e^{\mathrm{p}}$ 为

$$^{t+\Delta t}_{n+1}\boldsymbol{\sigma}_e = {}^{t+\Delta t}_{n}\boldsymbol{\sigma}_e + \Delta\boldsymbol{\sigma}_e = {}^{t+\Delta t}_{n}\boldsymbol{\sigma}_e + m^e\Delta\tilde{\boldsymbol{\sigma}}_e + \Delta\boldsymbol{\sigma}_e' \tag{6-77}$$

$$^{t+\Delta t}_{n+1}\bar{\varepsilon}_e^{\mathrm{p}} = {}^{t+\Delta t}_{n}\bar{\varepsilon}_e^{\mathrm{p}} + \Delta\bar{\varepsilon}_e^{\mathrm{p}} \tag{6-78}$$

(10) 返回步骤 (2)。

6.8 数 值 算 例

6.8.1 悬臂梁模型变形分析

悬臂梁模型的尺寸如图 6-2 (a) 所示，长度 $L = 500\text{mm}$，高度 $H = 50\text{mm}$，厚度 $t = 1\text{mm}$。模型左边界固定，右端顶点受到集中力荷载 $P = 1\text{N}$。模型材料参数为：杨氏模量 $E = 210000\text{MPa}$，泊松比 $\nu = 0.3$。按平面应力问题求解得到以上问题的局部理论解析解为 [4,8]

$$u(x,y) = \frac{Py}{6EI}\left[(6L - 3x)x + (2 + \nu)\left(y^2 - \frac{H^2}{4}\right)\right] \tag{6-79}$$

$$v(x,y) = \frac{-P}{6EI}\left[3\nu y^2(L - x) + (4 + 5\nu)\frac{H^2 x}{4} + (3L - x)x^2\right] \tag{6-80}$$

其中，I 表示界面的惯性矩，对于矩形截面

$$I = \frac{tH^3}{12} \tag{6-81}$$

分别采用单元型近场动力学模型以及如图 6-2(b) 和 (c) 所示的两种耦合方案对以上问题进行模拟。对于以上三种模型，相邻粒子之间的距离均取 $\Delta x = 1\text{mm}$。

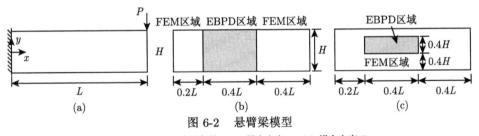

图 6-2 悬臂梁模型
(a) 几何模型和边界条件；(b) 耦合方案 I；(c) 耦合方案 II

图 6-3 展示的是水平方向位移 u 沿着直线 l_1 $(x = L/2)$ 的分布规律以及竖直方向位移 v 沿着直线 l_2 $(y = 0)$ 的分布规律。观察图 6-3 可知，近场动力学模拟得到水平位移 u 和竖直位移 v 与解析结果之间存在偏差，尤其是在模型边界附近。这种偏差是由近场动力学的表面效应引起的。耦合方案 I 的部分边界区域是由有限元进行离散的，其计算结果与解析结果之间的偏差要略小于近场动力学模型与解析结果之间的偏差。耦合方案 II 的全部边界区域均是由有限元进行离散的，其计算结果最接近解析结果。以上现象说明在耦合模型的边界区域采用有限

元进行建模可以消除近场动力学的表面效应。单元型近场动力学模型、耦合方案 I 和耦合方案 II 的计算总时间如表 6-1 所示，相比于近场动力学模型，耦合方案 I 和耦合方案 II 的计算总时长的降低并不明显。产生这一现象的原因在于计算总时长包括了模型区域划分、有限元区域和近场动力学区域的模型离散以及寻找近场动力学粒子作用范围内的粒子等前处理工作。对于静力学问题，耦合方案主要在总体刚度矩阵组装以及大型刚度矩阵的求解方面进行提速。因此，表 6-1 还给出了以上三种模型在除去前处理过程之后的计算时间。此时，耦合方案 II 的计算时间仅为近场动力学模型计算时间的 70% 左右。最后，给出计算机的性能参数：Intel(R) Xeon(R) Gold 6126 CPU @ 3.30 GHz，RAM 128.00 GB.

表 6-1　计算时间对比

	近场动力学模型	耦合方案 I	耦合方案 II
计算总时间/s	33.66	31.48	28.52
求解时间/s	13.62	11.61	9.24

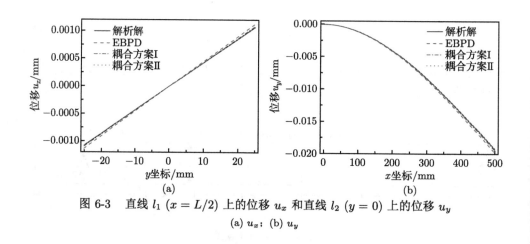

图 6-3　直线 l_1 $(x = L/2)$ 上的位移 u_x 和直线 l_2 $(y = 0)$ 上的位移 u_y

(a) u_x；(b) u_y

6.8.2　多孔薄板动态裂纹扩展模拟

多孔薄板模型几何尺寸和边界条件如图 6-4 (a) 所示，其长度 L 和宽度 W 均为 0.2m，厚度 t 为 0.001m。模型共包含 8 个圆形孔洞，孔洞半径均为 $r = 0.01$m，圆心位置由表 6-2 给出，其中坐标原点位于模型左下角。

杨氏模量 E、泊松比 ν、材料密度 ρ 以及断裂能 G_{IC} 分别取为 200GPa、0.17、7870kg/m^3 和 2250J/m^2。模型左右边界施加位移荷载，具体形式由式 (6-82) 给出

$$u(0, y) = -(5e - 8)t, \quad u(L, y) = (5e - 8)t \tag{6-82}$$

表 6-2　孔洞编号以及圆心坐标

孔洞编号	圆心 x 坐标/m	圆心 y 坐标/m
1	0.05093	0.15098
2	0.08480	0.14216
3	0.10219	0.11939
4	0.09023	0.16566
5	0.05785	0.04298
6	0.11643	0.08550
7	0.12238	0.05322
8	0.13001	0.16500

多孔薄板模型的区域划分由图 6-4 (b) 给出，其中宽度为 $0.7L$ 的中间区域采用近场动力学进行离散，作用两侧宽度为 $0.15L$ 的区域采用有限元 4 节点四边形单元进行离散。

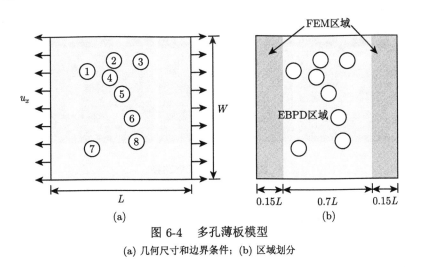

图 6-4　多孔薄板模型

(a) 几何尺寸和边界条件；(b) 区域划分

　　通过上述区域划分方案，采用耦合模型对多孔结构的裂纹扩展过程进行模拟表征，同时采用单元型近场动力学模型的计算结果作为参考结果。以上两种模型的网格密度和时间步长分别为 $\Delta x = 1.0 \times 10^{-3}$m 以及 $\Delta t = 1.0 \times 10^{-8}$s。按照以上网格密度，耦合模型被离散为 25482 个近场动力学粒子、13200 个有限元节点以及13134 个 4 节点四边形单元。作为参考的近场动力学模型被均匀离散为 38682 个近场动力学粒子。图 6-5 列举了耦合模型和近场动力学模型在不同时刻的裂纹扩展路径，其中第一行和第二行分别为近场动力学模型和耦合模型的模拟结果。在$t = 22\mu$s 时刻，近场动力学模型和耦合模型中第 5 个孔的周围均发生开裂现象。在 $t = 30\mu$s 时刻，第 2 个孔、第 4 个孔、第 5 个孔、第 6 个孔和第 8 个孔之间出现了贯穿裂纹，且在第 5 个孔与第 6 个孔之间发生了裂纹的融合，第 2 个孔上侧发生了裂纹分叉现象。在 $t = 40\mu s$ 时刻，模型多处发生裂纹分叉现象，且裂纹贯穿了整个模型。此外，观察图 6-5 可知，耦合模型预测得到的裂纹扩展路径与近场动力学预测结果基本吻合。近场动力学模型的计算总时长为 66281s，耦合模型的计算总时长为 45918s，约为近场动力学模型的计算总时长的 70% 左右。

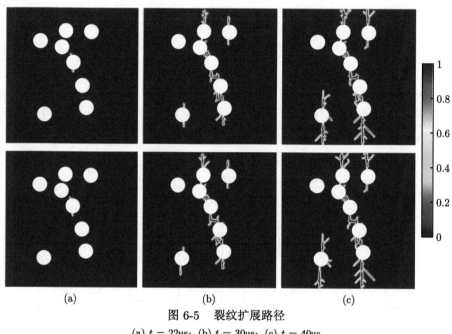

图 6-5   裂纹扩展路径

(a) $t = 22\mu s$；(b) $t = 30\mu s$；(c) $t = 40\mu s$

6.8.3   薄板冷却过程模拟

薄板模型的尺寸信息、有限元区域以及近场动力学区域的划分如图 6-6 所示，其中薄板的长度 L 和宽度 W 均为 10m，厚度 t 为 0.1m。模型中央长度为 $0.4L$，宽度为 $0.4W$ 的区域为近场动力学区域，其他区域采用有限元 4 节点四边形热传导模型进行离散。模型的热导率 k、质量密度 ρ 以及比热容 c_V 分别为 1.0W/(m·K)、1.0kg/m³ 和 1.0J/(kg·K)。

模型初始条件和边界条件分别为

$$\phi(x, y, 0) = 100\text{K}, \quad 0 \leqslant x \leqslant L, \quad 0 \leqslant y \leqslant W \tag{6-83}$$

$$\phi(0, y, t) = \phi(L, y, t) = \phi(x, 0, t) = \phi(x, W, t) = 0, \quad 0 \leqslant t < \infty \tag{6-84}$$

利用分离变量法 [9] 得到此问题对应的局部理论解析结果为

$$\phi(x, y, t) = \sum_{m=1}^{\infty} \sum_{n=1}^{\infty} A_{mn} e^{-\frac{k}{\rho c_V}\left(\frac{m^2\pi^2}{L^2} + \frac{n^2\pi^2}{W^2}\right)t} \sin\frac{m\pi x}{L} \sin\frac{n\pi y}{W} \tag{6-85}$$

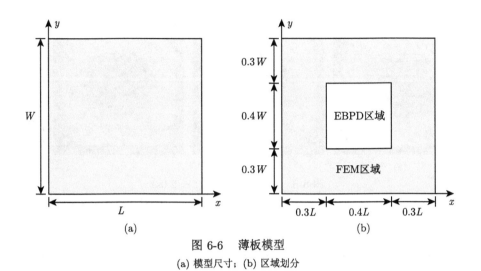

图 6-6   薄板模型

(a) 模型尺寸；(b) 区域划分

式中的参数 A_{mn} 写为

$$A_{mn} = \frac{4}{LW} \int_0^W \int_0^L \phi(x, y, 0) \sin\frac{m\pi x}{L} \sin\frac{n\pi y}{W} \mathrm{d}x\mathrm{d}y \qquad (6\text{-}86)$$

通过上述区域划分方案,采用耦合模型对薄板的热传导过程进行模拟表征,同时采用局部理论解析结果和单元型近场动力学模型的计算结果作为参考结果。耦合模型和近场动力学模型的网格密度和时间步长分别为 $\Delta x = 0.1\mathrm{m}$ 以及 $\Delta t = 1.0 \times 10^{-4}\mathrm{s}$。图 6-7 ～ 图 6-9 分别给出了单元型近场动力学与有限元的耦合模型,以及作为参考的解析模型和近场动力学模型在 $t = 0.2\mathrm{s}$ 时刻、$t = 2.0\mathrm{s}$ 时刻以及 $t = 6.0\mathrm{s}$ 时刻的温度分布。图 6-10 给出了耦合模型、解析模型以及近场动力学模型在以上三个时刻在直线 l $(x = 5.0\mathrm{m})$ 上的温度分布。结果表明,耦合模型计算得到的结果与解析模型结果以及近场动力学结果一致。

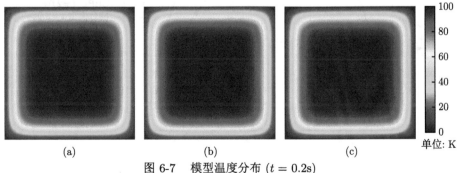

图 6-7   模型温度分布 $(t = 0.2\mathrm{s})$

(a) 解析结果；(b) 近场动力学模型；(c) 耦合模型

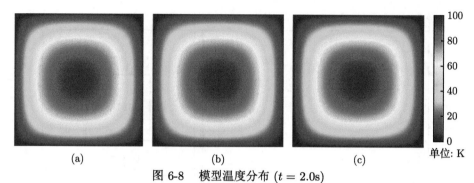

图 6-8　模型温度分布 ($t = 2.0\text{s}$)

(a) 解析结果；(b) 近场动力学模型；(c) 耦合模型

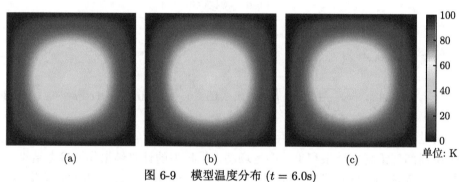

图 6-9　模型温度分布 ($t = 6.0\text{s}$)

(a) 解析结果；(b) 近场动力学模型；(c) 耦合模型

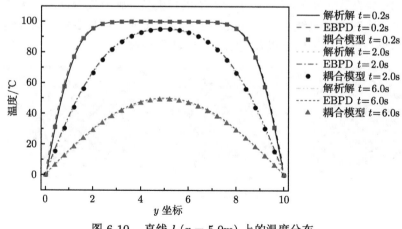

图 6-10　直线 l ($x = 5.0\text{m}$) 上的温度分布

6.8.4 杆模型的变形及温度场模拟

一维杆模型的尺寸信息、有限元区域以及单元型近场动力学区域的划分如图 6-11 所示，其中杆的长度 L 和横截面积 A 分别为 100mm 和 1mm^2。模型中间区域采用近场动力学进行离散，该区域的长度为 $0.4L$。该区域两侧长度为 $0.3L$ 的区域采用有限元 2 节点杆单元进行离散。杨氏模量 E、热导率 k 以及热膨胀系数 α 分别取 210000MPa、1.0W/(m·K) 和 $1.0\times10^{-6}°C^{-1}$。模型左端固定，右端自由。此外，左右两端均按式 (6-87) 施加温度边界条件

$$\phi(0) = 0, \quad \phi(L) = 100\text{K} \tag{6-87}$$

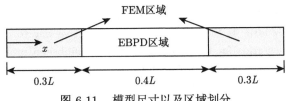

图 6-11 模型尺寸以及区域划分

通过上述区域划分方案，采用耦合模型对杆的位移场以及温度场进行表征，并采用有限元和单元型近场动力学模拟结果作为参考结果。以上三种模型的相邻粒子之间的距离均取 $\Delta x = 1$mm。采用耦合模型、有限元模型和单元型近场动力学模型计算得到的温度场和位移场如图 6-12 所示，其中温度和位移分别呈现线性和抛物线分布。此外，耦合模型结果与参考结果一致。

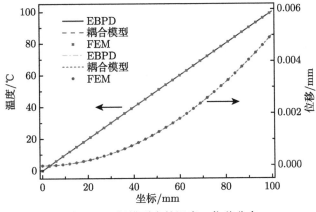

图 6-12 杆模型中的温度、位移分布

6.9　小　　结

本章提出了单元型近场动力学理论与局部理论的耦合模型，其中危险区域和其他区域分别采用近场动力学和有限元进行离散。本章详细介绍了以上两种模型的耦合方案，并将耦合方案用于求解弹性问题、弹塑性问题、热传导问题以及热力耦合问题。一系列数值算例表明，耦合方案可以在保证计算结果正确的前提下有效降低模型计算量。

参 考 文 献

[1] Zaccariotto M, Mudric T, Tomasi D, et al. Coupling of FEM meshes with peridynamic grids[J]. Computer Methods in Applied Mechanics and Engineering, 2018, 330: 471-497.

[2] Galvanetto U, Mudric T, Shojaei A, et al. An effective way to couple FEM meshes and peridynamics grids for the solution of static equilibrium problems[J]. Mechanics Research Communications, 2016, 76: 41-47.

[3] 王勖成. 有限单元法 [M]. 北京: 清华大学出版社, 2003.

[4] Bie Y H, Cui X Y, Li Z C. A coupling approach of state-based peridynamics with node-based smoothed finite element method[J]. Computer Methods in Applied Mechanics and Engineering, 2018, 331: 675-700.

[5] Madenci E, Oterkus E. Peridynamic Theory and Its Applications[M]. New York: Springer, 2014.

[6] Silling S A, Askari E. A meshfree method based on the peridynamic model of solid mechanics[J]. Computers & Structures, 2005, 83(17-18): 1526-1535.

[7] Liu S, Fang G, Fu M, et al. A coupling model of element-based peridynamics and finite element method for elastic-plastic deformation and fracture analysis[J]. International Journal of Mechanical Sciences, 2022, 220: 107170.

[8] Timoshenko S P, Goodier J N. Theory of Elasticity[M]. NewYork: McGraw Hills, 1970.

[9] 杜海洋. 基于分离变量法的功能梯度结构热传导研究 [D]. 邯郸: 河北工程大学, 2012.

第 7 章　三维梁模型

7.1　引　　言

虽然近场动力学在失效分析方面具有优势,但与传统的连续介质力学相比,其计算成本更高[1,2]。将三维模型合理地简化为梁、板模型可以有效地降低模型计算量,提高模型计算效率[3-10]。本章通过最小势能原理和 Euler-Lagrange 方程推导了单元型近场动力学的三维欧拉–伯努利梁模型的平衡方程和运动方程,并给出了单元型近场动力学梁模型的初始条件和边界条件,通过形成新裂纹释放的能量与需要的能量相等推导出了基于临界应变能密度的断裂准则。

7.2　单元刚度密度矩阵

在单元型近场动力学梁模型中,粒子 i 与其作用范围内任意粒子 j 组成梁单元 e_{ij}。在有限元中,2 节点杆单元的刚度矩阵表示为[11,12]

$$\bar{\boldsymbol{k}}_1 = \frac{EA}{l_e} \begin{bmatrix} 1 & -1 \\ -1 & 1 \end{bmatrix} \tag{7-1}$$

式中,E、A 和 l_e 分别代表杨氏模量、单元横截面积和单元长度。

2 节点扭杆单元的刚度矩阵表示为[11,12]

$$\bar{\boldsymbol{k}}_2 = \frac{GJ}{l_e} \begin{bmatrix} 1 & -1 \\ -1 & 1 \end{bmatrix} \tag{7-2}$$

式中,G 为剪切模量;J 为极惯性矩。

2 节点欧拉–伯努利梁单元的刚度矩阵可表示为[11,12]

$$\bar{\boldsymbol{k}}_3 = \frac{EI}{l_e^3} \begin{bmatrix} 12 & 6l_e & -12 & 6l_e \\ 6l_e & 4l_e^2 & -6l_e & 2l_e^2 \\ -12 & -6l_e & 12 & -6l_e \\ 6l_e & 2l_e^2 & -6l_e & 4l_e^2 \end{bmatrix} \tag{7-3}$$

对于 x-y 平面 $I=I_z$，对于 x-z 平面 $I=I_y$。I_z 和 I_y 是关于 z 轴和 y 轴的截面惯性矩。

如图 7-1 所示，本章的梁模型共使用了三种坐标系，即单元坐标系、局部坐标系和全局坐标系。以上三种坐标系的坐标轴分别用 $(1,2,3)$、(x, y, z) 和 $(\bar{x}, \bar{y}, \bar{z})$ 表示。在单元中使用单元坐标系，对于粒子 i 作用范围内由粒子 i 和粒子 j 组成的单元 e_{ij}，1 轴方向从粒子 i 指向粒子 j。所以图 7-1 中单元 e_{ij3} 的 1 轴方向与单元 e_{ij4} 的 1 轴方向相反。局部坐标系在单根梁中使用，其中 x 轴沿着梁的轴线方向。如果模型只包含一根梁，则局部坐标系与全局坐标系重合。对于由两个以上梁组成的梁系，全局坐标系可能与局部坐标系不重合。

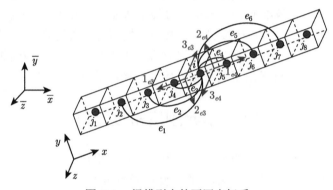

图 7-1　梁模型中的不同坐标系

定义单元 e_{ij} 在单元坐标系中的轴向刚度密度矩阵、扭转刚度密度矩阵和弯曲刚度密度矩阵为

$$\bar{\boldsymbol{k}}_1^e = \frac{\omega \langle |\boldsymbol{\xi}| \rangle c_1 \bar{\boldsymbol{k}}_1}{A l_e} = \frac{\omega \langle |\boldsymbol{\xi}| \rangle c_1 E}{l_e^2} \begin{bmatrix} 1 & -1 \\ -1 & 1 \end{bmatrix} = \begin{bmatrix} \bar{k}_1^{11} & \bar{k}_1^{12} \\ \bar{k}_1^{12} & \bar{k}_1^{22} \end{bmatrix} \tag{7-4}$$

$$\bar{\boldsymbol{k}}_2^e = \frac{\omega \langle |\boldsymbol{\xi}| \rangle c_2 \bar{\boldsymbol{k}}_2}{A l_e} = \frac{\omega \langle |\boldsymbol{\xi}| \rangle c_2 GJ}{A l_e^2} \begin{bmatrix} 1 & -1 \\ -1 & 1 \end{bmatrix} = \begin{bmatrix} \bar{k}_2^{11} & \bar{k}_2^{12} \\ \bar{k}_2^{12} & \bar{k}_2^{22} \end{bmatrix} \tag{7-5}$$

$$\bar{\boldsymbol{k}}_3^e = \frac{\omega \langle |\boldsymbol{\xi}| \rangle c_3 \bar{\boldsymbol{k}}_3}{A l_e} = \frac{\omega \langle |\boldsymbol{\xi}| \rangle c_3 E I_z}{A l_e^4} \begin{bmatrix} 12 & 6l_e & -12 & 6l_e \\ 6l_e & 4l_e^2 & -6l_e & 2l_e^2 \\ -12 & -6l_e & 12 & -6l_e \\ 6l_e & 2l_e^2 & -6l_e & 4l_e^2 \end{bmatrix}$$

$$= \begin{bmatrix} \bar{k}_3^{11} & \bar{k}_3^{12} & \bar{k}_3^{13} & \bar{k}_3^{14} \\ \bar{k}_3^{12} & \bar{k}_3^{22} & \bar{k}_3^{23} & \bar{k}_3^{24} \\ \bar{k}_3^{13} & \bar{k}_3^{23} & \bar{k}_3^{33} & \bar{k}_3^{34} \\ \bar{k}_3^{14} & \bar{k}_3^{24} & \bar{k}_3^{34} & \bar{k}_3^{44} \end{bmatrix} \tag{7-6}$$

$$\bar{k}_{3'}^e = \frac{\omega \langle |\boldsymbol{\xi}| \rangle c_{3'} \bar{k}_3}{A l_e} = \frac{\omega \langle |\boldsymbol{\xi}| \rangle c_{3'} E I_y}{A l_e^4} \begin{bmatrix} 12 & 6l_e & -12 & 6l_e \\ 6l_e & 4l_e^2 & -6l_e & 2l_e^2 \\ -12 & -6l_e & 12 & -6l_e \\ 6l_e & 2l_e^2 & -6l_e & 4l_e^2 \end{bmatrix}$$

$$= \begin{bmatrix} \bar{k}_{3'}^{11} & \bar{k}_{3'}^{12} & \bar{k}_{3'}^{13} & \bar{k}_{3'}^{14} \\ \bar{k}_{3'}^{12} & \bar{k}_{3'}^{22} & \bar{k}_{3'}^{23} & \bar{k}_{3'}^{24} \\ \bar{k}_{3'}^{13} & \bar{k}_{3'}^{23} & \bar{k}_{3'}^{33} & \bar{k}_{3'}^{34} \\ \bar{k}_{3'}^{14} & \bar{k}_{3'}^{24} & \bar{k}_{3'}^{34} & \bar{k}_{3'}^{44} \end{bmatrix} \tag{7-7}$$

式中，$|\boldsymbol{\xi}| = |\boldsymbol{x}_j - \boldsymbol{x}_i|$，$\boldsymbol{x} = [x, y, z]$ 表示粒子 $\boldsymbol{x}$ 的坐标；$\omega \langle |\boldsymbol{\xi}| \rangle$ 表示影响函数；A 表示横截面面积；c_1、c_2、c_3 和 $c_{3'}$ 为上述四部分对应的微模量系数。

单元 e_{ij} 在局部坐标系下的轴向刚度密度矩阵、扭转刚度密度矩阵和弯曲刚度密度矩阵分别表示为

$$\boldsymbol{k}_1^e = \boldsymbol{T}_1^{\mathrm{T}} \bar{\boldsymbol{k}}_1^e \boldsymbol{T}_1 = \begin{bmatrix} k_1^{11} & k_1^{12} \\ k_1^{12} & k_1^{22} \end{bmatrix} \tag{7-8}$$

$$\boldsymbol{k}_2^e = \boldsymbol{T}_1^{\mathrm{T}} \bar{\boldsymbol{k}}_2^e \boldsymbol{T}_1 = \begin{bmatrix} k_2^{11} & k_2^{12} \\ k_2^{12} & k_2^{22} \end{bmatrix} \tag{7-9}$$

$$\boldsymbol{k}_3^e = \boldsymbol{T}_2^{\mathrm{T}} \bar{\boldsymbol{k}}_3^e \boldsymbol{T}_2 = \begin{bmatrix} k_3^{11} & k_3^{12} & k_3^{13} & k_3^{14} \\ k_3^{12} & k_3^{22} & k_3^{23} & k_3^{24} \\ k_3^{13} & k_3^{23} & k_3^{33} & k_3^{34} \\ k_3^{14} & k_3^{24} & k_3^{34} & k_3^{44} \end{bmatrix} \tag{7-10}$$

$$\boldsymbol{k}_{3'}^e = \boldsymbol{T}_2^{\mathrm{T}} \bar{\boldsymbol{k}}_{3'}^e \boldsymbol{T}_2 = \begin{bmatrix} k_{3'}^{11} & k_{3'}^{12} & k_{3'}^{13} & k_{3'}^{14} \\ k_{3'}^{12} & k_{3'}^{22} & k_{3'}^{23} & k_{3'}^{24} \\ k_{3'}^{13} & k_{3'}^{23} & k_{3'}^{33} & k_{3'}^{34} \\ k_{3'}^{14} & k_{3'}^{24} & k_{3'}^{34} & k_{3'}^{44} \end{bmatrix} \tag{7-11}$$

式中，$\boldsymbol{T}_1$ 和 $\boldsymbol{T}_2$ 是坐标变换矩阵，

$$\boldsymbol{T}_1 = \mathrm{diag}\left\{\begin{array}{cc} \cos\varphi & \cos\varphi \end{array}\right\} \tag{7-12}$$

$$\boldsymbol{T}_2 = \mathrm{diag}\left\{\begin{array}{cccc} \cos\varphi & 1 & \cos\varphi & 1 \end{array}\right\} \tag{7-13}$$

式中，φ 表示 1 轴与 x 轴之间的夹角。

7.3　应变能密度

单元 e_{ij} 的微势由拉伸作用、扭转作用和两个方向的弯曲作用组成

$$w_{ij}^e = \frac{1}{2}\left(\boldsymbol{u}_e^1\right)^{\mathrm{T}}\boldsymbol{k}_1^e\boldsymbol{u}_e^1 + \frac{1}{2}\left(\boldsymbol{u}_e^2\right)^{\mathrm{T}}\boldsymbol{k}_2^e\boldsymbol{u}_e^2 + \frac{1}{2}\left(\boldsymbol{u}_e^3\right)^{\mathrm{T}}\boldsymbol{k}_3^e\boldsymbol{u}_e^3 + \frac{1}{2}\left(\boldsymbol{u}_e^{3'}\right)^{\mathrm{T}}\boldsymbol{k}_{3'}^e\boldsymbol{u}_e^{3'}$$

$$= w_{ij}^1 + w_{ij}^2 + w_{ij}^3 + w_{ij}^{3'} \tag{7-14}$$

式中

$$\boldsymbol{u}_e^1 = \left[\begin{array}{cc} u_i & u_j \end{array}\right]^{\mathrm{T}} \tag{7-15}$$

$$\boldsymbol{u}_e^2 = \left[\begin{array}{cc} \theta_x^i & \theta_x^j \end{array}\right]^{\mathrm{T}} \tag{7-16}$$

$$\boldsymbol{u}_e^3 = \left[\begin{array}{cccc} v_i & \theta_z^i & v_j & \theta_z^j \end{array}\right]^{\mathrm{T}} \tag{7-17}$$

$$\boldsymbol{u}_e^{3'} = \left[\begin{array}{cccc} w_i & \theta_y^i & w_j & \theta_y^j \end{array}\right]^{\mathrm{T}} \tag{7-18}$$

式中，u_k、v_k 和 w_k 表示粒子 k ($k = i$, j) 在 x、y 和 z 方向上的位移；θ_x^k、θ_y^k 和 θ_z^k 代表粒子 k ($k = i$, j) 围绕 x、y 和 z 轴的旋转角度。

粒子 i 的应变能密度由其作用范围内所有单元的微势求和得到

$$W_i^{\mathrm{nl}} = \frac{1}{2}\sum_{e=1}^{E_0} w_{ij}^e V_j \tag{7-19}$$

式中，$\dfrac{1}{2}$ 表示粒子 i 占单元 e_{ij} 微势的一半；V_j 和 E_0 分别为粒子 j 的体积和粒子 i 作用范围内的单元总数。

7.4 微模量系数

通过局部理论模型和单元型近场动力学梁模型的应变能相等得到微模量系数 c_1、c_2、c_3 和 $c_{3'}$ 的表达式[13]。当梁受到均匀拉伸应变 ε_x 时，局部理论中任意截面的应变能表示为[12]

$$W^{\text{l}} = \frac{EA\varepsilon_x^2}{2} \tag{7-20}$$

当梁受到均匀拉伸应变 ε_x 时，单元型近场动力学梁模型中单元 e_{ij} 的微势能写为

$$w_{ij}^e = w_{ij}^1 = \frac{\omega \langle |\boldsymbol{\xi}| \rangle c_1 E \varepsilon_x^2}{2} \tag{7-21}$$

粒子 i 所在截面的应变能由粒子 i 作用范围内所有单元的微势能求和得到

$$W^{\text{nl}} = AW_i^{\text{nl}} = \frac{1}{2} c_1 E A \varepsilon_x^2 \sum_{e=1}^{E_0} \frac{\omega \langle |\boldsymbol{\xi}| \rangle}{2} V_j \tag{7-22}$$

令局部理论的应变能与单元型近场动力学模型的应变能相等，即

$$W^{\text{l}} = W^{\text{nl}} \tag{7-23}$$

将式 (7-20) 和式 (7-22) 代入式 (7-23)，可以得到微模量系数 c_1 的表达式

$$c_1 = \frac{2}{\displaystyle\sum_{e=1}^{E_0} \omega \langle |\boldsymbol{\xi}| \rangle V_j} \tag{7-24}$$

对于受到均匀扭转作用，扭转率为 α 的梁，局部理论中任意截面的应变能为[12]

$$W^{\text{l}} = \frac{GJ\alpha^2}{2} \tag{7-25}$$

相同状态下，单元型近场动力学梁模型中单元 e_{ij} 的微势能写为

$$w_{ij}^e = w_{ij}^2 = \frac{\omega \langle |\boldsymbol{\xi}| \rangle c_2 GJ\alpha^2}{2A} \tag{7-26}$$

粒子 i 所在截面的应变能可表示为

$$W^{\text{nl}} = AW_i^{\text{nl}} = \frac{1}{2} c_2 GJ\alpha^2 \sum_{e=1}^{E_0} \frac{\omega \langle |\boldsymbol{\xi}| \rangle}{2} V_j \tag{7-27}$$

将式 (7-25) 和式 (7-27) 代入式 (7-23)，可以得到微模量系数 c_2 的表达式

$$c_2 = \frac{2}{\displaystyle\sum_{e=1}^{E_0} \omega \left\langle |\boldsymbol{\xi}| \right\rangle V_j} \qquad (7\text{-}28)$$

局部理论中曲率为 κ 的纯弯梁任意截面的应变能由下式给出 [12]：

$$W^1 = \frac{EI_z \kappa^2}{2} \qquad (7\text{-}29)$$

相同状态下，单元型近场动力学梁模型中单元 e_{ij} 的微势能写为

$$w_{ij}^e = w_{ij}^3 = \frac{\omega \left\langle |\boldsymbol{\xi}| \right\rangle c_3 EI_z \kappa^2}{2A} \qquad (7\text{-}30)$$

粒子 i 所在截面的应变能写为

$$W^{\mathrm{nl}} = AW_i^{\mathrm{nl}} = \frac{1}{2} c_3 EI_z \kappa^2 \sum_{e=1}^{E_0} \frac{\omega \left\langle |\boldsymbol{\xi}| \right\rangle}{2} V_j \qquad (7\text{-}31)$$

将式 (7-29) 和式 (7-31) 代入式 (7-23)，可以得到微模量系数 c_3 的表达式

$$c_3 = \frac{2}{\displaystyle\sum_{e=1}^{E_0} \omega \left\langle |\boldsymbol{\xi}| \right\rangle V_j} \qquad (7\text{-}32)$$

同样，微模量系数 $c_{3'}$ 也可以写为

$$c_{3'} = \frac{2}{\displaystyle\sum_{e=1}^{E_0} \omega \left\langle |\boldsymbol{\xi}| \right\rangle V_j} \qquad (7\text{-}33)$$

7.5　表面修正系数

位于梁边界附近粒子的作用范围不完整，需要对这些粒子的微模量系数进行修正。如图 7-2 所示，n 表示靠近边界的粒子，i 表示作用范围完整的粒子。当梁受到均匀拉伸应变 ε_x 时，粒子 n 所在截面的应变能表示为

$$W^{\mathrm{nl}} = AW_n^{\mathrm{nl}} = \frac{1}{2} g_1 c_1 EA\varepsilon_x^2 \sum_{e=1}^{E_n} \frac{\omega \left\langle |\boldsymbol{\xi}| \right\rangle}{2} V_j \qquad (7\text{-}34)$$

式中，g_1 和 E_n 分别代表拉伸部分的表面修正系数和粒子 n 作用范围内的单元总数。

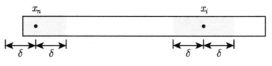

图 7-2　边界附近粒子的作用范围

利用式 (7-22) 以及粒子 n 所在截面和粒子 i 所在截面的应变能相等，可以得到拉伸部分表面修正系数 g_1 的表达式

$$g_1 = \frac{\displaystyle\sum_{e=1}^{E_0} \omega \left\langle |\boldsymbol{\xi}| \right\rangle V_j}{\displaystyle\sum_{e=1}^{E_n} \omega \left\langle |\boldsymbol{\xi}| \right\rangle V_j} \tag{7-35}$$

对于扭转率为 α 的梁，粒子 n 所在截面的应变能可以表示为

$$W^{\mathrm{nl}} = AW_n^{\mathrm{nl}} = \frac{1}{2} g_2 c_2 GJ\alpha^2 \sum_{e=1}^{E_n} \frac{\omega \left\langle |\boldsymbol{\xi}| \right\rangle}{2} V_j \tag{7-36}$$

式中，g_2 表示扭转部分的表面修正系数。

通过式 (7-27) 和式 (7-36) 可以得到扭转部分表面修正系数 g_2 的表达式

$$g_2 = \frac{\displaystyle\sum_{e=1}^{E_0} \omega \left\langle |\boldsymbol{\xi}| \right\rangle V_j}{\displaystyle\sum_{e=1}^{E_n} \omega \left\langle |\boldsymbol{\xi}| \right\rangle V_j} \tag{7-37}$$

对于曲率为 κ 的纯弯梁，粒子 n 所在截面的应变能为

$$W^{\mathrm{nl}} = AW_n^{\mathrm{nl}} = \frac{1}{2} g_3 c_3 EI_z\kappa^2 \sum_{e=1}^{E_n} \frac{\omega \left\langle |\boldsymbol{\xi}| \right\rangle}{2} V_j \tag{7-38}$$

式中，g_3 表示弯曲部分的表面修正系数。

通过式 (7-31) 和式 (7-38) 可以得到弯曲部分表面修正系数 g_3 的表达式

$$g_3 = \frac{\sum_{e=1}^{E_0} \omega \langle |\boldsymbol{\xi}| \rangle V_j}{\sum_{e=1}^{E_n} \omega \langle |\boldsymbol{\xi}| \rangle V_j} \tag{7-39}$$

同样，微模量系数 $c_{3'}$ 的表面修正系数 $g_{3'}$ 的表达式也可以写为

$$g_{3'} = \frac{\sum_{e=1}^{E_0} \omega \langle |\boldsymbol{\xi}| \rangle V_j}{\sum_{e=1}^{E_n} \omega \langle |\boldsymbol{\xi}| \rangle V_j} \tag{7-40}$$

7.6　平　衡　方　程

梁的总势能可以写为

$$\Pi_{\mathrm{p}} = \frac{1}{2} \boldsymbol{u}^{\mathrm{T}} \sum_{i=1}^{M} \left[\sum_{e=1}^{E_0} \left(\frac{1}{2} \boldsymbol{G}_{101}^{\mathrm{T}} \boldsymbol{k}_{ij}^e \boldsymbol{G}_{102} V_j \right) V_i \right] \boldsymbol{u} - \boldsymbol{u}^{\mathrm{T}} \sum_{i=1}^{M} \left(\boldsymbol{G}_{101}^{\mathrm{T}} \boldsymbol{b}_i V_i \right) \tag{7-41}$$

式中，M 代表模型的粒子总数；$\boldsymbol{k}_{ij}^e$ 表示单元 e_{ij} 的刚度密度矩阵。单元 e_{ij} 的刚度密度矩阵由四个部分组成，其中包括一个轴向刚度密度矩阵、一个扭转刚度密度矩阵和两个弯曲刚度密度矩阵

$$\boldsymbol{k}_{ij}^e = \begin{bmatrix} k_1^{11} & 0 & 0 & 0 & 0 & 0 & k_1^{12} & 0 & 0 & 0 & 0 & 0 \\ 0 & k_3^{11} & 0 & 0 & 0 & k_3^{12} & 0 & k_3^{13} & 0 & 0 & 0 & k_3^{14} \\ 0 & 0 & k_{3'}^{11} & 0 & k_{3'}^{12} & 0 & 0 & 0 & k_{3'}^{13} & 0 & k_{3'}^{14} & 0 \\ 0 & 0 & 0 & k_2^{11} & 0 & 0 & 0 & 0 & 0 & k_2^{12} & 0 & 0 \\ 0 & 0 & k_{3'}^{12} & 0 & k_{3'}^{22} & 0 & 0 & 0 & k_{3'}^{23} & 0 & k_{3'}^{24} & 0 \\ 0 & k_3^{12} & 0 & 0 & 0 & k_3^{22} & 0 & k_3^{23} & 0 & 0 & 0 & k_3^{24} \end{bmatrix} \tag{7-42}$$

$\boldsymbol{u}$ 表示总体位移矢量

$$\boldsymbol{u} = \left\{ \begin{array}{ccccc} \boldsymbol{u}_1 & \cdots & \boldsymbol{u}_i & \cdots & \boldsymbol{u}_M \end{array} \right\}^{\mathrm{T}} \tag{7-43}$$

$\boldsymbol{u}_i$ 代表粒子 i 的位移矢量

$$\boldsymbol{u}_i = \begin{bmatrix} u_i & v_i & w_i & \theta_x^i & \theta_y^i & \theta_z^i \end{bmatrix}^{\mathrm{T}} \tag{7-44}$$

G_6 和 G_7 表示转换矩阵，具体表达式见附录 A。

式 (7-41) 可以改写为

$$\Pi_{\mathrm{p}} = \frac{1}{2}\boldsymbol{u}^{\mathrm{T}}\boldsymbol{K}\boldsymbol{u} - \boldsymbol{u}^{\mathrm{T}}\boldsymbol{P} = \frac{1}{2}K_{ij}u_iu_j - P_iu_i \tag{7-45}$$

式中，$\boldsymbol{K}$ 和 $\boldsymbol{P}$ 分别代表总刚度矩阵和总载荷矢量

$$\boldsymbol{K} = \sum_{i=1}^{M}\left[\sum_{e=1}^{E_0}\left(\frac{1}{2}\boldsymbol{G}_6^{\mathrm{T}}\boldsymbol{k}_{ij}^e\boldsymbol{G}_7V_j\right)V_i\right] \tag{7-46}$$

$$\boldsymbol{P} = \sum_{i=1}^{M}\left(\boldsymbol{G}_6^{\mathrm{T}}\boldsymbol{b}_iV_i\right) \tag{7-47}$$

总势能的一阶变化量和二阶变化量分别为

$$\delta\Pi_{\mathrm{p}} = (K_{ij}u_j - P_i)\,\delta u_i \tag{7-48}$$

$$\delta^2\Pi_{\mathrm{p}} = K_{ij}\delta u_i\delta u_j \tag{7-49}$$

根据变分原理，一阶变分等于 0，即

$$K_{ij}u_j = P_i \tag{7-50}$$

式 (7-49) 中只包含应变能。除非 $\delta u_i \equiv 0$，否则式 (7-49) 中的应变能大于 0。因此，式 (7-50) 是稳定的，式 (7-50) 可以重写为

$$\boldsymbol{K}\boldsymbol{u} = \boldsymbol{P} \tag{7-51}$$

需要说明的是，对于由一根梁组成的模型，全局坐标系与局部坐标系重合，可以采用式 (7-51) 表示其平衡方程，如果是由两根以上的梁组成的模型，全局坐标系下的单元型近场动力学梁模型的平衡方程写为

$$\boldsymbol{K}'\boldsymbol{u}' = \boldsymbol{P}' \tag{7-52}$$

式中，$\boldsymbol{u}'$ 表示全局坐标系下的总体位移矢量；$\boldsymbol{K}'$ 和 $\boldsymbol{P}'$ 为全局坐标系下的总刚度矩阵和总载荷矩阵

$$\boldsymbol{K}' = \sum_{i=1}^{M}\left[\sum_{e=1}^{E_0}\left(\frac{1}{2}\boldsymbol{G}_6^{\mathrm{T}}\boldsymbol{\lambda}_0^{\mathrm{T}}\boldsymbol{k}_{ij}^e\boldsymbol{\lambda}_1\boldsymbol{G}_7V_j\right)V_i\right] \tag{7-53}$$

$$\boldsymbol{P}' = \sum_{i=1}^{M} \left(\boldsymbol{G}_6^{\mathrm{T}} \boldsymbol{\lambda}_0^{\mathrm{T}} \boldsymbol{b}_i V_i\right) \tag{7-54}$$

式中，$\boldsymbol{\lambda}_0$ 和 $\boldsymbol{\lambda}_1$ 表示坐标变换矩阵

$$\boldsymbol{\lambda}_0 = \mathrm{diag}\left\{ \begin{array}{cc} \boldsymbol{\lambda}_{01} & \boldsymbol{\lambda}_{01} \end{array} \right\} \tag{7-55}$$

$$\boldsymbol{\lambda}_1 = \mathrm{diag}\left\{ \begin{array}{cccc} \boldsymbol{\lambda}_{01} & \boldsymbol{\lambda}_{01} & \boldsymbol{\lambda}_{01} & \boldsymbol{\lambda}_{01} \end{array} \right\} \tag{7-56}$$

$\boldsymbol{\lambda}_{01}$ 的表达式为

$$\boldsymbol{\lambda}_{01} = \begin{bmatrix} \cos(x,\bar{x}) & \cos(x,\bar{y}) & \cos(x,\bar{z}) \\ \cos(y,\bar{x}) & \cos(y,\bar{y}) & \cos(y,\bar{z}) \\ \cos(z,\bar{x}) & \cos(z,\bar{y}) & \cos(z,\bar{z}) \end{bmatrix} \tag{7-57}$$

两根梁连接点的处理方案与文献 [4] 相同。如图 7-3 所示，粒子 k 是梁 1 和梁 2 连接点处的粒子。当粒子 k 与梁 1 中的任意粒子相互作用时，使用梁 1 的几何参数和材料参数；当粒子 k 与梁 2 中的粒子作用时，使用梁 2 的参数。

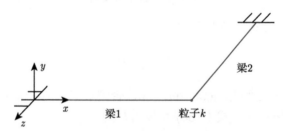

图 7-3 两根梁组成的杆系模型

7.7 运动方程

梁的总动能可以表示为 [4]

$$T = \sum_{i=1}^{M} \frac{1}{2}\rho_i \left(\dot{u}_i^2 + \dot{v}_i^2 + \dot{w}_i^2 + \frac{J}{A}\left(\dot{\theta}_x^i\right)^2 + \frac{I_z}{A}\left(\dot{\theta}_y^i\right)^2 + \frac{I_y}{A}\left(\dot{\theta}_z^i\right)^2 \right) V_i \tag{7-58}$$

梁的总势能可以写为

$$U = \sum_{i=1}^{M} W_i^{\mathrm{nl}} V_i - \sum_{i=1}^{\infty} \left(\boldsymbol{b}_i \cdot \boldsymbol{u}_i\right) V_i \tag{7-59}$$

式中，$\boldsymbol{b}_i$ 表示粒子 i 的体力密度矢量。

将式 (7-14)、式 (7-19)、式 (7-58) 和式 (7-59) 代入式 (3-22)，可以得到

$$
L = \sum_{i=1}^{M} \frac{1}{2} \rho_i \left(\dot{u}_i^2 + \dot{v}_i^2 + \dot{w}_i^2 + \frac{J}{A} \left(\dot{\theta}_x^i \right)^2 + \frac{I_z}{A} \left(\dot{\theta}_y^i \right)^2 + \frac{I_y}{A} \left(\dot{\theta}_z^i \right)^2 \right) V_i
$$
$$
- \frac{1}{2} \sum_{i=1}^{\infty} \left(\sum_{e=1}^{E_0} w_{ij}^1 + \sum_{e=1}^{E_0} w_{ij}^2 + \sum_{e=1}^{E_0} w_{ij}^3 + \sum_{e=1}^{E_0} w_{ij}^{3'} \right) V_j V_i + \sum_{i=1}^{\infty} \left(\boldsymbol{b}_i \cdot \boldsymbol{u}_i \right) V_i
$$
$$
\tag{7-60}
$$

将式 (7-60) 改写为只显示与粒子 i 相关的项，

$$
L = \cdots + \frac{1}{2} \rho_i \left(\dot{u}_i^2 + \dot{v}_i^2 + \dot{w}_i^2 + \frac{J}{A} \left(\dot{\theta}_x^i \right)^2 + \frac{I_z}{A} \left(\dot{\theta}_y^i \right)^2 + \frac{I_y}{A} \left(\dot{\theta}_z^i \right)^2 \right) V_i
$$
$$
- \cdots - \frac{1}{2} \left(\sum_{e=1}^{E_0} w_{ij}^1 + \sum_{e=1}^{E_0} w_{ij}^2 + \sum_{e=1}^{E_0} w_{ij}^3 + \sum_{e=1}^{E_0} w_{ij}^{3'} \right) V_i V_j
$$
$$
- \frac{1}{2} \left(\sum_{e=1}^{E_1} w_{ij}^1 + \sum_{e=1}^{E_1} w_{ij}^2 + \sum_{e=1}^{E_1} w_{ij}^3 + \sum_{e=1}^{E_1} w_{ij}^{3'} \right) V_i V_j + \cdots + \left(\boldsymbol{b}_i \cdot \boldsymbol{u}_i \right) V_i \tag{7-61}
$$

式中，E_1 表示其他粒子作用范围内包含粒子 i 的单元总数。对于均匀网格，如果粒子 j 在粒子 i 的作用范围之内，则粒子 i 一定在粒子 j 的作用范围之内。反之，如果粒子 j 不在粒子 i 的作用范围之内，则粒子 i 一定不在粒子 j 的作用范围之内。因此，式 (7-61) 可改写为

$$
L = \cdots + \frac{1}{2} \rho_i \left(\dot{u}_i^2 + \dot{v}_i^2 + \dot{w}_i^2 + \frac{J}{A} \left(\dot{\theta}_x^i \right)^2 + \frac{I_z}{A} \left(\dot{\theta}_y^i \right)^2 + \frac{I_y}{A} \left(\dot{\theta}_z^i \right)^2 \right) V_i
$$
$$
- \cdots - \left(\sum_{e=1}^{E_0} w_{ij}^1 + \sum_{e=1}^{E_0} w_{ij}^2 + \sum_{e=1}^{E_0} w_{ij}^3 + \sum_{e=1}^{E_0} w_{ij}^{3'} \right) V_i V_j + \cdots + \left(\boldsymbol{b}_i \cdot \boldsymbol{u}_i \right) V_i
$$
$$
\tag{7-62}
$$

结合式 (3-21) 和式 (7-62)，可以得到梁的运动方程

$$
\rho_i \ddot{u}_i = - \sum_{e=1}^{E_0} \left(k_1^{11} u_i - k_1^{12} u_j \right) V_j + b_i^x \tag{7-63a}
$$

$$
\rho_i \ddot{v}_i = - \sum_{e=1}^{E_0} \left(k_3^{11} v_i + k_3^{12} \theta_z^i + k_3^{13} v_j + k_3^{14} \theta_z^j \right) V_j + b_i^y \tag{7-63b}
$$

$$\rho_i \ddot{w}_i = -\sum_{e=1}^{E_0} \left(k_{3'}^{11} w_i + k_{3'}^{12} \theta_y^i + k_{3'}^{13} w_j + k_{3'}^{14} \theta_y^j \right) V_j + b_i^z \tag{7-63c}$$

$$\rho_i \frac{J}{A} \ddot{\theta}_x^i = -\sum_{e=1}^{E_0} \left(k_2^{11} \theta_x^i + k_2^{12} \theta_x^j \right) V_j + m_i^x \tag{7-63d}$$

$$\rho_i \frac{I_z}{A} \ddot{\theta}_y^i = -\sum_{e=1}^{E_0} \left(k_3^{21} v_i + k_3^{22} \theta_z^i + k_3^{23} v_j + k_3^{24} \theta_z^j \right) V_j + m_i^y \tag{7-63e}$$

$$\rho_i \frac{I_y}{A} \ddot{\theta}_z^i = -\sum_{e=1}^{E_0} \left(k_{3'}^{21} w_i + k_{3'}^{22} \theta_y^i + k_{3'}^{23} w_j + k_{3'}^{24} \theta_y^j \right) V_j + m_i^z \tag{7-63f}$$

式 (7-63) 可以写为矩阵形式

$$\boldsymbol{M}\ddot{\boldsymbol{u}} + \boldsymbol{K}\boldsymbol{u} = \boldsymbol{P} \tag{7-64}$$

式中，$\boldsymbol{M}$ 为总质量矩阵

$$\boldsymbol{M} = \mathrm{diag}\left\{ \begin{matrix} \boldsymbol{m}_1 & \cdots & \boldsymbol{m}_i & \cdots & \boldsymbol{m}_M \end{matrix} \right\} \tag{7-65}$$

$\boldsymbol{m}_i$ 表示粒子 i 的质量矩阵，

$$\boldsymbol{m}_i = \mathrm{diag}\left\{ \begin{matrix} \rho_i & \rho_i & \rho_i & \rho_i \dfrac{J}{A} & \rho_i \dfrac{I_y}{A} & \rho_i \dfrac{I_z}{A} \end{matrix} \right\} \tag{7-66}$$

对于由一根梁组成的模型，全局坐标系与局部坐标系重合，可以采用式 (7-64) 表示其运动方程。如果是由两根以上的梁组成的模型，全局坐标系下单元型近场动力学梁模型的运动方程写为

$$\boldsymbol{M}'\ddot{\boldsymbol{u}}' + \boldsymbol{K}'\boldsymbol{u}' = \boldsymbol{P}' \tag{7-67}$$

式中，$\boldsymbol{M}'$ 为全局坐标系下的总质量矩阵

$$\boldsymbol{M}' = \mathrm{diag}\left\{ \begin{matrix} \boldsymbol{m}_1' & \cdots & \boldsymbol{m}_k' & \cdots & \boldsymbol{m}_{M_0}' \end{matrix} \right\} \tag{7-68}$$

$\boldsymbol{m}_k'$ 表示粒子 i 在全局坐标系中的质量矩阵

$$\boldsymbol{m}_k' = \boldsymbol{\lambda}_0^{\mathrm{T}} \boldsymbol{m}_k \boldsymbol{\lambda}_0 \tag{7-69}$$

7.8 初始条件和边界条件

7.8.1 初始条件

对于动力学情况，位移和速度的初始条件为

$$\boldsymbol{u}\left(\boldsymbol{x}_i, t = 0\right) = \boldsymbol{u}^*\left(\boldsymbol{x}_i\right) \tag{7-70}$$

$$\dot{\boldsymbol{u}}\left(\boldsymbol{x}_i, t = 0\right) = \boldsymbol{v}^*\left(\boldsymbol{x}_i\right) \tag{7-71}$$

式中，$\boldsymbol{u}^*\left(\boldsymbol{x}_i\right)$ 和 $\boldsymbol{v}^*\left(\boldsymbol{x}_i\right)$ 分别表示粒子 i 的初始位移和初始速度。

7.8.2 边界条件

边界条件如图 7-4 所示，其中区域 $\boldsymbol{R}_c$ (紫色区域) 和区域 $\boldsymbol{R}_s$ (蓝色区域) 分别代表固定区域和简支区域。需要注意的是，边界条件施加在模型之外的虚边界区域。通过如图 7-4 (a) 和 (b) 所示的两种方案施加边界条件。在方案 1 中，固定约束边界条件对应的虚拟边界层长度为 δ，简支边界条件对应的虚拟边界层长度为 Δx。对于方案 2，上述两种边界条件施加区域的长度分别为 $\delta - \Delta x/2$ 和 $\Delta x/2$。

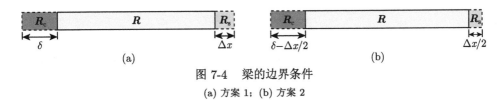

图 7-4 梁的边界条件

(a) 方案 1; (b) 方案 2

如图 7-5 所示，将以上两种边界条件施加方案应用于简支梁。方案 1 和方案 2 对应的梁模型分别如图 7-5 (a) 和 (b) 所示，其中上面一排为离散模型，下面一排为实体模型。由图 7-5 (a) 可以看出，虽然实体模型的长度为 L，但离散模型中左右两端支撑点之间的长度为 $L + \Delta x$，而不是 L。如图 7-5 (b) 所示，离散模型和实体模型的长度均为 L。如图 7-6 所示，将上述两种边界条件施加方案应用于悬臂梁模型。从图 7-6 (a) 可以看出，虽然实体模型的长度为 L，但离散模型的长度为 $L + \Delta x/2$。在离散模型中，粒子 i 与固定端之间的距离为 Δx，而在实体模型中，该值为 $\Delta x/2$。如图 7-6 (b) 所示，方案 2 中离散模型和实体模型的长度与方案 1 相同。虽然离散模型的长度比实体模型的长度多 $\Delta x/2$，但离散模型右端的粒子到固定端的距离与实体模型的右端到固定端的距离相等。因此，可以用离散模型最右端的粒子表示实体模型的右端。此外，对于方案 2 的离散模型和实体模型，粒子 i 与固定端之间的距离均为 Δx。上述两种方案的误差将在 7.10 节中进行比较。

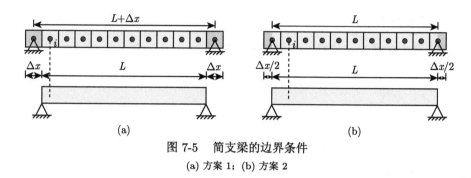

图 7-5　简支梁的边界条件

(a) 方案 1；(b) 方案 2

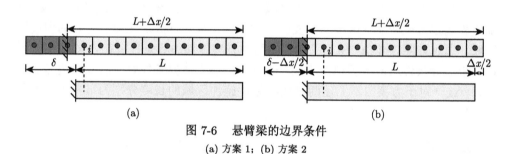

图 7-6　悬臂梁的边界条件

(a) 方案 1；(b) 方案 2

外载荷的施加方案与文献 [14] 相同。对于动力学问题和静力学问题，均布荷载可以分别表示为

$$b\left(\boldsymbol{x}, t\right) = \frac{1}{A}\boldsymbol{q}\left(\boldsymbol{x}, t\right), \quad \boldsymbol{x} \in \boldsymbol{R}, \quad t \geqslant 0 \tag{7-72}$$

$$b\left(\boldsymbol{x}\right) = \frac{1}{A}\boldsymbol{q}\left(\boldsymbol{x}\right), \quad \boldsymbol{x} \in \boldsymbol{R} \tag{7-73}$$

式中，$\boldsymbol{q}$ 表示平移时单位长度的载荷或旋转时单位长度的力矩。

对于动力学问题和静力学问题，集中荷载可以表示为

$$b\left(\boldsymbol{x}, t\right) = \frac{1}{A\Delta x}\boldsymbol{F}\left(\boldsymbol{x}, t\right) \tag{7-74}$$

$$b\left(\boldsymbol{x}\right) = \frac{1}{A\Delta x}\boldsymbol{F}\left(\boldsymbol{x}\right) \tag{7-75}$$

式中，$\boldsymbol{F}$ 代表集中力或集中力矩。

7.9 断裂准则和求解方案

7.9.1 断裂准则

对于单元型近场动力学梁模型，仍然采用临界应变能密度准则作为判断单元失效的准则。如图 7-7 所示，产生裂纹面 A 所需的界面能表示为

$$S = G_{\mathrm{IC}} A \tag{7-76}$$

式中，G_{IC} 表示临界能量释放率。

通过裂纹表面的所有单元的应变能被释放，释放的应变能为

$$U_{\mathrm{c}} = N_{\mathrm{c}} w_0^{\mathrm{c}} V_i V_j \tag{7-77}$$

式中，w_0^{c} 为临界应变能密度；N_{c} 表示通过裂纹面 A 的单元总数。

通过对产生裂纹面 A 所需的界面能 S 与被释放的应变能 U_{c} 相等可以得到临界应变能密度 w_0^{c} 的表达式，

$$w_0^{\mathrm{c}} = \frac{A G_{\mathrm{IC}}}{N_{\mathrm{c}} V_i V_j} \tag{7-78}$$

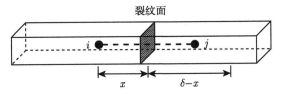

图 7-7 裂纹面 A 以及附近的单元

由粒子 i 和粒子 j 组成的单元 e_{ij} 的状态可以由下式判断：

$$\mu_e = \begin{cases} 1, & w_{ij}^e < w_0^{\mathrm{c}} \\ 0, & w_{ij}^e \geqslant w_0^{\mathrm{c}} \end{cases} \tag{7-79}$$

粒子 i 的损伤程度可以表示为

$$\varphi_i = 1 - \frac{\displaystyle\sum_{e=1}^{E_0} \mu_e}{E_0} \tag{7-80}$$

7.9.2　求解方案

对于静力学和动力学问题，分别采用高斯消去法 [12] 和纽马克法 [1] 进行求解。当参数 α 和 β 满足以下条件时，纽马克法无条件收敛。

$$\alpha \geqslant 0.25 \left(0.5 + \beta\right)^2 \tag{7-81}$$

$$\beta \geqslant 0.5 \tag{7-82}$$

7.10　数　值　算　例

7.10.1　两种边界条件施加方案对比

本节将 7.8.2 节给出的两种边界条件施加方案应用于悬臂梁和简支梁，从而对比两种方案的误差。如图 7-8 所示，梁的长度为 $L = 100\mathrm{mm}$，截面面积为 $A = 1\mathrm{mm} \times 1\mathrm{mm}$，杨氏模量 $E = 200\mathrm{GPa}$，选取如表 7-1 所示的三种网格密度进行计算。相对误差的范数表示为

$$e_v = \sqrt{\dfrac{\displaystyle\sum_{i=1}^{M} \left(v_i^{\mathrm{num}} - v_i^{\mathrm{local}}\right)^2}{\displaystyle\sum_{i=1}^{M} \left(v_i^{\mathrm{local}}\right)^2}} \tag{7-83}$$

式中，v_i 表示粒子 i 的位移或旋转角度，上标 "num" 和 "local" 分别代表单元型近场动力学的计算结果和局部理论解析解。

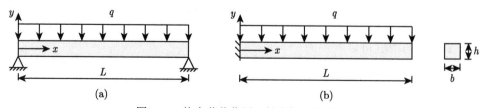

图 7-8　均布荷载作用下简支梁和悬臂梁

表 7-1　梁模型不同的 Δx 和 m 取值的情况

类别	$\Delta x/\text{mm}$	δ/mm	m
	2.0	4.0	2
	2.0	6.0	3
类别 1	2.0	8.0	4
	2.0	10.0	5
	2.0	12.0	6
	1.0	2.0	2
	1.0	3.0	3
类别 2	1.0	4.0	4
	1.0	5.0	5
	1.0	6.0	6
	0.5	1.0	2
	0.5	1.5	3
类别 3	0.5	2.0	4
	0.5	2.5	5
	0.5	3.0	6

　　简支梁模型如图 7-8 (a) 所示,简支梁承受均布荷载 $q = -0.1\text{MPa}$,其中负号表示荷载方向与 y 轴方向相反。根据局部理论,位移和旋转角度的解析解表示为 [15]

$$v = \frac{qx}{24EI_z} \left(L^3 - 2Lx^2 + x^3 \right) \tag{7-84}$$

$$\theta_z = \frac{q}{24EI_z} \left(L^3 - 6Lx^2 + 4x^3 \right) \tag{7-85}$$

　　方案 1 相对误差的范数如图 7-9 所示,位移和转角的误差随着网格密度的增大而减小。当 Δx =2.0mm 时,位移的误差随着 m 的增加而减小,当 Δx =1.0mm 和 Δx =0.5mm 时,误差稳定在 4.6% 和 2.3%,转角的误差随着 m 的变化规律与位移误差的变化规律一致。对于 Δx =1.0mm 和 Δx =0.5mm,误差稳定在 2.4% 和 1.2%。离散模型的长度为 $L + \Delta x$,而解析模型的长度为 L。因此,方案 1 计算的位移和转角会有较大的误差。方案 1 计算得到的最小位移和最大转角如图 7-10 所示,由于模型被均匀离散为 50 个粒子、100 个粒子或 200 个粒子,因此模型中心没有粒子。最小位移取最靠近梁中心粒子的值。从图 7-10 (a) 可以看出,在所有情况下,单元型近场动力学 (EBPD) 模型的结果都小于解析解,这是因为离散模型的长度比解析模型的长度长。随着网格密度的增加,近场动力学的计算结果与解析解的差异逐渐减小。当 Δx =2.0mm 时,近场动力学结果与解析解的差距随着 m 的增大而减小,当 Δx =1.0mm 和 Δx =0.5mm 时,两种结果的差距不随 m 变化,这与位移误差的规律相同。转角的最大值位于梁的右端。从图 7-10 (b) 中可以清楚地看到,在所有情况下,近场动力学结果都大于解析解。对于不同的网格密度,转角的最大值随 m 的变化规律与位移结果的变化规律一致。

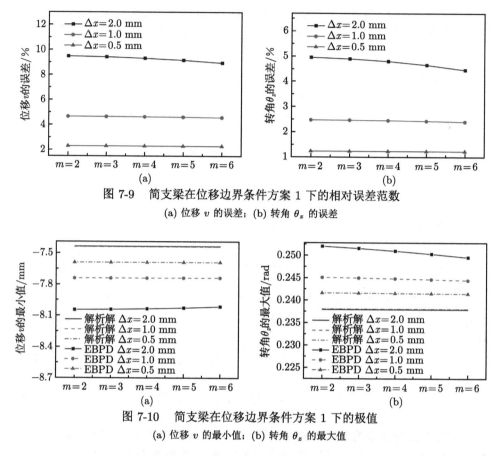

图 7-9   简支梁在位移边界条件方案 1 下的相对误差范数

(a) 位移 v 的误差；(b) 转角 θ_z 的误差

图 7-10   简支梁在位移边界条件方案 1 下的极值

(a) 位移 v 的最小值；(b) 转角 θ_z 的最大值

方案 2 相对误差的范数如图 7-11 所示，位移和转角的误差随着网格密度的增大而减小。当 Δx 固定时，位移和转角的误差随着 m 的增大而增大。方案 2 计

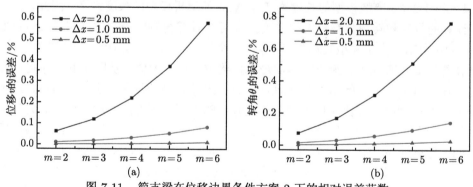

图 7-11   简支梁在位移边界条件方案 2 下的相对误差范数

(a) 位移 v 的误差；(b) 转角 θ_z 的误差

算得到的最小位移和最大转角如图 7-12 所示，对于所有情况，近场动力学的位移结果均大于局部理论解析解，近场动力学的转角结果均小于解析解，当 Δx 固定时，随着 m 的增大，近场动力学最小位移不断增大，最大转角不断减小。对比图 7-9 和图 7-11，方案 1 的最小误差大于 1%，方案 2 的最大误差不超过 1%。因此，对于简支梁，方案 2 优于方案 1。

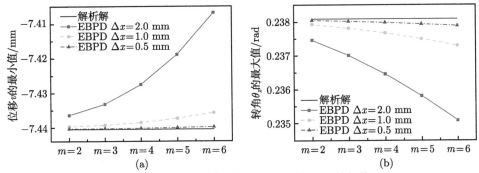

图 7-12 简支梁在位移边界条件方案 2 下的极值

(a) 位移 v 的最小值；(b) 转角 θ_z 的最大值

悬臂梁模型如图 7-8 (b) 所示，悬臂梁承受均布荷载 $q = -0.01\text{MPa}$。根据局部理论，位移和转角的解析解表示为 [15]

$$v = \frac{qx^2}{24EI_z}\left(x^2 - 4Lx + 6L^2\right) \tag{7-86}$$

$$\theta_z = \frac{q}{24EI_z}\left(4x^3 - 12Lx^2 + 12L^2x\right) \tag{7-87}$$

方案 1 相对误差的范数如图 7-13 所示，位移和转角的误差随着网格密度的增大而减小。当 Δx 固定时，位移和转角的误差随着 m 的增大而增大。方案 1 计

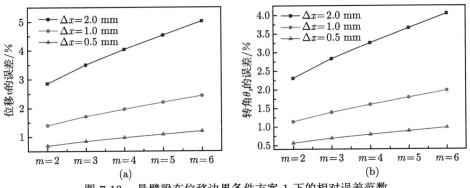

图 7-13 悬臂梁在位移边界条件方案 1 下的相对误差范数

(a) 位移 v 的误差；(b) 转角 θ_z 的误差

算得到的最小位移和最大转角如图 7-14 所示，由于离散模型中任意粒子与固定端之间的距离都比实体模型中相应粒子与固定端之间的距离大 $\Delta x/2$，所以近场动力学计算得到的所有结果均小于解析解。

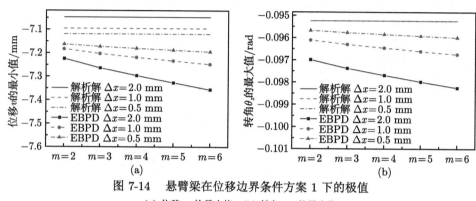

图 7-14 悬臂梁在位移边界条件方案 1 下的极值

(a) 位移 v 的最小值；(b) 转角 θ_z 的最大值

　　方案 2 的位移和转角误差如图 7-15 所示，位移和转角的误差随着网格密度的增大而减小，随着 m 的增大，位移和转角误差先减小后增大。方案 2 的最小位移和最小转角如图 7-16 所示，当 Δx 固定时，位移和转角的误差随着 m 的增大而减小。当 m 较小时，近场动力学结果小于解析解；随着 m 的增大，近场动力学结果也随之增大。当 $m = 6$ 时，近场动力学结果大于解析解。对比图 7-13 和图 7-15 可知，对于悬臂梁，方案 2 优于方案 1。从图 7-11 和图 7-15 可以看出，为了保证每个粒子作用范围内包含足够多的单元的前提下具有足够的计算精度，取 $m = 3$。

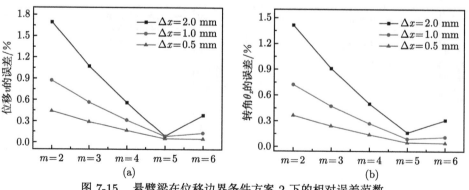

图 7-15 悬臂梁在位移边界条件方案 2 下的相对误差范数

(a) 位移 v 的误差；(b) 转角 θ_z 的误差

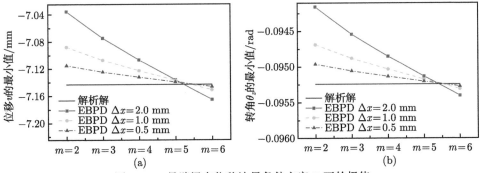

图 7-16 悬臂梁在位移边界条件方案 2 下的极值

(a) 位移 v 的最小值；(b) 转角 θ_z 的最小值

7.10.2 梁模型静力学分析

采用提出的单元型近场动力学模型对受集中荷载的简支梁和悬臂梁的位移以及转角进行计算。简支梁模型如图 7-17 所示，梁的长度 $L = 100.0\text{mm}$，宽度 $b = 1.0\text{mm}$，高度 $h = 2.0\text{mm}$，杨氏模量 $E = 200\text{GPa}$。荷载条件如图 7-17 (a) 和 (b) 所示，分别采用集中力荷载 $F = 100\text{N}$ 和弯矩 $M_e = -10000\text{N}\cdot\text{mm}$ 作用于梁的中心。将模型均匀离散，网格密度 $\Delta x = 1.0\text{mm}$。

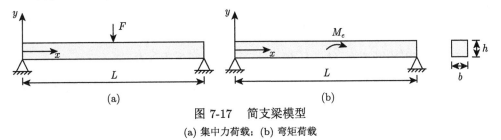

图 7-17 简支梁模型

(a) 集中力荷载；(b) 弯矩荷载

简支梁在如图 7-17 (a) 给出的集中荷载作用下的解析解为[15]

$$v = \begin{cases} \dfrac{Fx}{48EI_z}\left(3L^2 - 4x^2\right), & 0 \leqslant x \leqslant L/2 \\[3mm] \dfrac{F(L-x)}{48EI_z}\left(3L^2 - 4(L-x)^2\right), & L/2 < x \leqslant L \end{cases} \tag{7-88}$$

$$\theta_z = \begin{cases} \dfrac{F}{48EI_z}\left(3L^2 - 12x^2\right), & 0 \leqslant x \leqslant L/2 \\[3mm] \dfrac{F(L-x)}{48EI_z}\left(12(L-x)^2 - 3L^2\right), & L/2 < x \leqslant L \end{cases} \tag{7-89}$$

采用单元型近场动力学以及解析模型计算得到的简支梁在集中荷载作用下的位移和转角如图 7-18 所示。

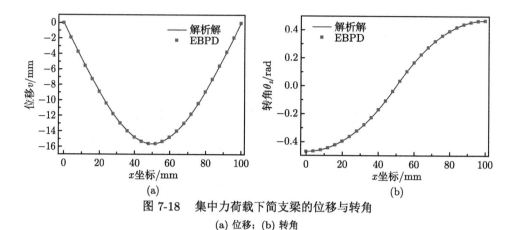

图 7-18　集中力荷载下简支梁的位移与转角

(a) 位移；(b) 转角

简支梁在如图 7-17 (b) 给出的弯矩作用下的解析解为 [15]

$$
v = \begin{cases} -\dfrac{M_e x}{6EI_z L}\left(L^2/4 - x^2\right), & 0 \leqslant x \leqslant L/2 \\[3mm] -\dfrac{M_e x}{6EI_z L}\left(-x^3 + 3L\left(x - L/2\right)^2 + L^2 x/4\right), & L/2 < x \leqslant L \end{cases} \tag{7-90}
$$

$$
\theta_z = \begin{cases} -\dfrac{M_e}{6EI_z L}\left(L^2/4 - 3x^2\right), & 0 \leqslant x \leqslant L/2 \\[3mm] -\dfrac{M_e}{6EI_z L}\big(-4x^3 + 3L\left(x - L/2\right)^2 \\[1mm] \quad +6Lx\left(x - L/2\right) + L^2 x/2\big), & L/2 < x \leqslant L \end{cases} \tag{7-91}
$$

图 7-19 给出了单元型近场动力学以及解析模型计算得到的简支梁在集中荷载作用下的位移和转角。通过图 7-18 和图 7-19 可以看出，单元型近场动力学以及解析模型的计算结果吻合。

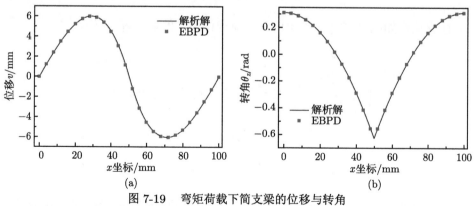

图 7-19　弯矩荷载下简支梁的位移与转角

(a) 位移；(b) 转角

悬臂梁模型如图 7-20 所示，梁的尺寸以与图 7-17 所示简支梁的尺寸相同，杨氏模量 $E = 200\text{GPa}$，模型均匀离散，网格密度 $\Delta x = 1.0\text{mm}$。荷载条件如图 7-20 (a) 和 (b) 所示，分别采用集中荷载 $F = 100\text{N}$ 和弯矩 $M_e = -300\text{N} \cdot \text{mm}$ 作用于梁的右端。

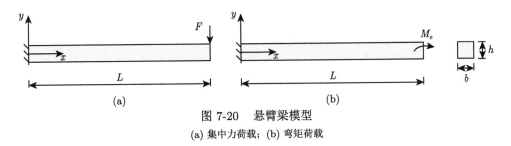

图 7-20　悬臂梁模型

(a) 集中力荷载；(b) 弯矩荷载

悬臂梁在集中荷载作用下的解析解为 [15]

$$v = \frac{Fx^2}{6EI_z}(3L - x) \tag{7-92}$$

$$\theta_z = \frac{F}{6EI_z}(6Lx - 3x^2) \tag{7-93}$$

近场动力学模型和解析模型计算得到的悬臂梁在集中荷载作用下的位移和转角如图 7-21 所示。

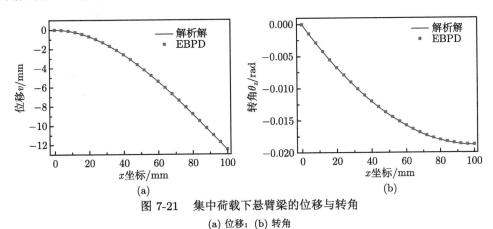

图 7-21　集中荷载下悬臂梁的位移与转角

(a) 位移；(b) 转角

悬臂梁在力矩作用下的解析解为 [15]

$$v = \frac{M_e x^2}{2EI_z} \tag{7-94}$$

$$\theta_z = \frac{M_e x}{EI_z} \tag{7-95}$$

近场动力学模型和解析模型计算得到的悬臂梁在弯矩作用下的位移和转角如图 7-22 所示。通过图 7-21 和图 7-22 可以看出，单元型近场动力学以及解析模型的计算结果吻合。

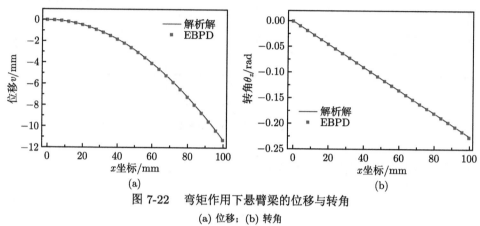

图 7-22　弯矩作用下悬臂梁的位移与转角

(a) 位移；(b) 转角

7.10.3　梁系结构动力学分析

对如图 7-23 所示的由两根梁组成的梁系结构进行动力学分析。边界条件和外载荷如图 7-23 (a) 所示，其中梁的一端固定，集中荷载 $P = -3.0\sin(\pi t)\times 10^6 \text{N}$ 作用于两梁的交点处，梁的长度和截面面积均为 $L = 1000\text{mm}$ 和 $A = 10\times 10 \text{mm}^2$。梁的全局坐标系和局部坐标系如图 7-23 (b) 所示。时间步长和总时长分别为 $\Delta t = 1.0\times 10^{-4}\text{s}$ 和 $t = 6.0\text{s}$。

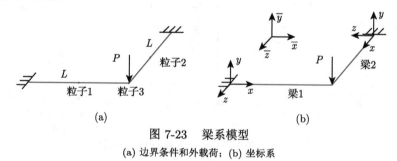

图 7-23　梁系模型

(a) 边界条件和外载荷；(b) 坐标系

采用 ABAQUS 计算得到的有限元结果作为参考，其中有限元模型均匀离散为 200 个 2 节点梁单元。图 7-23 (a) 所示的三个粒子在局部坐标系下的位移 v、转角 θ_x 和转角 θ_z 随时间的变化曲线如图 7-24 所示。从图 7-24 可以看出，近场动力学结果与有限元 (FEM) 结果吻合。

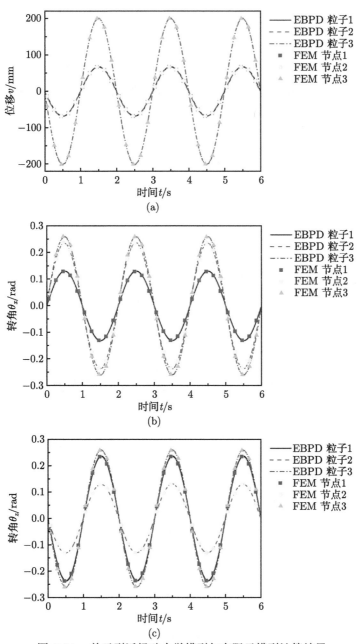

图 7-24 单元型近场动力学模型与有限元模型计算结果

(a) 位移 v; (b) 转角 θ_x; (c) 转角 θ_z

7.10.4　带有预制缺口梁的破坏过程模拟

本算例对带有预制缺口梁的破坏过程进行模拟，从而验证了单元型近场动力学模型模拟梁破坏过程的有效性。如图 7-25 所示，梁的长度 L =325.0mm，宽度和高度分别为 b =20.0mm 和 h =6.0mm。预制缺口位于模型的中间，预制缺口的长度和高度分别为 3.0mm 和 2.0mm。图 7-25 所示的灰色区域代表固定端。在梁的中心施加一个随时间变化的位移 $v(t) = -1.0 \times 10^{-5}t(\text{mm})$。模型的杨氏模量、密度和临界能量释放率分别为 E =200GPa、ρ =7850kg/m^2 和 G_c =720J/m^2。模型均匀离散为 3250 个粒子。时间步长为 Δt =1.0s。

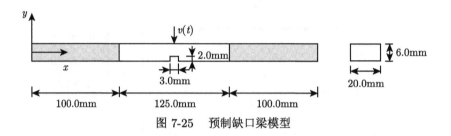

图 7-25　预制缺口梁模型

梁的损伤和位移结果如图 7-26 所示，模型的颜色表示梁的损伤程度，变形表示梁的位移 v。当 v =0.025mm 时，梁完全断裂。此时梁的最大损伤值为 0.5。此外，单元型近场动力学模型的结果和键型模型结果 [4] 一致。

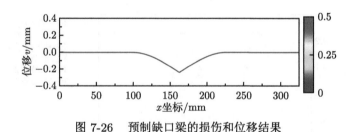

图 7-26　预制缺口梁的损伤和位移结果

参 考 文 献

[1] Liu S, Fang G, Liang J, et al. A coupling model of XFEM/peridynamics for 2D dynamic crack propagation and branching problems[J]. Theoretical and Applied Fracture Mechanics, 2020, 108: 102573.

[2] Liu S, Fang G, Liang J, et al. A coupling method of non-ordinary state-based peridynamics and finite element method[J]. European Journal of Mechanics-A/Solids, 2021, 85: 104075.

[3]   Diyaroglu C, Oterkus E, Oterkus S, et al. Peridynamics for bending of beams and plates with transverse shear deformation[J]. International Journal of Solids and Structures, 2015, 69: 152-168.

[4]   Nguyen C T, Oterkus S. Peridynamics formulation for beam structures to predict damage in offshore structures[J]. Ocean Engineering, 2019, 173: 244-267.

[5]   Silling S A, Zimmermann M, Abeyaratne R. Deformation of a peridynamic bar[J]. Journal of Elasticity, 2003, 73: 173-190.

[6]   Diyaroglu C, Oterkus E, Oterkus S. An Euler-Bernoulli beam formulation in an ordinary state-based peridynamic framework[J]. Mathematics and Mechanics of Solids, 2019, 24(2): 361-376.

[7]   O'Grady J, Foster J. Peridynamic beams: a non-ordinary, state-based model[J]. International Journal of Solids and Structures, 2014, 51(18): 3177-3183.

[8]   O'Grady J, Foster J. Peridynamic plates and flat shells: a non-ordinary, state-based model[J]. International Journal of Solids and Structures, 2014, 51(25-26): 4572-4579.

[9]   Jafari A, Ezzati M, Atai A A. Static and free vibration analysis of Timoshenko beam based on combined peridynamic-classical theory besides FEM formulation[J]. Computers & Structures, 2019, 213: 72-81.

[10] Yang Z, Oterkus E, Nguyen C T, et al. Implementation of peridynamic beam and plate formulations in finite element framework[J]. Continuum Mechanics and Thermodynamics, 2019, 31: 301-315.

[11] Kwon Y W, Bang H. The Finite Element Method Using MATLAB[M]. New York: CRC Press, 2010.

[12] 王勖成. 有限单元法 [M]. 北京: 清华大学出版社, 2003.

[13] Liu S, Fang G, Liang J, et al. Study of three-dimensional Euler-Bernoulli beam structures using element-based peridynamic model[J]. European Journal of Mechanics-A/Solids, 2021, 86: 104186.

[14] Madenci E, Oterkus E. Peridynamic Theory and Its Applications[M]. New York: Springer, 2014.

[15] Roylance D. Mechanics of Materials[M]. Hoboken: Wiley Press, 1995.

第 8 章　复合材料层合板模型

8.1　引　言

本章将在第 3 章弹性理论的基础上，将各向同性弹性矩阵推广至各向异性弹性矩阵，从而提出复合材料单层板模型。通过层间键和剪切键表征相邻层板之间的相互作用，利用最小势能原理推导复合材料层合板模型的平衡方程；利用 Euler-Lagrange 方程推导复合材料层合板模型的运动方程。随后，给出针对面内作用和层间作用的破坏准则和求解方案。

8.2　单层板模型

8.2.1　单元刚度密度矩阵

利用 3 节点三角形单元表征复合材料单层板粒子之间的面内作用。根据式 (2-11)，3 节点三角形单元的单元刚度密度矩阵可以写为

$$k_{ijm}^e = \frac{\omega \langle |\boldsymbol{\xi}| \rangle c_e \overline{\boldsymbol{k}}_{ijm}}{t S_{ijm}} = \omega \langle |\boldsymbol{\xi}| \rangle c_e \boldsymbol{B}^{\mathrm{T}} \boldsymbol{D} \boldsymbol{B} = \begin{bmatrix} \overline{\boldsymbol{k}}_{ii}^e & \overline{\boldsymbol{k}}_{ij}^e & \overline{\boldsymbol{k}}_{im}^e \\ \overline{\boldsymbol{k}}_{ji}^e & \overline{\boldsymbol{k}}_{jj}^e & \overline{\boldsymbol{k}}_{jm}^e \\ \overline{\boldsymbol{k}}_{mi}^e & \overline{\boldsymbol{k}}_{mj}^e & \overline{\boldsymbol{k}}_{mm}^e \end{bmatrix} \tag{8-1}$$

其中，c_e 和 $\boldsymbol{B}$ 分别代表微模量系数和应变矩阵，对于单层板模型，应变矩阵 $\boldsymbol{B}$ 见式 (2-9)。$\boldsymbol{D}$ 代表弹性矩阵，对于单层板属于各向异性材料，其弹性矩阵 $\boldsymbol{D}$ 应写为

$$\boldsymbol{D} = \boldsymbol{T} \bar{\boldsymbol{D}} \boldsymbol{T}^{\mathrm{T}} \tag{8-2}$$

式中，$\bar{\boldsymbol{D}}$ 表示材料主方向 (纤维方向和垂直纤维方向) 的弹性矩阵；$\boldsymbol{T}$ 代表转换矩阵，

$$\boldsymbol{T} = \begin{bmatrix} \cos^2 \theta & \sin^2 \theta & -2\sin\theta\cos\theta \\ \sin^2 \theta & \cos^2 \theta & 2\sin\theta\cos\theta \\ \sin\theta\cos\theta & -\sin\theta\cos\theta & \cos^2\theta - \sin^2\theta \end{bmatrix} \tag{8-3}$$

其中，角度 θ 代表 x 坐标轴方向与纤维方向的夹角。

材料主方向的弹性矩阵 $\bar{D}$ 写为

$$\bar{D} = \begin{bmatrix} \dfrac{E_1}{1-\nu_{12}\nu_{21}} & \dfrac{\nu_{12}E_1}{1-\nu_{12}\nu_{21}} & 0 \\ \dfrac{\nu_{12}E}{1-\nu_{12}\nu_{21}} & \dfrac{E_2}{1-\nu_{12}\nu_{21}} & 0 \\ 0 & 0 & G_{12} \end{bmatrix} \tag{8-4}$$

式中，E_1 表示纤维方向的弹性模量；E_2 表示垂直纤维方向的弹性模量；ν_{12}、ν_{21} 和 G_{12} 分别表示泊松比以及剪切模量。

式 (8-4) 表明，单元型近场动力学复合材料模型可以表征复合材料面内的四个独立的材料参数。此外，式 (8-2) 说明该模型可以方便地表征随角度连续变化的材料参数。

8.2.2 应变能密度

单元 e_{ijm} 的微势能 w_{ijm}^e 表示为

$$w_{ijm}^e = \frac{1}{2}u_e^{\mathrm{T}}k_{ijm}^e u_e = \frac{1}{2}\omega\left\langle|\boldsymbol{\xi}|\right\rangle c_e u_e^{\mathrm{T}}B^{\mathrm{T}}DBu_e = \frac{1}{2}\omega\left\langle|\boldsymbol{\xi}|\right\rangle c_e \varepsilon_e^{\mathrm{T}}D\varepsilon_e \tag{8-5}$$

其中，u_e 和 ε_e 分别表示单元位移矢量和单元应变矢量，对于单层板模型，单元位移矢量 u_e 见式 (2-21)。

粒子 i 的应变能密度为

$$W_i^{\mathrm{nl}} = \frac{1}{3}\sum_{e=1}^{E_0}\left(w_{ijm}^e V_j V_m\right) \tag{8-6}$$

其中，E_0 表示粒子 i 作用范围内的单元总数；V_j 和 V_m 分别表示粒子 j 和粒子 m 所占的体积。

8.2.3 微模量系数

与二维各向同性材料相同，根据应变能密度等效的方法得到微模量系数 c_e 的表达式。假设单层板在面内受均匀应变。

如果任意纤维角度的单层板受到如式 (8-7) 表示的均匀应变

$$\varepsilon = \left\{ \begin{array}{ccc} \varepsilon_x & \varepsilon_y & \gamma_{xy} \end{array} \right\}^{\mathrm{T}} \tag{8-7}$$

局部理论中任意点的应变能密度可以表示为

$$W^{\mathrm{l}} = \frac{1}{2}\sigma\varepsilon = \frac{1}{2}\varepsilon^{\mathrm{T}}D\varepsilon \tag{8-8}$$

将式 (8-7) 代入式 (8-5)，单元 e_{ijm} 的微势能 w_{ijm}^e 可以表示为

$$w_{ijm}^e = \frac{1}{2}\omega\langle|\boldsymbol{\xi}|\rangle c_e \boldsymbol{\varepsilon}^{\mathrm{T}} \boldsymbol{D}\boldsymbol{\varepsilon} \tag{8-9}$$

利用式 (8-6) 和式 (8-9)，粒子 i 的应变能密度表示为

$$W_{ii}^{\mathrm{nl}} = \frac{1}{6}\boldsymbol{\varepsilon}^{\mathrm{T}}\boldsymbol{D}\boldsymbol{\varepsilon}\sum_{e=1}^{E_0}\left(\omega\langle|\boldsymbol{\xi}|\rangle c_e V_j V_m\right) \tag{8-10}$$

利用式 (8-8) 和式 (8-10)，以及局部理论模型与单元型近场动力学应变能密度相等，单层板模型的微模量系数 c_e 写为

$$c_e = \frac{3}{\displaystyle\sum_{e=1}^{E_0}(\omega\langle|\boldsymbol{\xi}|\rangle V_j V_m)} \tag{8-11}$$

8.2.4　表面修正系数

如图 2-2 (b) 所示，粒子 n 表示模型边界附近作用范围不完整的粒子，其作用范围内只拥有 E_1 个单元，则粒子 n 的应变能密度写为

$$W_n^{\mathrm{nl}} = \frac{1}{6}\boldsymbol{\varepsilon}^{\mathrm{T}}\boldsymbol{D}\boldsymbol{\varepsilon}\sum_{e=1}^{E_1}\left(\omega\langle|\boldsymbol{\xi}|\rangle c_e V_j V_m\right) \tag{8-12}$$

利用式 (8-10) 和式 (8-12)，以及模型内部粒子 i 的应变能密度与模型边界附近粒子 n 的应变能密度相等，粒子 n 的微模量系数的表面修正系数可以写为

$$g_c = \sum_{e=1}^{E_0}(\omega\langle|\boldsymbol{\xi}|\rangle V_j V_m)\Big/\sum_{e=1}^{E_1}(\omega\langle|\boldsymbol{\xi}|\rangle V_j V_m) \tag{8-13}$$

8.2.5　平衡方程和运动方程

复合材料单层板模型是由第 3 章的二维单元型近场动力学弹性模型将各向同性弹性矩阵推广至各向异性弹性矩阵得到的。单层板模型的平衡方程和运动方程仍然可以通过最小势能原理以及 Euler-Lagrange 方程推导得到。本章不再给出具体推导过程，而是直接将式 (3-33) 和式 (3-34) 对应的二维各向同性材料的平衡方程和运动方程直接改写为复合材料单层板模型平衡方程和运动方程

$$\sum_{i=1}^{J}\left[\sum_{e=1}^{E_0}\left(\boldsymbol{G}_1^{\mathrm{T}}\mu_e\begin{bmatrix}\bar{\boldsymbol{k}}_{ii}^e & \bar{\boldsymbol{k}}_{ij}^e & \bar{\boldsymbol{k}}_{im}^e\end{bmatrix}\boldsymbol{G}V_j V_m\right)V_i\right]\cdot\boldsymbol{u} = \sum_{i=1}^{J}\left(\boldsymbol{G}_1^{\mathrm{T}}\boldsymbol{b}_i V_i\right) \tag{8-14}$$

$$\rho_i \ddot{\boldsymbol{u}}_i = -\sum_{e=1}^{E_0} \mu_e \left(\bar{\boldsymbol{k}}_{ii}^e \boldsymbol{u}_i + \bar{\boldsymbol{k}}_{ij}^e \boldsymbol{u}_j + \bar{\boldsymbol{k}}_{im}^e \boldsymbol{u}_m \right) V_j V_m + \boldsymbol{b}_i \tag{8-15}$$

材料主方向上的单元应力由转换矩阵和坐标主轴方向的应力乘积得到

$$\boldsymbol{\sigma}_e = \boldsymbol{T}^{-1} \boldsymbol{D} \boldsymbol{B} \boldsymbol{u}_e = \bar{\boldsymbol{D}} \boldsymbol{T}^{\mathrm{T}} \boldsymbol{B} \boldsymbol{u}_e = \begin{bmatrix} \sigma_1 \\ \sigma_2 \\ \tau_{12} \end{bmatrix} \tag{8-16}$$

8.3 层合板模型

8.3.1 层间作用的应变能密度

如图 8-1 所示，层间作用仅发生在相邻层之间。相邻层之间通过层间键和剪切键进行作用。如果相邻层中的两个粒子的 x 坐标和 y 坐标均相等，只有 z 坐标不相同，那么这两个粒子之间构成层间键，如图 8-1 (a) 展示的粒子 $^{(n)}i$ 与粒子 $^{(m)}i$ 之间组成的键即为层间键。如果相邻层中的两个粒子的 x 坐标和 y 坐标至少有一个坐标不相同，则这两个粒子之间构成剪切键，如图 8-1 (b) 展示的粒子 $^{(n)}i$ 与粒子 $^{(m)}j$ 之间组成的键即为剪切键。

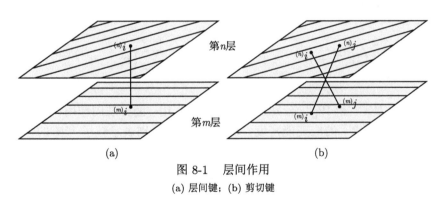

图 8-1 层间作用

(a) 层间键；(b) 剪切键

面外法线方向的变形 (z 方向的变形) 导致粒子 $^{(n)}i$ 储存的应变能密度为 [1]

$$\hat{W}_i^{(n)} = \frac{1}{2} \sum_{m=n-1,n+1} \frac{1}{2} \left(\hat{w}_i \left[\boldsymbol{y}_i^{(m)} - \boldsymbol{y}_i^{(n)} \right] + \hat{w}_i \left[\boldsymbol{y}_i^{(n)} - \boldsymbol{y}_i^{(m)} \right] \right) {}^{(m)}V_i \tag{8-17}$$

式中，$\hat{w}_i$ 表示粒子 $^{(n)}i$ 与粒子 $^{(m)}i$ 之间相互作用引起的微势能；$^{(m)}V_i$ 代表粒子 $^{(m)}i$ 所占的体积。

横向剪切作用引起粒子 $^{(n)}i$ 储存的应变能密度为 [1]

$$\tilde{W}_i^{(n)} = \frac{1}{2} \sum_{m=n-1,n+1} \sum_{j=1}^{N_S} \frac{1}{2} \left\{ \tilde{w}_{i,j} \left[\boldsymbol{y}_j^{(m)} - \boldsymbol{y}_i^{(n)} \right] {}^{(m)}V_j + \tilde{w}_{j,i} \left[\boldsymbol{y}_i^{(n)} - \boldsymbol{y}_j^{(m)} \right] {}^{(m)}V_j \right.$$

$$\left. + \tilde{w}_{i,j} \left[\boldsymbol{y}_j^{(n)} - \boldsymbol{y}_i^{(m)} \right] {}^{(n)}V_j + \tilde{w}_{j,i} \left[\boldsymbol{y}_i^{(m)} - \boldsymbol{y}_j^{(n)} \right] {}^{(n)}V_j \right\} \tag{8-18}$$

式中，$\tilde{w}_{i,j}$ 表示粒子 $^{(n)}i$ 与粒子 $^{(m)}j$ 之间相互作用引起的微势能；$\tilde{w}_{j,i}$ 表示粒子 $^{(n)}j$ 与粒子 $^{(m)}i$ 之间相互作用引起的微势能。

8.3.2　运动方程和平衡方程

层合板总动能可以表示为

$$T = \sum_{n=1}^{N} \sum_{i=1}^{{}^{(n)}J} \left(\frac{1}{2} \rho_i^{(n)} \dot{\boldsymbol{u}}_i^{(n)} \cdot \dot{\boldsymbol{u}}_i^{(n)} \right) {}^{(n)}V_i \tag{8-19}$$

式中，N 表示层合板层数；$^{(n)}J$ 代表第 N 层粒子总数；$\rho_i^{(n)}$、$\dot{\boldsymbol{u}}_i^{(n)}$ 和 $^{(n)}V_i$ 分别为粒子 $^{(n)}i$ 的密度、速度矢量和体积。

层合板总势能可以表示为

$$U = \sum_{n=1}^{N} \sum_{i=1}^{{}^{(n)}J} \left(W_i^{(n)} + \hat{W}_i^{(n)} + \tilde{W}_i^{(n)} \right) {}^{(n)}V_i - \sum_{n=1}^{N} \sum_{i=1}^{{}^{(n)}J} \left(\boldsymbol{b}_i^{(n)} \cdot \boldsymbol{u}_i^{(n)} \right) {}^{(n)}V_i \tag{8-20}$$

式中，$W_i^{(n)}$、$\hat{W}_i^{(n)}$ 和 $\tilde{W}_i^{(n)}$ 分别表示由于面内作用、面外法向作用以及横向剪切作用对应的粒子 $^{(n)}i$ 的应变能密度；$\boldsymbol{b}_i^{(n)}$ 和 $\boldsymbol{u}_i^{(n)}$ 分别表示粒子 $^{(n)}i$ 的体力密度矢量和位移矢量。

将式 (8-5)、式 (8-6)、式 (8-17)、式 (8-18) 代入式 (8-20) 得

$$U = \sum_{n=1}^{N} \left(\frac{1}{6} \sum_{i=1}^{{}^{(n)}J} \sum_{e=1}^{E_0} \left((\boldsymbol{u}_e^{(n)})^{\mathrm{T}} \, {}^{(n)}\boldsymbol{k}_{ijm}^{e} \boldsymbol{u}_e^{(n)} {}^{(n)}V_j {}^{(n)}V_m \right) \right.$$

$$+ \frac{1}{2} \sum_{i=1}^{{}^{(n)}J} \sum_{m=n-1,n+1} \frac{1}{2} \left(\hat{w}_i \left[\boldsymbol{y}_i^{(m)} - \boldsymbol{y}_i^{(n)} \right] + \hat{w}_i \left[\boldsymbol{y}_i^{(n)} - \boldsymbol{y}_i^{(m)} \right] \right) {}^{(m)}V_i$$

$$+ \frac{1}{2} \sum_{i=1}^{{}^{(n)}J} \sum_{m=n-1,n+1} \sum_{j=1}^{N_S} \frac{1}{2} \left(\tilde{w}_{i,j} \left[\boldsymbol{y}_j^{(m)} - \boldsymbol{y}_i^{(n)} \right] {}^{(m)}V_j + \tilde{w}_{j,i} \left[\boldsymbol{y}_i^{(n)} - \boldsymbol{y}_j^{(m)} \right] {}^{(m)}V_j \right)$$

$$+\frac{1}{2}\sum_{i=1}^{(n)J}\sum_{m=n-1,n+1}\sum_{j=1}^{N_S}\frac{1}{2}\left(+\tilde{w}_{i,j}\left[\boldsymbol{y}_j^{(n)}-\boldsymbol{y}_i^{(m)}\right]{}^{(n)}V_j\right.$$

$$\left.+\tilde{w}_{j,i}\left[\boldsymbol{y}_i^{(m)}-\boldsymbol{y}_j^{(n)}\right]{}^{(n)}V_j\right)\right){}^{(n)}V_i-\sum_{n=1}^{N}\sum_{i=1}^{(n)J}\left(\boldsymbol{b}_i^{(n)}\cdot\boldsymbol{u}_i^{(n)}\right){}^{(n)}V_i \tag{8-21}$$

式中，${}^{(n)}\boldsymbol{k}_{ijm}^e$ 表示粒子 ${}^{(n)}i$、粒子 ${}^{(n)}j$ 和粒子 ${}^{(n)}m$ 组成单元 ${}^{(n)}e_{ijm}$ 的单元刚度密度矩阵；$\boldsymbol{u}_e^{(n)}$ 为单元 ${}^{(n)}e_{ijm}$ 的单元位移矢量，

$$\boldsymbol{u}_e^{(n)}=\left\{\begin{array}{ccc}\boldsymbol{u}_i^{(n)} & \boldsymbol{u}_j^{(n)} & \boldsymbol{u}_m^{(n)}\end{array}\right\}^{\mathrm{T}} \tag{8-22}$$

交换式 (8-21) 中第 4 个求和项中的 i 和 j，式 (8-21) 可以改写为

$$U=\sum_{n=1}^{N}\left\{\frac{1}{6}\sum_{i=1}^{(n)J}\sum_{e=1}^{E_0}\left(\left(\boldsymbol{u}_e^{(n)}\right)^{\mathrm{T}}{}^{(n)}\boldsymbol{k}_{ijm}^e\boldsymbol{u}_e^{(n)(n)}V_j{}^{(n)}V_m\right)\right.$$

$$+\frac{1}{2}\sum_{i=1}^{(n)J}\sum_{m=n-1,n+1}\frac{1}{2}\left(\hat{w}_i\left[\boldsymbol{y}_i^{(m)}-\boldsymbol{y}_i^{(n)}\right]+\hat{w}_i\left[\boldsymbol{y}_i^{(n)}-\boldsymbol{y}_i^{(m)}\right]\right){}^{(m)}V_i$$

$$+\sum_{i=1}^{(n)J}\sum_{m=n-1,n+1}\sum_{j=1}^{N_S}\frac{1}{2}\left(\tilde{w}_{i,j}\left[\boldsymbol{y}_j^{(m)}-\boldsymbol{y}_i^{(n)}\right]{}^{(m)}V_j\right.$$

$$\left.+\tilde{w}_{j,i}\left[\boldsymbol{y}_i^{(n)}-\boldsymbol{y}_j^{(m)}\right]{}^{(m)}V_j\right)\right\}{}^{(n)}V_i-\sum_{n=1}^{N}\sum_{i=1}^{(n)J}\left(\boldsymbol{b}_i^{(n)}\cdot\boldsymbol{u}_i^{(n)}\right){}^{(n)}V_i \tag{8-23}$$

将式 (8-19) 和式 (8-23) 代入式 (3-22)，层合板的 Lagrange 函数写为

$$L=\sum_{n=1}^{N}\sum_{i=1}^{(n)J}\left(\frac{1}{2}\rho_i^{(n)}\dot{\boldsymbol{u}}_i^{(n)}\cdot\dot{\boldsymbol{u}}_i^{(n)}\right){}^{(n)}V_i+\sum_{n=1}^{N}\sum_{i=1}^{(n)J}\left(\boldsymbol{b}_i^{(n)}\cdot\boldsymbol{u}_i^{(n)}\right){}^{(n)}V_i$$

$$-\sum_{n=1}^{N}\left(\frac{1}{6}\sum_{i=1}^{(n)J}\sum_{e=1}^{E_0}\left(\left(\boldsymbol{u}_e^{(n)}\right)^{\mathrm{T}}{}^{(n)}\boldsymbol{k}_{ijm}^e\boldsymbol{u}_e^{(n)(n)}V_j{}^{(n)}V_m\right)\right.$$

$$+\frac{1}{2}\sum_{i=1}^{(n)J}\sum_{m=n-1,n+1}\frac{1}{2}\left(\hat{w}_i\left[\boldsymbol{y}_i^{(m)}-\boldsymbol{y}_i^{(n)}\right]+\hat{w}_i\left[\boldsymbol{y}_i^{(n)}-\boldsymbol{y}_i^{(m)}\right]\right){}^{(m)}V_i$$

$$+\sum_{i=1}^{(n)J}\sum_{m=n-1,n+1}\sum_{j=1}^{N_S}\frac{1}{2}\left(\tilde{w}_{i,j}\left[\boldsymbol{y}_j^{(m)}-\boldsymbol{y}_i^{(n)}\right]{}^{(m)}V_j\right.$$

$$+ \tilde{w}_{j,i} \left[\boldsymbol{y}_i^{(n)} - \boldsymbol{y}_j^{(m)} \right] {}^{(m)}V_j \Big) \Big) {}^{(n)}V_i \tag{8-24}$$

对于上式，只列出包含粒子 ${}^{(n)}i$ 的项，可以得到

$$\begin{aligned}
L = &\cdots + \frac{1}{2}\rho_i^{(n)}\dot{\boldsymbol{u}}_i^{(n)} \cdot \dot{\boldsymbol{u}}_i^{(n)(n)}V_i + \cdots + \boldsymbol{b}_i^{(n)} \cdot \boldsymbol{u}_i^{(n)(n)}V_i + \cdots \\
&- \frac{1}{6}\sum_{e=1}^{E_0} \left(\left(\boldsymbol{u}_e^{(n)}\right)^{\mathrm{T}} {}^{(n)}\boldsymbol{k}_{ijm}^e \boldsymbol{u}_e^{(n)(n)}V_i^{(n)}V_j^{(n)}V_m \right) \\
&- \frac{1}{6}\sum_{e=1}^{E_2} \left(\left(\boldsymbol{u}_e^{(n)}\right)^{\mathrm{T}} {}^{(n)}\boldsymbol{k}_{ijm}^e \boldsymbol{u}_e^{(n)(n)}V_i^{(n)}V_j^{(n)}V_m \right) - \cdots \\
&- \frac{1}{2}\sum_{m=n-1,n+1} \hat{w}_i \left[\boldsymbol{y}_i^{(m)} - \boldsymbol{y}_i^{(n)} \right] {}^{(m)}V_i^{(n)}V_i \\
&- \frac{1}{2}\sum_{m=n-1,n+1} \hat{w}_i \left[\boldsymbol{y}_i^{(n)} - \boldsymbol{y}_i^{(m)} \right] {}^{(m)}V_i^{(n)}V_i - \cdots \\
&- \sum_{m=n-1,n+1} \tilde{w}_{i,j} \left[\boldsymbol{y}_j^{(m)} - \boldsymbol{y}_i^{(n)} \right] {}^{(m)}V_j^{(n)}V_i \\
&- \sum_{m=n-1,n+1} \tilde{w}_{j,i} \left[\boldsymbol{y}_i^{(n)} - \boldsymbol{y}_j^{(m)} \right] {}^{(m)}V_j^{(n)}V_i - \cdots
\end{aligned} \tag{8-25}$$

式中，E_0 和 E_2 分别为粒子 ${}^{(n)}i$ 作用范围内的单元数量以及其他粒子作用范围内包含粒子 ${}^{(n)}i$ 的单元数量。单元 e 在式 (8-25) 中总共出现了 3 次，分别在粒子 ${}^{(n)}i$、粒子 ${}^{(n)}j$ 和粒子 ${}^{(n)}m$ 的作用范围内。式 (8-25) 能够重写为

$$\begin{aligned}
L = &\cdots + \frac{1}{2}\rho_i^{(n)}\dot{\boldsymbol{u}}_i^{(n)} \cdot \dot{\boldsymbol{u}}_i^{(n)(n)}V_i + \cdots + \boldsymbol{b}_i^{(n)} \cdot \boldsymbol{u}_i^{(n)(n)}V_i + \cdots \\
&- \frac{1}{2}\sum_{e=1}^{E_0} \left(\left(\boldsymbol{u}_e^{(n)}\right)^{\mathrm{T}} {}^{(n)}\boldsymbol{k}_{ijm}^e \boldsymbol{u}_e^{(n)(n)}V_i^{(n)}V_j^{(n)}V_m \right) - \cdots \\
&- \frac{1}{2}\sum_{m=n-1,n+1} \hat{w}_i \left[\boldsymbol{y}_i^{(m)} - \boldsymbol{y}_i^{(n)} \right] {}^{(m)}V_i^{(n)}V_i \\
&- \frac{1}{2}\sum_{m=n-1,n+1} \hat{w}_i \left[\boldsymbol{y}_i^{(n)} - \boldsymbol{y}_i^{(m)} \right] {}^{(m)}V_i^{(n)}V_i - \cdots \\
&- \sum_{m=n-1,n+1} \tilde{w}_{i,j} \left[\boldsymbol{y}_j^{(m)} - \boldsymbol{y}_i^{(n)} \right] {}^{(m)}V_j^{(n)}V_i
\end{aligned}$$

$$-\sum_{m=n-1,n+1} \tilde{w}_{j,i}\left[\boldsymbol{y}_i^{(n)} - \boldsymbol{y}_j^{(m)}\right]\,^{(m)}V_j\,^{(n)}V_i - \cdots \qquad (8\text{-}26)$$

将式 (8-26) 代入式 (3-21) 得

$$\rho_i^{(n)}\ddot{\boldsymbol{u}}_i^{(n)} = \boldsymbol{b}_i^{(n)(n)}V_i - \sum_{e=1}^{E_0}\left(^{(n)}\bar{\boldsymbol{k}}_{ii}^e\boldsymbol{u}_i^{(n)} + ^{(n)}\bar{\boldsymbol{k}}_{ij}^e\boldsymbol{u}_j^{(n)} + ^{(n)}\bar{\boldsymbol{k}}_{im}^e\boldsymbol{u}_m^{(n)}\right)_i\,^{(n)}V_j\,^{(n)}V_m$$

$$-\frac{1}{2}\sum_{m=n-1,n+1}\frac{\partial\hat{w}_i\left[\boldsymbol{y}_i^{(m)} - \boldsymbol{y}_i^{(n)}\right]}{\partial\left[\boldsymbol{y}_i^{(m)} - \boldsymbol{y}_i^{(n)}\right]}\frac{\partial\left[\boldsymbol{y}_i^{(m)} - \boldsymbol{y}_i^{(n)}\right]}{\partial\boldsymbol{u}_i^{(n)}}\,^{(m)}V_i$$

$$-\frac{1}{2}\sum_{m=n-1,n+1}\frac{\partial\hat{w}_i\left[\boldsymbol{y}_i^{(n)} - \boldsymbol{y}_i^{(m)}\right]}{\partial\left[\boldsymbol{y}_i^{(n)} - \boldsymbol{y}_i^{(m)}\right]}\frac{\partial\left[\boldsymbol{y}_i^{(n)} - \boldsymbol{y}_i^{(m)}\right]}{\partial\boldsymbol{u}_i^{(n)}}\,^{(m)}V_i$$

$$-\sum_{m=n-1,n+1}\frac{\partial\tilde{w}_{i,j}\left[\boldsymbol{y}_j^{(m)} - \boldsymbol{y}_i^{(n)}\right]}{\partial\left[\boldsymbol{y}_j^{(m)} - \boldsymbol{y}_i^{(n)}\right]}\frac{\partial\left[\boldsymbol{y}_i^{(m)} - \boldsymbol{y}_i^{(n)}\right]}{\partial\boldsymbol{u}_i^{(n)}}\,^{(m)}V_j$$

$$-\sum_{m=n-1,n+1}\frac{\partial\tilde{w}_{j,i}\left[\boldsymbol{y}_i^{(n)} - \boldsymbol{y}_j^{(m)}\right]}{\partial\left[\boldsymbol{y}_i^{(n)} - \boldsymbol{y}_j^{(m)}\right]}\frac{\partial\left[\boldsymbol{y}_i^{(n)} - \boldsymbol{y}_i^{(m)}\right]}{\partial\boldsymbol{u}_i^{(n)}}\,^{(m)}V_j \qquad (8\text{-}27)$$

式 (8-27) 可以重写为

$$\rho_i^{(n)}\ddot{\boldsymbol{u}}_i^{(n)} = \boldsymbol{b}_i^{(n)(n)}V_i - \sum_{e=1}^{E_0}\left(^{(n)}\bar{\boldsymbol{k}}_{ii}^e\boldsymbol{u}_i^{(n)} + ^{(n)}\bar{\boldsymbol{k}}_{ij}^e\boldsymbol{u}_j^{(n)} + ^{(n)}\bar{\boldsymbol{k}}_{im}^e\boldsymbol{u}_m^{(n)}\right)_i\,^{(n)}V_j\,^{(n)}V_m$$

$$+\frac{1}{2}\sum_{m=n-1,n+1}\left(\frac{\partial\hat{w}_i\left[\boldsymbol{y}_i^{(m)} - \boldsymbol{y}_i^{(n)}\right]}{\partial\left[\boldsymbol{y}_i^{(m)} - \boldsymbol{y}_i^{(n)}\right]} - \frac{\partial\hat{w}_i\left[\boldsymbol{y}_i^{(n)} - \boldsymbol{y}_i^{(m)}\right]}{\partial\left[\boldsymbol{y}_i^{(n)} - \boldsymbol{y}_i^{(m)}\right]}\right)\,^{(m)}V_i$$

$$+\sum_{m=n-1,n+1}\left(\frac{\partial\tilde{w}_{i,j}\left[\boldsymbol{y}_j^{(m)} - \boldsymbol{y}_i^{(n)}\right]}{\partial\left[\boldsymbol{y}_j^{(m)} - \boldsymbol{y}_i^{(n)}\right]} - \frac{\partial\tilde{w}_{j,i}\left[\boldsymbol{y}_i^{(n)} - \boldsymbol{y}_j^{(m)}\right]}{\partial\left[\boldsymbol{y}_i^{(n)} - \boldsymbol{y}_j^{(m)}\right]}\right)\,^{(m)}V_j$$

$$(8\text{-}28)$$

根据文献 [1],

$$\frac{\partial\hat{w}_i\left[\boldsymbol{y}_i^{(m)} - \boldsymbol{y}_i^{(n)}\right]}{\partial\left[\boldsymbol{y}_i^{(m)} - \boldsymbol{y}_i^{(n)}\right]} - \frac{\partial\hat{w}_i\left[\boldsymbol{y}_i^{(n)} - \boldsymbol{y}_i^{(m)}\right]}{\partial\left[\boldsymbol{y}_i^{(n)} - \boldsymbol{y}_i^{(m)}\right]}$$

$$= -8b_{\mathrm{N}}\hat{\delta}\left[\frac{\left|{}^{(m)}\boldsymbol{y}_i - {}^{(n)}\boldsymbol{y}_i\right| - \left|{}^{(m)}\boldsymbol{x}_i - {}^{(n)}\boldsymbol{x}_i\right|}{\left|{}^{(m)}\boldsymbol{x}_i - {}^{(n)}\boldsymbol{x}_i\right|}\right]\frac{{}^{(n)}\boldsymbol{y}_i - {}^{(m)}\boldsymbol{y}_i}{\left|{}^{(n)}\boldsymbol{y}_i - {}^{(m)}\boldsymbol{y}_i\right|} \tag{8-29}$$

其中，$\hat{\delta}$ 表示粒子在厚度方向的作用范围，在本书中取为复合材料层合板的单层厚度；b_{N} 代表面外法线方向微模量参数 [1]，

$$b_{\mathrm{N}} = \frac{E_m}{2\hat{\delta}h\left({}^{(n+1)}V_i + {}^{(n-1)}V_i\right)} \tag{8-30}$$

其中，E_m 和 h 分别代表基体材料的杨氏模量以及复合材料层合板的单层板厚度。

对于小变形情况，式 (8-29) 可以改写为

$$\frac{\partial \hat{w}_i\left[\boldsymbol{y}_i^{(m)} - \boldsymbol{y}_i^{(n)}\right]}{\partial\left[\boldsymbol{y}_i^{(m)} - \boldsymbol{y}_i^{(n)}\right]} - \frac{\partial \hat{w}_i\left[\boldsymbol{y}_i^{(n)} - \boldsymbol{y}_i^{(m)}\right]}{\partial\left[\boldsymbol{y}_i^{(n)} - \boldsymbol{y}_i^{(m)}\right]}$$

$$= -8b_{\mathrm{N}}\hat{\delta}\left[\frac{\left|{}^{(m)}\boldsymbol{y}_i - {}^{(n)}\boldsymbol{y}_i\right| - \left|{}^{(m)}\boldsymbol{x}_i - {}^{(n)}\boldsymbol{x}_i\right|}{\left|{}^{(m)}\boldsymbol{x}_i - {}^{(n)}\boldsymbol{x}_i\right|}\right]\frac{{}^{(n)}\boldsymbol{x}_i - {}^{(m)}\boldsymbol{x}_i}{\left|{}^{(n)}\boldsymbol{x}_i - {}^{(m)}\boldsymbol{x}_i\right|} \tag{8-31}$$

对于小变形情况，粒子 ${}^{(m)}i$ 和粒子 ${}^{(n)}i$ 之间层间键的长度变化即为两个粒子的位移差，即

$$\left|{}^{(m)}\boldsymbol{y}_i - {}^{(n)}\boldsymbol{y}_i\right| - \left|{}^{(m)}\boldsymbol{x}_i - {}^{(n)}\boldsymbol{x}_i\right|$$

$$= \begin{bmatrix} m_1 & n_1 & l_1 & -m_1 & -n_1 & -l_1 \end{bmatrix}\begin{bmatrix} {}^{(m)}u_i & {}^{(m)}v_i & {}^{(m)}w_i & {}^{(n)}u_i & {}^{(n)}v_i & {}^{(n)}w_i \end{bmatrix}^{\mathrm{T}} \tag{8-32}$$

其中，m_1、n_1 和 l_1 分别代表矢量 ${}^{(m)}\boldsymbol{x}_i - {}^{(n)}\boldsymbol{x}_i$ 与 x 轴夹角的余弦值、矢量 ${}^{(m)}\boldsymbol{x}_i - {}^{(n)}\boldsymbol{x}_i$ 与 y 轴夹角的余弦值以及矢量 ${}^{(m)}\boldsymbol{x}_i - {}^{(n)}\boldsymbol{x}_i$ 与 z 轴夹角的余弦值，${}^{(k)}u_i$、${}^{(k)}v_i$ 和 ${}^{(k)}w_i$ 分别表示粒子 ${}^{(k)}i$ 在三个坐标轴方向的位移 $(k = n, m)$。

粒子 ${}^{(m)}i$ 与粒子 ${}^{(n)}i$ 只有 z 坐标不相同，因此

$$\begin{cases} m_1 = \left({}^{(m)}x_i - {}^{(n)}x_i\right)/\left|{}^{(m)}\boldsymbol{x}_i - {}^{(n)}\boldsymbol{x}_i\right| = 0 \\ n_1 = \left({}^{(m)}y_i - {}^{(n)}y_i\right)/\left|{}^{(m)}\boldsymbol{x}_i - {}^{(n)}\boldsymbol{x}_i\right| = 0 \\ l_1 = \left({}^{(m)}z_i - {}^{(n)}z_i\right)/\left|{}^{(m)}\boldsymbol{x}_i - {}^{(n)}\boldsymbol{x}_i\right| \neq 0 \end{cases} \tag{8-33}$$

根据式 (8-32) 和式 (8-33)，式 (8-31) 可以改写为

$$\frac{\partial \hat{w}_i\left[\boldsymbol{y}_i^{(m)} - \boldsymbol{y}_i^{(n)}\right]}{\partial\left[\boldsymbol{y}_i^{(m)} - \boldsymbol{y}_i^{(n)}\right]} - \frac{\partial \hat{w}_i\left[\boldsymbol{y}_i^{(n)} - \boldsymbol{y}_i^{(m)}\right]}{\partial\left[\boldsymbol{y}_i^{(n)} - \boldsymbol{y}_i^{(m)}\right]}$$

$$= - {}^{(n)(m)}\boldsymbol{k}_i^{\mathrm{N}} \cdot \left\{ \begin{array}{c} {}^{(n)}\boldsymbol{u}_i \\ {}^{(m)}\boldsymbol{u}_i \end{array} \right\} = -{}^{(n)(m)}\boldsymbol{k}_{ii}^{\mathrm{N}\,(n)}\boldsymbol{u}_i - {}^{(n)(m)}\boldsymbol{k}_{ij}^{\mathrm{N}\,(m)}\boldsymbol{u}_i \tag{8-34}$$

其中，${}^{(n)(m)}\boldsymbol{k}_i^{\mathrm{N}}$ 表示粒子 ${}^{(n)}i$ 与粒子 ${}^{(m)}i$ 之间的刚度密度矩阵，

$$
{}^{(n)(m)}\boldsymbol{k}_i^{\mathrm{N}} = \frac{4b_{\mathrm{N}}\hat{\delta} \left[\begin{array}{ccc|ccc} l_1^2 & l_1 m_1 & l_1 n_1 & -l_1^2 & -l_1 m_1 & -l_1 n_1 \\ l_1 m_1 & m_1^2 & m_1 n_1 & -l_1 m_1 & -m_1^2 & -m_1 n_1 \\ l_1 n_1 & m_1 n_1 & n_1^2 & -l_1 n_1 & -m_1 n_1 & -n_1^2 \end{array} \right]}{\left| {}^{(m)}\boldsymbol{x}_i - {}^{(n)}\boldsymbol{x}_i \right|}
$$

$$
= \left[\begin{array}{cc} {}^{(n)(m)}\boldsymbol{k}_{ii}^{\mathrm{N}} & {}^{(n)(m)}\boldsymbol{k}_{ij}^{\mathrm{N}} \end{array} \right] \tag{8-35}
$$

根据文献 [1]，

$$
\frac{\partial \tilde{w}_{i,j} \left[\boldsymbol{y}_j^{(m)} - \boldsymbol{y}_i^{(n)} \right]}{\partial \left[\boldsymbol{y}_j^{(m)} - \boldsymbol{y}_i^{(n)} \right]} - \frac{\partial \tilde{w}_{j,i} \left[\boldsymbol{y}_i^{(n)} - \boldsymbol{y}_j^{(m)} \right]}{\partial \left[\boldsymbol{y}_i^{(n)} - \boldsymbol{y}_j^{(m)} \right]}
$$

$$
= - 8b_{\mathrm{S}}\tilde{\delta} \left[\frac{\left| {}^{(m)}\boldsymbol{y}_j - {}^{(n)}\boldsymbol{y}_i \right| - \left| {}^{(m)}\boldsymbol{x}_j - {}^{(n)}\boldsymbol{x}_i \right|}{\left| {}^{(m)}\boldsymbol{x}_j - {}^{(n)}\boldsymbol{x}_i \right|} \right. \\
\left. - \frac{\left| {}^{(m)}\boldsymbol{y}_i - {}^{(n)}\boldsymbol{y}_j \right| - \left| {}^{(m)}\boldsymbol{x}_i - {}^{(n)}\boldsymbol{x}_j \right|}{\left| {}^{(m)}\boldsymbol{x}_i - {}^{(n)}\boldsymbol{x}_j \right|} \right] \frac{{}^{(n)}\boldsymbol{y}_j - {}^{(m)}\boldsymbol{y}_i}{\left| {}^{(n)}\boldsymbol{y}_j - {}^{(m)}\boldsymbol{y}_i \right|} \tag{8-36}
$$

式中，$\tilde{\delta} = \sqrt{\delta^2 + \hat{\delta}^2}$，$b_{\mathrm{S}}$ 代表横向剪切方向的微模量参数[1]，

$$
b_{\mathrm{S}} = \frac{G_{\mathrm{m}}}{2\pi\tilde{\delta}h^3 \left[\dfrac{\delta^2 + h^2/2}{\sqrt{\delta^2 + h^2/4}} - 2h \right]} \tag{8-37}
$$

式中，G_{m} 为基体材料的剪切模量。

对于小变形情况，式 (8-36) 可以改写为

$$
\frac{\partial \tilde{w}_{i,j} \left[\boldsymbol{y}_j^{(m)} - \boldsymbol{y}_i^{(n)} \right]}{\partial \left[\boldsymbol{y}_j^{(m)} - \boldsymbol{y}_i^{(n)} \right]} - \frac{\partial \tilde{w}_{j,i} \left[\boldsymbol{y}_i^{(n)} - \boldsymbol{y}_j^{(m)} \right]}{\partial \left[\boldsymbol{y}_i^{(n)} - \boldsymbol{y}_j^{(m)} \right]}
$$

$$
= - 8b_{\mathrm{S}}\tilde{\delta} \left[\frac{\left| {}^{(m)}\boldsymbol{y}_j - {}^{(n)}\boldsymbol{y}_i \right| - \left| {}^{(m)}\boldsymbol{x}_j - {}^{(n)}\boldsymbol{x}_i \right|}{\left| {}^{(m)}\boldsymbol{x}_j - {}^{(n)}\boldsymbol{x}_i \right|} \right. \\
\left. - \frac{\left| {}^{(m)}\boldsymbol{y}_i - {}^{(n)}\boldsymbol{y}_j \right| - \left| {}^{(m)}\boldsymbol{x}_i - {}^{(n)}\boldsymbol{x}_j \right|}{\left| {}^{(m)}\boldsymbol{x}_i - {}^{(n)}\boldsymbol{x}_j \right|} \right] \frac{{}^{(n)}\boldsymbol{x}_j - {}^{(m)}\boldsymbol{x}_i}{\left| {}^{(n)}\boldsymbol{x}_j - {}^{(m)}\boldsymbol{x}_i \right|} \tag{8-38}
$$

如图 8-2 (a) 所示，对于小变形情况，粒子 $^{(m)}j$ 和粒子 $^{(n)}i$ 之间剪切键的长度变化即为两个粒子的位移差，即

$$\left|^{(m)}\boldsymbol{y}_j - ^{(n)}\boldsymbol{y}_i\right| - \left|^{(m)}\boldsymbol{x}_j - ^{(n)}\boldsymbol{x}_i\right|$$

$$= \begin{bmatrix} m_2 & n_2 & l_2 & -m_2 & -n_2 & -l_2 \end{bmatrix} \begin{bmatrix} ^{(m)}u_j & ^{(m)}v_j & ^{(m)}w_j & ^{(n)}u_i & ^{(n)}v_i & ^{(n)}w_i \end{bmatrix}^{\mathrm{T}}$$

$$(8\text{-}39)$$

式中，m_2、n_2 和 l_2 分别代表矢量 $^{(m)}\boldsymbol{x}_j - ^{(n)}\boldsymbol{x}_i$ 与 x 轴夹角的余弦值、矢量 $^{(m)}\boldsymbol{x}_j - ^{(n)}\boldsymbol{x}_i$ 与 y 轴夹角的余弦值以及矢量 $^{(m)}\boldsymbol{x}_j - ^{(n)}\boldsymbol{x}_i$ 与 z 轴夹角的余弦值。

$$\begin{cases} m_2 = \left(^{(m)}x_j - ^{(n)}x_i\right) / \left|^{(m)}\boldsymbol{x}_j - ^{(n)}\boldsymbol{x}_i\right| \\ n_2 = \left(^{(m)}y_j - ^{(n)}y_i\right) / \left|^{(m)}\boldsymbol{x}_j - ^{(n)}\boldsymbol{x}_i\right| \\ l_2 = \left(^{(m)}z_j - ^{(n)}z_i\right) / \left|^{(m)}\boldsymbol{x}_j - ^{(n)}\boldsymbol{x}_i\right| \end{cases} \tag{8-40}$$

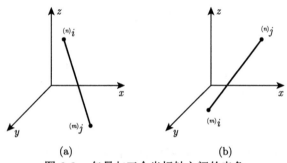

图 8-2　矢量与三个坐标轴之间的夹角

(a) 矢量 $^{(m)}\boldsymbol{x}_j - ^{(n)}\boldsymbol{x}_i$ 与三个坐标轴之间的夹角；(b) 矢量 $^{(m)}\boldsymbol{x}_i - ^{(n)}\boldsymbol{x}_j$ 与三个坐标轴之间的夹角

同理，如图 8-2 (b) 所示，在小变形情况下，

$$\left|^{(m)}\boldsymbol{y}_i - ^{(n)}\boldsymbol{y}_j\right| - \left|^{(m)}\boldsymbol{x}_i - ^{(n)}\boldsymbol{x}_j\right|$$

$$= \begin{bmatrix} m_3 & n_3 & l_3 & -m_3 & -n_3 & -l_3 \end{bmatrix} \begin{bmatrix} ^{(m)}u_i & ^{(m)}v_i & ^{(m)}w_i & ^{(n)}u_j & ^{(n)}v_j & ^{(n)}w_j \end{bmatrix}^{\mathrm{T}}$$

$$(8\text{-}41)$$

式中，m_3、n_3 和 l_3 分别代表矢量 $^{(m)}\boldsymbol{x}_i - ^{(n)}\boldsymbol{x}_j$ 与 x 轴夹角的余弦值、矢量 $^{(m)}\boldsymbol{x}_i - ^{(n)}\boldsymbol{x}_j$ 与 y 轴夹角的余弦值以及矢量 $^{(m)}\boldsymbol{x}_i - ^{(n)}\boldsymbol{x}_j$ 与 z 轴夹角的余弦值。

$$\begin{cases} m_3 = \left(^{(m)}x_i - ^{(n)}x_j\right) / \left|^{(m)}\boldsymbol{x}_i - ^{(n)}\boldsymbol{x}_j\right| \\ n_3 = \left(^{(m)}y_i - ^{(n)}y_j\right) / \left|^{(m)}\boldsymbol{x}_i - ^{(n)}\boldsymbol{x}_j\right| \\ l_3 = \left(^{(m)}z_i - ^{(n)}z_j\right) / \left|^{(m)}\boldsymbol{x}_i - ^{(n)}\boldsymbol{x}_j\right| \end{cases} \tag{8-42}$$

将式 (8-39)～ 式 (8-42) 代入式 (8-38) 可得

$$
\frac{\partial \tilde{w}_{ij}\left[\boldsymbol{y}_j^{(m)} - \boldsymbol{y}_i^{(n)}\right]}{\partial\left[\boldsymbol{y}_j^{(m)} - \boldsymbol{y}_i^{(n)}\right]} - \frac{\partial \tilde{w}_{ji}\left[\boldsymbol{y}_i^{(n)} - \boldsymbol{y}_j^{(m)}\right]}{\partial\left[\boldsymbol{y}_i^{(n)} - \boldsymbol{y}_j^{(m)}\right]}
$$

$$
= -\,^{(n)(m)}\boldsymbol{k}_{ij}^{\mathrm{S1}} \cdot \left\{ \begin{array}{c} ^{(n)}\boldsymbol{u}_i \\ ^{(m)}\boldsymbol{u}_j \end{array} \right\} - \,^{(n)(m)}\boldsymbol{k}_{ij}^{\mathrm{S2}} \cdot \left\{ \begin{array}{c} ^{(m)}\boldsymbol{u}_i \\ ^{(n)}\boldsymbol{u}_j \end{array} \right\}
$$

$$
= -\,^{(n)(m)}\boldsymbol{k}_{ii}^{\mathrm{S1}(n)}\boldsymbol{u}_i - \,^{(n)(m)}\boldsymbol{k}_{ij}^{\mathrm{S1}(m)}\boldsymbol{u}_j - \,^{(n)(m)}\boldsymbol{k}_{ii}^{\mathrm{S2}(m)}\boldsymbol{u}_i - \,^{(n)(m)}\boldsymbol{k}_{ij}^{\mathrm{S2}(n)}\boldsymbol{u}_j \quad (8\text{-}43)
$$

式中，$^{(n)(m)}\boldsymbol{k}^{\mathrm{S1}}$ 和 $^{(n)(m)}\boldsymbol{k}_{ij}^{\mathrm{S2}}$ 为粒子 $^{(m)}j$ 和粒子 $^{(n)}i$ 之间的刚度密度矩阵；$^{(n)(m)}\boldsymbol{k}_{ij}^{\mathrm{S1}}$ 和 $^{(n)(m)}\boldsymbol{k}_{ij}^{\mathrm{S2}}$ 分别表示为

$$
^{(n)(m)}\boldsymbol{k}_{ij}^{\mathrm{S1}} = \frac{4b_{\mathrm{S}}\tilde{\delta}\left[\begin{array}{ccc:ccc} l_2^2 & l_2 m_2 & l_2 n_2 & -l_2^2 & -l_2 m_2 & -l_2 n_2 \\ l_2 m_2 & m_2^2 & m_2 n_2 & -l_2 m_2 & -m_2^2 & -m_2 n_2 \\ l_2 n_2 & m_2 n_2 & n_2^2 & -l_2 n_2 & -m_2 n_2 & -n_2^2 \end{array}\right]}{\left|^{(m)}\boldsymbol{x}_j - {}^{(n)}\boldsymbol{x}_i\right|}
$$

$$
= \left[\begin{array}{cc} ^{(n)(m)}\boldsymbol{k}_{ii}^{\mathrm{S1}} & ^{(n)(m)}\boldsymbol{k}_{ij}^{\mathrm{S1}} \end{array}\right] \quad (8\text{-}44)
$$

$$
^{(n)(m)}\boldsymbol{k}_{ij}^{\mathrm{S2}} = \frac{4b_{\mathrm{S}}\tilde{\delta}\left[\begin{array}{ccc:ccc} l_2 l_3 & l_2 m_3 & l_2 n_3 & -l_2 l_3 & -l_2 m_3 & -l_2 n_3 \\ l_3 m_2 & m_2 m_3 & m_2 n_3 & -l_3 m_2 & -m_2 m_3 & -m_2 n_3 \\ l_3 n_2 & m_3 n_2 & n_2 n_3 & -l_3 n_2 & -m_3 n_2 & -n_2 n_3 \end{array}\right]}{\left|^{(m)}\boldsymbol{x}_i - {}^{(n)}\boldsymbol{x}_j\right|}
$$

$$
= \left[\begin{array}{cc} ^{(n)(m)}\boldsymbol{k}_{ii}^{\mathrm{S2}} & ^{(n)(m)}\boldsymbol{k}_{ij}^{\mathrm{S2}} \end{array}\right] \quad (8\text{-}45)
$$

将式 (8-34)、式 (8-35)、式 (8-43)～ 式 (8-45) 代入式 (8-28)，复合材料层合板的运动方程写为

$$
\rho_i^{(n)}\ddot{\boldsymbol{u}}_i^{(n)(n)}V_i = -\sum_{e=1}^{E_0}\left(^{(n)}\bar{\boldsymbol{k}}_{ii}^e \boldsymbol{u}_i^{(n)} + {}^{(n)}\bar{\boldsymbol{k}}_{ij}^e \boldsymbol{u}_j^{(n)} + {}^{(n)}\bar{\boldsymbol{k}}_{im}^e \boldsymbol{u}_m^{(n)}\right){}^{(n)}V_i^{(n)}V_j^{(n)}V_m
$$

$$
- \sum_{m=n-1,n+1}\left(^{(n)(m)}\boldsymbol{k}_{ii}^{\mathrm{N}(n)}\boldsymbol{u}_i + {}^{(n)(m)}\boldsymbol{k}_{ij}^{\mathrm{N}(m)}\boldsymbol{u}_i\right){}^{(m)}V_i^{(n)}V_i
$$

$$
- 2\sum_{m=n-1,n+1}\sum_{j=1}^{N_{\mathrm{S}}}\left(^{(n)(m)}\boldsymbol{k}_{ii}^{\mathrm{S1}(n)}\boldsymbol{u}_i + {}^{(n)(m)}\boldsymbol{k}_{ij}^{\mathrm{S1}(m)}\boldsymbol{u}_j\right.
$$

$$+ {}^{(n)(m)}\boldsymbol{k}_{ii}^{\mathrm{S2}(m)}\boldsymbol{u}_i + {}^{(n)(m)}\boldsymbol{k}_{ij}^{\mathrm{S2}(n)}\boldsymbol{u}_j\Big)^{(m)}V_j{}^{(n)}V + \boldsymbol{b}_i^{(n)}{}^{(n)}V_i \quad (8\text{-}46)$$

令上式包含时间项为 0，复合材料层合板的平衡方程可以写为

$$\sum_{e=1}^{E_0} \boldsymbol{G}_8^{\mathrm{T}} \left[\ {}^{(n)}\bar{\boldsymbol{k}}_{ii}^e \quad {}^{(n)}\bar{\boldsymbol{k}}_{ij}^e \quad {}^{(n)}\bar{\boldsymbol{k}}_{im}^e \ \right] \boldsymbol{G}_9{}^{(n)}V_i{}^{(n)}V_j{}^{(n)}V_m$$

$$+ \sum_{m=n-1,n+1} \boldsymbol{G}_{10}^{\mathrm{T}} \left[\ {}^{(n)(m)}\boldsymbol{k}_{ii}^N \quad {}^{(n)(m)}\boldsymbol{k}_{ij}^N \ \right] \boldsymbol{G}_{11}{}^{(m)}V_i{}^{(n)}V_i$$

$$+ 2 \sum_{m=n-1,n+1} \sum_{j=1}^{N_{\mathrm{S}}} \Bigg\{ \boldsymbol{G}_{10}^{\mathrm{T}} \left[\ {}^{(n)(m)}\boldsymbol{k}_{ii}^{\mathrm{S1}} \quad {}^{(n)(m)}\boldsymbol{k}_{ij}^{\mathrm{S1}} \ \right] \boldsymbol{G}_{11}$$

$$+ \boldsymbol{G}_{10}^{\mathrm{T}} \left[\ {}^{(n)(m)}\boldsymbol{k}_{ii}^{\mathrm{S1}} \quad {}^{(n)(m)}\boldsymbol{k}_{ij}^{\mathrm{S1}} \ \right] \boldsymbol{G}_{12} \Bigg\}^{(m)}V_j{}^{(n)}V_i = \sum_{n=1}^{N} \sum_{i=1}^{{}^{(n)}J} \left(\boldsymbol{G}_{10}^{\mathrm{T}}\boldsymbol{b}_i^{(n)}{}^{(n)}V_i \right)$$

$$(8\text{-}47)$$

式中，$\boldsymbol{G}_8$、$\boldsymbol{G}_9$、$\boldsymbol{G}_{10}$、$\boldsymbol{G}_{11}$ 和 $\boldsymbol{G}_{12}$ 为转换矩阵，具体表达式见附录 A。

8.3.3   层间表面修正系数

总层数为 N 层的层合板的中间层与上下两层均存在面外作用，而第 1 层只和第 2 层存在面外作用，第 N 层只和第 $N-1$ 层存在面外作用。因此需要对第 1 层及第 N 层粒子面外作用的微模量参数 b_{N} 和 b_{S} 进行表面修正。如图 8-3 (a) 所示，层合板只在面外法线方向受到均匀应变 ε，其他应变均为 0。此时，边界层的粒子 ${}^{(1)}i$ 和粒子 ${}^{(N)}i$ 的应变能密度分别写为 [1]

$$\begin{cases} \hat{W}_i^{(1)} = \varepsilon^2 \hat{g}_i^{(1)} b_{\mathrm{N}} h^{2(2)} V_i \\ \hat{W}_i^{(N)} = \varepsilon^2 \hat{g}_i^{(N)} b_{\mathrm{N}} h^{2(N-1)} V_i \end{cases} \quad (8\text{-}48)$$

其中，$\hat{g}_i^{(1)}$ 和 $\hat{g}_i^{(N)}$ 分别代表粒子 ${}^{(1)}i$ 和粒子 ${}^{(N)}i$ 的微模量参数 b_{N} 的表面修正系数。

在相同的应变条件下，中间层第 n 层的粒子 ${}^{(n)}i$ 的应变能密度可以写为 [1]

$$\hat{W}_i^{(n)} = \varepsilon^2 b_{\mathrm{N}} \sum_{m=n-1,n+1} h^{(m)} V_i \quad (8\text{-}49)$$

利用边界层粒子的应变能密度与中间层粒子的应变能密度相等以及式 (8-48) 和

式 (8-49)，$\hat{g}_i^{(1)}$ 和 $\hat{g}_i^{(N)}$ 可以写为

$$
\begin{cases}
\hat{g}_i^{(1)} = \dfrac{\displaystyle\sum_{m=n-1,n+1} {}^{(m)}V_i}{{}^{(2)}V_i} \\[4mm]
\hat{g}_i^{(N)} = \dfrac{\displaystyle\sum_{m=n-1,n+1} {}^{(m)}V_i}{{}^{(N-1)}V_i}
\end{cases}
\tag{8-50}
$$

如图 8-3 (b) 所示，层合板只在 x-z 平面受到横向剪切应变 γ，其他应变均为 0。此时，边界层的粒子 ${}^{(1)}i$ 和粒子 ${}^{(N)}i$ 的应变能密度分别写为 [1]

$$
\begin{cases}
\tilde{W}_i^{(1)} = 4\gamma^2 \tilde{g}_i^{(1)} b_S h^2 \displaystyle\sum_{j=1}^{N_S} \dfrac{l^2 \cos^2 \phi}{l^2 + h^2} {}^{(2)}V_j \\[4mm]
\tilde{W}_i^{(N)} = 4\gamma^2 \tilde{g}_i^{(N)} b_S h^2 \displaystyle\sum_{j=1}^{N_S} \dfrac{l^2 \cos^2 \phi}{l^2 + h^2} {}^{(N-1)}V_j
\end{cases}
\tag{8-51}
$$

其中，$\tilde{g}_i^{(1)}$ 和 $\tilde{g}_i^{(N)}$ 分别表示粒子 ${}^{(1)}i$ 和粒子 ${}^{(N)}i$ 的微模量参数 b_S 的表面修正系数，ϕ 代表由粒子 ${}^{(1)}i$ 与粒子 ${}^{(1)}j$ 或粒子 ${}^{(N)}i$ 与粒子 ${}^{(N)}j$ 组成的杆与 x 轴的夹角。

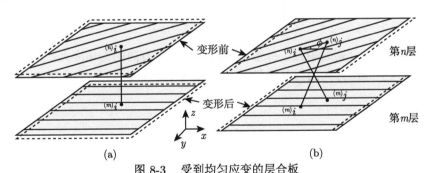

图 8-3　受到均匀应变的层合板

(a) 面外法线方向的均匀应变 ε；(b) x-z 平面的横向剪切应变 γ

在相同的应变条件下，中间层第 n 层的粒子 ${}^{(n)}i$ 的应变能密度可以写为 [1]

$$
\tilde{W}_i^{(n)} = 4\gamma^2 b_S h^2 \sum_{m=n-1,n+1} \sum_{j=1}^{N_S} \frac{l^2 \cos^2 \phi}{l^2 + h^2} {}^{(m)}V_j
\tag{8-52}
$$

利用边界层粒子的应变能密度与中间层粒子的应变能密度相等以及式 (8-51) 和式 (8-52)，$\tilde{g}_i^{(1)}$ 和 $\tilde{g}_i^{(N)}$ 可以写为

$$
\begin{cases}
\tilde{g}_i^{(1)} = \dfrac{\displaystyle\sum_{m=n-1,n+1}\sum_{j=1}^{N_S}\dfrac{l^2\cos^2\phi}{l^2+h^2}{}^{(m)}V_j}{\displaystyle\sum_{j=1}^{N_S}\dfrac{l^2\cos^2\phi}{l^2+h^2}{}^{(2)}V_j} \\[6ex]
\tilde{g}_i^{(N)} = \dfrac{\displaystyle\sum_{m=n-1,n+1}\sum_{j=1}^{N_S}\dfrac{l^2\cos^2\phi}{l^2+h^2}{}^{(m)}V_j}{\displaystyle\sum_{j=1}^{N_S}\dfrac{l^2\cos^2\phi}{l^2+h^2}{}^{(N-1)}V_j}
\end{cases}
\tag{8-53}
$$

8.4　破　坏　准　则

将 Hashin 失效准则 [2] 作为复合材料层合板面内失效的准则。如图 8-4 所示，将模型按纤维方向划分为宽度为 $4\Delta x$ 的若干个子区域。参照文献 [3, 4]，如图 8-4 所示，单元 e_1 的三个粒子坐落在不同子区域中，对于这一类单元，采用基体的破坏准则

$$
\mu_e = \begin{cases}
1, & \left(\dfrac{\sigma_2}{Y}\right)^2 + \left(\dfrac{\tau_{12}}{S_{12}}\right)^2 < 1 \\[2ex]
0, & \left(\dfrac{\sigma_2}{Y}\right)^2 + \left(\dfrac{\tau_{12}}{S_{12}}\right)^2 \geqslant 1
\end{cases}
\tag{8-54}
$$

式中，σ_2 和 τ_{12} 分别为垂直于纤维方向的应力和主方向的剪切应力；Y 和 S_{12} 分别表示垂直于纤维方向的强度和材料主方向的剪切强度。

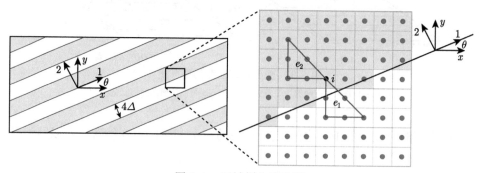

图 8-4　区域划分示意图

如图 8-4 所示，单元 e_2 的三个粒子坐落在同一个子区域中，对于这一类单元，采用纤维的破坏准则

$$\mu_e = \begin{cases} 1, & \left(\dfrac{\sigma_1}{X}\right)^2 < 1 \\[3mm] 0, & \left(\dfrac{\sigma_1}{X}\right)^2 \geqslant 1 \end{cases} \tag{8-55}$$

式中，σ_1 表示纤维方向的应力；X 表示纤维方向的强度。

8.5 求 解 方 案

对于复合材料层合板，仍然利用高斯消元法[5]求解平衡方程，通过罚函数法[6]施加位移边界条件，并将外荷载考虑为体力密度施加到总体荷载矢量当中。利用向前差分法[1,7]求解运动方程。

8.6 数 值 算 例

8.6.1 复合材料单层板变形分析

单层板模型的尺寸及边界条件如图 8-5 所示，薄板长度 L、宽度 W 和厚度 h 分别为 50mm、100mm 和 1mm。纤维方向与 x 轴方向的夹角 θ 分别取 $0°$、$30°$、$45°$、$60°$ 和 $90°$。纤维方向以及垂直纤维方向的模量 E_1 和 E_2 分别取 105000MPa 和 8400MPa，剪切模量 G_{12} 和泊松比 ν_{21} 分别取 4000MPa 和 0.32。模型上下边界施加如下位移条件：

$$u_x(x, 0) = 0, \quad u_y(x, 0) = -0.1\text{mm} \tag{8-56}$$

$$u_x(x, W) = 0, \quad u_y(x, W) = 0.1\text{mm} \tag{8-57}$$

采用有限元 (ABAQUS) 模拟结果和非常规态近场动力学 (NOSBPPD) 模拟结果作为单元型近场动力学模型的参考结果。以上三种模型的相邻粒子之间的距离均取 $\Delta x = 0.5$mm。单元型近场动力学和非常规态近场动力学模型被均匀离散为 20600 个粒子。有限元模型被均匀离散为 20301 个节点和 20000 个 4 节点四边形单元。对于不同纤维方向的复合材料单层板，单元型近场动力学和有限元模型模拟得到的位移分布如图 8-6～图 8-10 所示，其中左侧和右侧结果分别为单元型近场动力学和有限元模拟结果。计算结果表明，单元型近场动力学模拟得到的不同纤维角度的单层板的位移分布与有限元结果一致。以上三种模型在中心线 ($x = L/2$) 上的位移分布，单元型近场动力学模型与有限元模型在中心线 ($x = L/2$) 上的应力分布分别如图 8-11～图 8-15 所示。结果表明，$0°$ 和 $90°$ 单层板的位移 u_y 沿 y 方向呈线性分布。$30°$、$45°$ 和 $60°$ 单层板的位移 u_x 沿 y 方向呈正弦曲线分布。非常规态模型计算得到的位移 u_x 和 u_y 表现出明显的波动，特别是位移 u_x，而单元型近场动力学结果没有表现出任何不稳定现象。

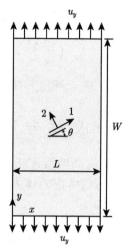

图 8-5   模型尺寸及边界条件

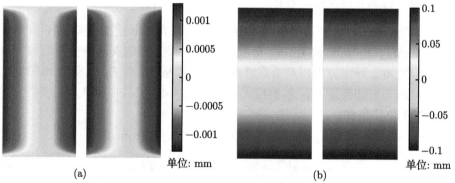

(a)   (b)

图 8-6   0° 单层板位移分布

(a) u_x; (b) u_y

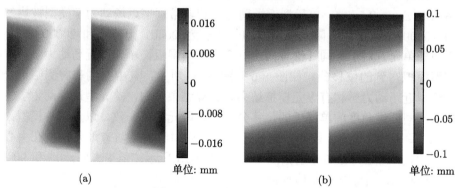

(a)   (b)

图 8-7   30° 单层板位移分布

(a) u_x; (b) u_y

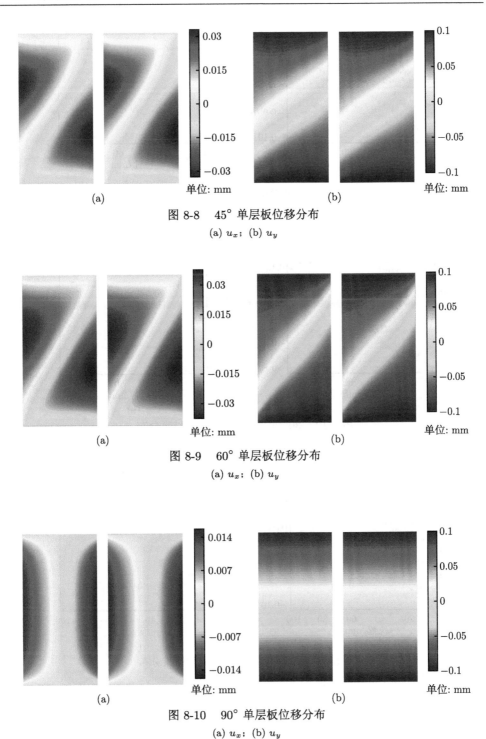

图 8-8   45° 单层板位移分布

(a) u_x；(b) u_y

图 8-9   60° 单层板位移分布

(a) u_x；(b) u_y

图 8-10   90° 单层板位移分布

(a) u_x；(b) u_y

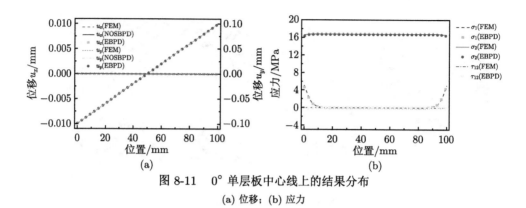

图 8-11   0° 单层板中心线上的结果分布

(a) 位移；(b) 应力

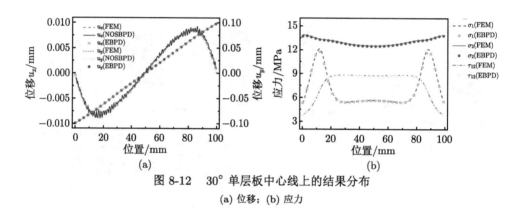

图 8-12   30° 单层板中心线上的结果分布

(a) 位移；(b) 应力

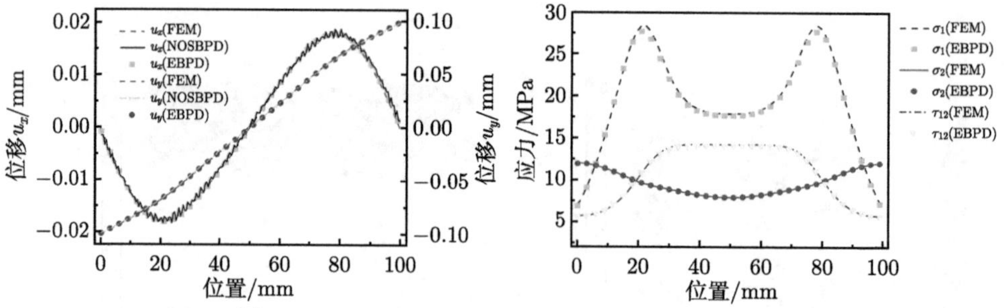

图 8-13   45° 单层板中心线上的结果分布

(a) 位移；(b) 应力

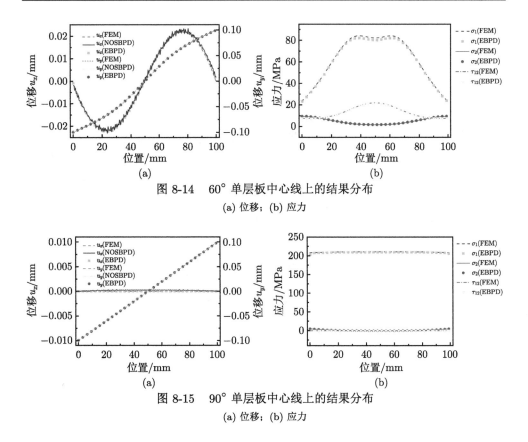

图 8-14 60° 单层板中心线上的结果分布

(a) 位移；(b) 应力

图 8-15 90° 单层板中心线上的结果分布

(a) 位移；(b) 应力

8.6.2 复合材料层合板变形分析

层合板模型的尺寸如图 8-16 所示，薄板长度 L 和宽度 W 均为 50mm，单层厚度 n 为 0.1mm。层合板铺层顺序为 $[0°/30°/60°/90°]$。纤维方向以及垂直纤维方向的模量 E_1 和 E_2 分别取 105000MPa 和 8400MPa，剪切模量 G_{12}、G_{23} 和泊松比 ν_{21} 分别取 4000MPa、3000MPa 和 0.32。

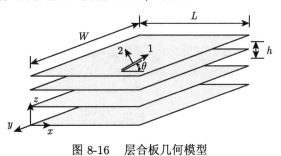

图 8-16 层合板几何模型

模型的位移边界条件为

$$\begin{cases} u_x\left(x,0,z\right)=0.1\mathrm{mm}, \quad u_x\left(x,0,z\right)=u_z\left(x,0,z\right)=0 & (8\text{-}58) \\ u_x\left(x,-W,z\right)=-0.1\mathrm{mm}, \quad u_x\left(x,0,z\right)=u_z\left(x,0,z\right)=0 & (8\text{-}59) \end{cases}$$

近场动力学模型面内相邻粒子之间的距离取为 $\Delta x = 1\mathrm{mm}$。采用有限元 (ABAQUS) 模拟结果作为近场动力学模型的参考结果。有限元模型采用实体建模并采用 8 节点六面体单元进行离散，在 x 方向、y 方向和 z 方向的网格密度分别取 0.25mm、0.25mm 和 0.05mm。图 8-17～ 图 8-19 分别展示了以上两种模型计算得到的位移 u_x、位移 u_y 和位移 u_z，其中第一行为近场动力学结果，第二行为有限元结果。图 8-20 展示了位移沿直线 l $(y = -25.5\mathrm{mm})$ 的分布规律。结果表明，单元型近场动力学的模拟结果与有限元结果吻合。

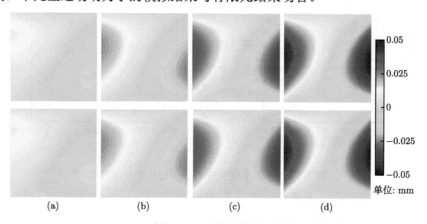

图 8-17　层合板位移 u_x

(a) 0° 层；(b) 30° 层；(c) 60° 层；(d) 90° 层

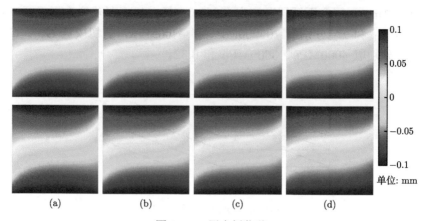

图 8-18　层合板位移 u_y

(a) 0° 层；(b) 30° 层；(c) 60° 层；(d) 90° 层

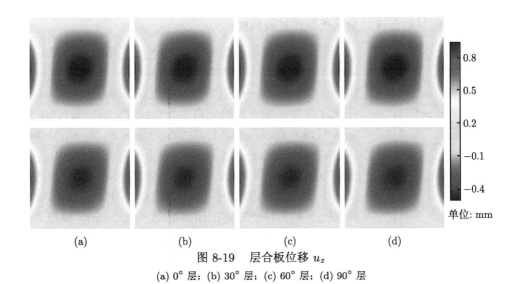

图 8-19 层合板位移 u_z

(a) $0°$ 层；(b) $30°$ 层；(c) $60°$ 层；(d) $90°$ 层

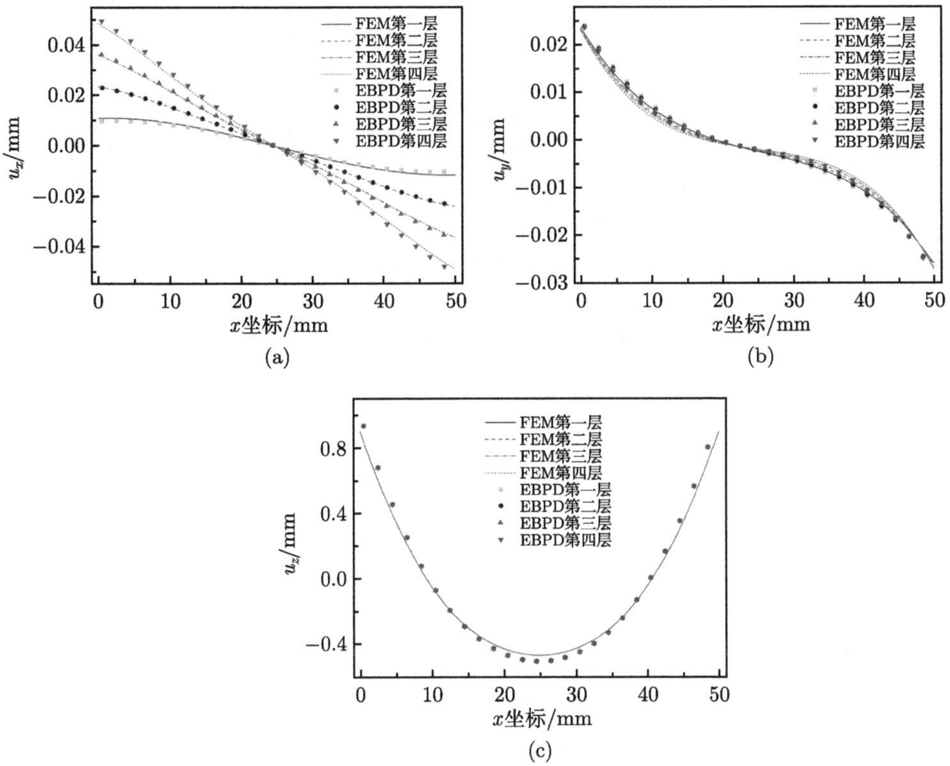

图 8-20 直线 l $(y = -25.5\text{mm})$ 上的位移

(a) 位移 u_x；(b) 位移 u_y；(c) 位移 u_z

8.6.3　不同纤维角度的单层板裂纹扩展模拟

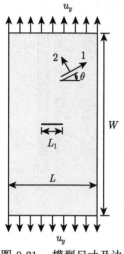

图 8-21　模型尺寸及边
界条件

带初始裂纹单层板的几何尺寸及边界条件如图 8-21 所示，薄板长度 L、宽度 W 和厚度 h 分别为 50mm、100mm 和 1mm。模型中央初始裂纹长度 L_1 为 10mm。纤维方向与 x 轴方向的夹角 θ 分别取 0°、30°、45°、60° 和 90°。纤维方向以及垂直纤维方向的模量 E_1 和 E_2 分别取 164000MPa 和 8977MPa，剪切模量 G_{12} 和泊松比 ν_{21} 分别取 4020MPa 和 0.32。纤维方向强度 X，垂直纤维方向强度 Y 以及剪切强度 S_{12} 分别为 2905MPa、100MPa 和 80MPa。相邻粒子之间的距离取 Δx =0.5mm。模型上下边界的水平位移 u_x 保持为 0，竖直位移 u_y 按 0.0001mm 递增，直至薄板出现贯穿裂纹。

模拟得到的不同纤维角度单层板的裂纹扩展路径与文献 [8] 的实验结果如图 8-22 所示，对于不同的纤维角度，裂纹均沿着纤维方向发生扩展，直至模型中出现贯穿裂纹。此外，模拟结果与实验结果 [8] 一致。

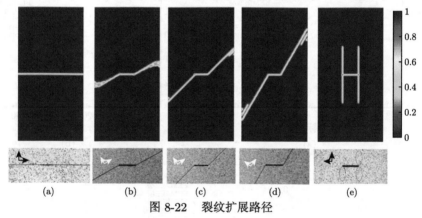

图 8-22　裂纹扩展路径

(a) 0° 单层板；(b) 30° 单层板；(c) 45° 单层板；(d) 60° 单层板；(e) 90° 单层板

8.6.4　紧凑拉伸件裂纹扩展模拟

紧凑拉伸件模型的几何尺寸及边界条件如图 8-23 所示，其中 w =40.0 mm，a =20.0mm，厚度 h =1mm。纤维方向与 x 轴方向夹角分别取 θ=0°、θ=15°、θ=30°、θ=45°、θ=60°、θ=75° 和 θ=90°。材料参数与 8.6.3 节相同。相邻粒子之间的距离取 Δx =0.5mm。在上下两个圆孔中施加位移边界条件，其中两个圆孔的水平位移 u_x 保持为 0，竖直位移 u_y 按 0.0005mm 递增，直至薄板出现贯穿裂纹。

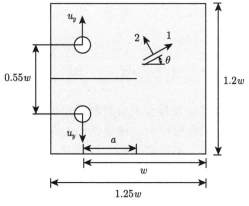

图 8-23 紧凑拉伸件模型

采用单元型近场动力学模拟得到的不同纤维角度紧凑拉伸件的裂纹扩展路径与文献 [9] 的实验结果如图 8-24 所示，其中第一行为单元型近场动力学预测的裂纹扩展路径，第二行为文献 [9] 预测的裂纹扩展路径。结果表明，对于所有纤维角

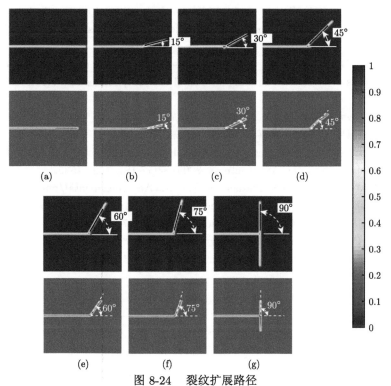

图 8-24 裂纹扩展路径

(a) 0° 单层板；(b) 15° 单层板；(c) 30° 单层板；(d) 45° 单层板；(e) 60° 单层板；(f) 75° 单层板；

(g) 90° 单层板

度，裂纹仍然沿着纤维方向发生扩展。此外，单元型近场动力学预测结果与文献 [9] 的预测结果基本吻合。

8.7　小　　结

本章将第 3 章的弹性理论发展至复合材料单层板模型，并在模型中加入层间键和剪切键作用，提出了层合板模型。模型在面内存在四个独立的材料参数，材料参数可以随角度连续变化且不存在不稳定性问题。通过一系列算例验证了模型处理复合材料变形和裂纹扩展问题的能力。

参 考 文 献

[1] Madenci E, Oterkus E. Peridynamic Theory and Its Applications[M]. New York: Springer, 2014.

[2] Hashin Z, Rotem A. A fatigue failure criterion for fiber reinforced materials[J]. Journal of Composite Materials, 1973, 7(4): 448-464.

[3] Hu Y L, Madenci E. Bond-based peridynamic modeling of composite laminates with arbitrary fiber orientation and stacking sequence[J]. Composite Structures, 2016, 153: 139-175.

[4] Liu S, Fang G, Liang J, et al. An element-based peridynamic model for elastic and fracture analysis of composite lamina[J]. Journal of Peridynamics and Nonlocal Modeling, 2022: 1-28.

[5] 李景涌. 有限元法 [M]. 北京: 北京邮电学院出版社, 1999.

[6] 王勖成. 有限单元法 [M]. 北京: 清华大学出版社, 2003.

[7] Silling S A, Askari E. A meshfree method based on the peridynamic model of solid mechanics[J]. Computers & Structures, 2005, 83(17-18): 1526-1535.

[8] Cahill L M A, Natarajan S, Bordas S P A, et al. An experimental/numerical investigation into the main driving force for crack propagation in uni-directional fibre-reinforced composite laminae[J]. Composite Structures, 2014, 107: 119-130.

[9] Zhang H, Qiao P. A state-based peridynamic model for quantitative elastic and fracture analysis of orthotropic materials[J]. Engineering Fracture Mechanics, 2019, 206: 147-171.

第 9 章　复合材料细观模型

9.1　引　言

纤维增强复合材料的力学性能和损伤模式取决于各组分材料的性能和几何细观结构特征 [1,2]。复合材料细观模型可以帮助我们更好地预报其力学性能和损伤行为，并为材料设计和优化提供指导 [3]。基于单元型近场动力学处理裂纹扩展问题的优势，本章提出单元型近场动力学细观模型，并给出了针对单元型近场动力学细观模型的周期性边界条件施加方案。为了提高纤维与基体交界面附近的计算精度，采用高斯 (Gaussian) 积分计算模型中单元的刚度密度矩阵。

9.2　基体的界面处理方案

代表性体积单元是指在宏观尺度下，能代表复合材料细观结构的微观结构单元，基于近场动力学理论的细观力学分析需要构建细观结构的代表性体积单元。键型模型的界面处理方案如图 9-1 (a) 所示，粒子 i 位于材料 1 中，粒子 j 位于材料 2 中。由粒子 i 和粒子 j 位组成的键被界面分为 l_1 和 l_2 两部分，其中 l_1 赋予材料 1 的材料属性，l_2 赋予材料 2 的材料属性。单元型理论采用虚拟单元表征粒子之间的相互作用，不能直接采用键型理论的界面处理方案。和前面章节采用直接积分得到单元刚度密度矩阵的方式不同，本章采用 Gaussian 积分计算模型中单元的刚度密度矩阵从而提高纤维与基体交界面附近的计算精度。如图 9-1 (b) 所示，采用单元积分点所在位置的材料参数表示单元的材料参数。

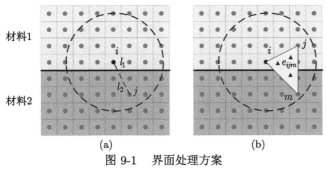

图 9-1　界面处理方案

(a) 键型理论界面处理方案；(b) 单元型理论界面处理方案

在第 2 章中，有限元中的 3 节点三角形单元的刚度矩阵由式 (2-11) 表示。式 (2-11) 为直接积分后的表达方式，即

$$\overline{\boldsymbol{k}}_{ijm} = \int_{S_{ijm}} \boldsymbol{B}^{\mathrm{T}} \boldsymbol{D} \boldsymbol{B} h \mathrm{d}x \mathrm{d}y = \boldsymbol{B}^{\mathrm{T}} \boldsymbol{D} \boldsymbol{B} h S_{ijm} \tag{9-1}$$

如果采用高斯数值积分的方式，式 (9-1) 可以改写为

$$\overline{\boldsymbol{k}}_{ijm} = \sum_{p=1}^{n} \boldsymbol{B}^{\mathrm{T}} \boldsymbol{D} \boldsymbol{B} \left| \boldsymbol{J} \right| h \omega_p \tag{9-2}$$

式中，n 表示积分点的个数；$\boldsymbol{J}$ 表示雅可比矩阵，对于二维问题

$$\boldsymbol{J} = \begin{bmatrix} \dfrac{\partial N_1}{\partial \xi} & \dfrac{\partial N_2}{\partial \xi} & \dfrac{\partial N_3}{\partial \xi} \\ \dfrac{\partial N_1}{\partial \eta} & \dfrac{\partial N_2}{\partial \eta} & \dfrac{\partial N_3}{\partial \eta} \end{bmatrix} \begin{bmatrix} x_i & y_i \\ x_j & y_j \\ x_m & y_m \end{bmatrix} \tag{9-3}$$

式中，x_k 和 y_k 表示粒子 $k(k = i, j, m)$ 的坐标；N_1、N_2 和 N_3 为形函数 $\boldsymbol{N}$ 中的元素，

$$\boldsymbol{N} = \begin{bmatrix} N_1 & N_2 & N_3 \end{bmatrix} = \begin{bmatrix} 1 - \xi - \eta & \xi & \eta \end{bmatrix} \tag{9-4}$$

如图 9-2 所示，ξ 和 η 表示自然坐标；ω_p 表示第 p 个积分点的权函数，如果 3 节点三角形单元有 3 个积分点，则积分点的坐标和权函数的取值为

$$\begin{cases} \xi_1 = \dfrac{1}{6}, & \eta_1 = \dfrac{1}{6}, & \omega_1 = \dfrac{1}{6} \\ \xi_2 = \dfrac{2}{3}, & \eta_2 = \dfrac{1}{6}, & \omega_2 = \dfrac{1}{6} \\ \xi_3 = \dfrac{1}{6}, & \eta_3 = \dfrac{2}{3}, & \omega_3 = \dfrac{1}{6} \end{cases} \tag{9-5}$$

对于高斯数值积分的形式，单元型近场动力学 3 节点三角形单元的单元刚度密度矩阵定义为

$$\boldsymbol{k}_{ijm}^e = \frac{\omega \left\langle |\boldsymbol{\xi}| \right\rangle c_e \overline{\boldsymbol{k}}_{ijm}}{h S_{ijm}} = \frac{\omega \left\langle |\boldsymbol{\xi}| \right\rangle c_e}{S_{ijm}} \sum_{p=1}^{n} \boldsymbol{B}^{\mathrm{T}} \boldsymbol{D} \boldsymbol{B} \left| \boldsymbol{J} \right| \omega_p \tag{9-6}$$

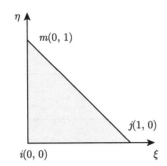

图 9-2　自然坐标系下的单元 e_{ijm}

9.3　周期性边界条件

在使用代表性体积单元进行模拟分析时，需要施加周期性边界条件，其目的在于模拟无限大复合材料中的细观结构单元。具体来说，在代表性体积单元中施加周期性边界条件时，要求从代表性体积单元的一个侧面出去的应变场等于从相反侧面进入的应变场。这种做法可以将代表性体积单元看成是一个具有无限重复结构的体积单元，从而实现对整个复合材料细观结构的模拟。因此，为了保证细观模型在边界上与相邻模型的位移场连续性，将周期性边界条件应用于细观模型。细观模型如图 9-3 所示，其中模型的长度和宽度分别为 L_x 和 L_y。近场动力学模型的位移边界条件施加于厚度为 δ 的虚拟边界层中从而保证约束条件在计算区域内得到准确的反映 [4,5]。图中 Ω_k $(k = 1, \cdots, 8)$ 表示施加位移边界条件的区域。根据文献 [6]，周期性边界条件可以用边界粒子的位移关系式表达

$$
\begin{cases}
u_{\Omega_1} - u_{\Omega_2} = L_x \varepsilon_x \\
v_{\Omega_1} - v_{\Omega_2} = L_y \gamma_{xy} \\
u_{\Omega_3} - u_{\Omega_4} = 0 \\
v_{\Omega_3} - v_{\Omega_4} = L_y \varepsilon_y \\
u_{\Omega_5} - u_{\Omega_6} = L_x \varepsilon_x \\
v_{\Omega_5} - v_{\Omega_6} = L_x \gamma_{xy} \\
u_{\Omega_5} - u_{\Omega_7} = L_x \varepsilon_x \\
v_{\Omega_5} - v_{\Omega_7} = L_x \gamma_{xy} + L_y \varepsilon_y \\
u_{\Omega_5} - u_{\Omega_8} = 0 \\
v_{\Omega_5} - v_{\Omega_8} = L_y \varepsilon_y
\end{cases}
\tag{9-7}
$$

式中，ε_x、ε_y 和 γ_{xy} 分别为细观模型施加的应变；u_k $(k = \Omega_1, \Omega_2, \cdots, \Omega_8)$ 和 v_k $(k = \Omega_1, \Omega_2, \cdots, \Omega_8)$ 分别表示区域内粒子在 x 方向和 y 方向的位移。

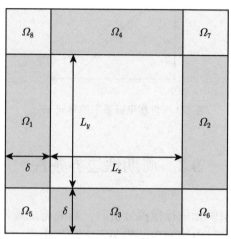

图 9-3　细观模型图

　　周期性边界条件是通过对虚拟边界层内的粒子施加位移约束来实现的。图 9-4 (a) 和 (b) 分别表示左右边界层 (区域 Ω_1 和区域 Ω_2) 以及上下边界层 (区域 Ω_3 和区域 Ω_4) 内各个粒子的对应关系，图 9-4 (c) 显示了左下角边界区域 Ω_5 的粒子与其余三个边界区域 (区域 Ω_6、区域 Ω_7 和区域 Ω_8) 粒子的对应关系。其中粒子 i 与其他区域的粒子 i_k $(k =1, 2, \cdots, 5)$ 相互对应。

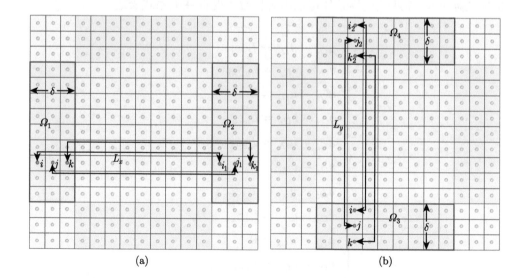

(a)   (b)

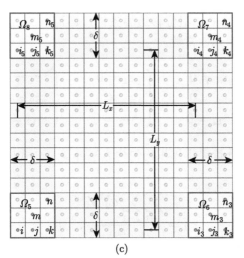

(c)

图 9-4 周期性边界条件

(a) 左右边界粒子对应关系；(b) 上下边界粒子对应关系；(c) 角点区域粒子对应关系

9.4 复合材料性能预报

对于由纤维和基体组成的二维复合材料细观模型，应力-应变关系写为

$$\boldsymbol{\sigma} = \boldsymbol{D}\boldsymbol{\varepsilon} \tag{9-8}$$

式中，$\boldsymbol{D}$ 表示弹性矩阵，

$$\boldsymbol{D} = \begin{bmatrix} D_{11} & D_{12} & D_{13} \\ D_{21} & D_{22} & D_{23} \\ D_{31} & D_{32} & D_{33} \end{bmatrix} \tag{9-9}$$

式中，$D_{ij}\,(i,j=1,2,3)$ 为材料的弹性常数。

$\boldsymbol{\sigma}$ 表示应力矢量

$$\boldsymbol{\sigma} = \begin{bmatrix} \sigma_1 & \sigma_2 & \tau_{12} \end{bmatrix}^{\mathrm{T}} \tag{9-10}$$

式中，σ_1 和 σ_2 分别为材料 1 方向和材料 2 方向的正应力；τ_{12} 为剪应力。

$\boldsymbol{\varepsilon}$ 表示应变矢量

$$\boldsymbol{\varepsilon} = \begin{bmatrix} \varepsilon_1 & \varepsilon_2 & \gamma_{12} \end{bmatrix}^{\mathrm{T}} \tag{9-11}$$

式中，ε_1 和 ε_2 分别为材料 1 方向和材料 2 方向的正应变；γ_{12} 为剪应变。

采用式 (9-12) 表示的三组位移边界条件，即沿 x 和 y 方向的单轴应变和纯剪切应变，计算材料的弹性常数。

$$\left\{\begin{array}{l} \varepsilon_1 \neq 0 \\ \varepsilon_2 = 0 \\ \gamma_{12} = 0 \end{array}\right. , \quad \left\{\begin{array}{l} \varepsilon_1 = 0 \\ \varepsilon_2 \neq 0 \\ \gamma_{12} = 0 \end{array}\right. , \quad \left\{\begin{array}{l} \varepsilon_1 = 0 \\ \varepsilon_2 = 0 \\ \gamma_{12} \neq 0 \end{array}\right. \tag{9-12}$$

平均应力矢量的分量采用体积均匀化方法计算，公式如下 [7,8]：

$$\sigma_1 = \frac{\sum\limits_{i=1}^{J}\sum\limits_{e=1}^{E_0} \sigma_1^{i,e} V_i}{\sum\limits_{i=1}^{J}\sum\limits_{e=1}^{E_0} V_i}, \quad \sigma_2 = \frac{\sum\limits_{i=1}^{J}\sum\limits_{e=1}^{E_0} \sigma_2^{i,e} V_i}{\sum\limits_{i=1}^{J}\sum\limits_{e=1}^{E_0} V_i}, \quad \tau_{12} = \frac{\sum\limits_{i=1}^{J}\sum\limits_{e=1}^{E_0} \tau_{12}^{i,e} V_i}{\sum\limits_{i=1}^{J}\sum\limits_{e=1}^{E_0} V_i} \tag{9-13}$$

式中，J 和 E_0 分别表示模型中粒子总数和粒子作用范围内的单元总数；V_i 表示粒子 i 所占的体积。

将 x 方向的单轴应变代入式 (9-8) 即可得到弹性常数 D_{11}、D_{21} 和 D_{31}，将 y 方向的单轴应变以及纯剪切应变代入式 (9-8) 即可得到弹性常数 D_{12}、D_{22}、D_{32} 以及弹性常数 D_{13}、D_{23}、D_{33}。细观模型不但可以预报复合材料的弹性常数，还可以预测复合材料的强度值。在本章提出的单元型近场动力学细观模型中，基体单元采用最大应力准则，即式 (9-14)，不考虑纤维单元的损伤。

$$\mu_e = \left\{\begin{array}{ll} 1, & \sigma_e < \sigma_{\mathrm{m}} \\ 0, & \sigma_e \geqslant \sigma_{\mathrm{m}} \end{array}\right. \tag{9-14}$$

式中，σ_{m} 表示基体材料的抗拉强度；σ_e 表示单元最大应力。

9.5　求　解　方　案

对于单元型近场动力学细观模型，可以采用高斯消元法 [9] 求解其平衡方程。在预报复合材料弹性性能时，分别施加 x 方向、y 方向的单轴应变以及纯剪切应变得到弹性矩阵中第 1、第 2 和第 3 列的弹性参数。在预报复合材料强度时，通过不断增加应变的方式得到每一计算步的裂纹路径，其中每一计算步均采用高斯消元法 [9] 求解平衡方程。

9.6 数 值 算 例

9.6.1 单向复合材料性能预报

复合材料往往具有复杂的细观结构，难以采用有限元精细化网格进行离散。采用有限元像素网格对模型进行离散是一个可行的方案。然而，像素有限元网格破坏了纤维界面的连续性，在纤维基体界面附近造成较大的计算误差。单元型近场动力学属于非局部理论，模型中粒子的应力由其作用范围内所有单元的应力求平均得到，在采用像素网格离散时可以有效降低纤维基体界面附近的误差。为了验证单元型近场动力学细观模型表征应力场的优势，分别采用均匀离散的单元型近场动力学模型、基于像素离散的有限元模型以及精细化离散的有限元模型对含有单根纤维代表性体积单元进行材料性能预报。模型尺寸如图 9-5 所示，其中长度 L_x 和宽度 L_y 均为 100μm，纤维圆心位于 (0μm, 0μm)，纤维直径为 40μm。纤维材料参数为：杨氏模量 E_f =40000MPa，泊松比 ν_f =0.3986。基体材料参数为：杨氏模量 E_m =3760MPa，泊松比 ν_m =0.39。通过施加 x 方向、y 方向的单轴应变以及纯剪切应变计算材料的弹性常数。以上三种边界条件分别表示为

$$\left\{ \begin{array}{l} \varepsilon_1 = 0.01 \\ \varepsilon_2 = 0 \\ \gamma_{12} = 0 \end{array} \right. , \quad \left\{ \begin{array}{l} \varepsilon_1 = 0 \\ \varepsilon_2 = 0.01 \\ \gamma_{12} = 0 \end{array} \right. , \quad \left\{ \begin{array}{l} \varepsilon_1 = 0 \\ \varepsilon_2 = 0 \\ \gamma_{12} = 0.01 \end{array} \right. \tag{9-15}$$

单元型近场动力学模型的相邻粒子距离 Δx 取 1μm，模型均匀离散为 11236 个粒子，基于像素离散的有限元模型均匀离散为 10201 个节点和 10000 个 4 节点四边形单元，精细化离散的有限元模型离散为 19361 个节点和 19200 个 4 节点四边形单元。其中近场动力学 3 节点三角形单元采用三个积分点、有限元 4 节点四边形单元采用 4 个积分点进行计算。

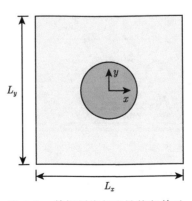

图 9-5 单根纤维代表性体积单元

　　采用单元型近场动力学模型、基于像素离散的有限元模型以及精细化离散的有限元模型计算边界条件 1 对应的应力分布如图 9-6 所示。从图中可以看出，单元型近场动力学模型、基于像素离散的有限元模型在纤维基体界面附近均体现出了应力的波动，其中应力 σ_x 和应力 σ_y 的波动较为明显。此外，基于像素离散的有限元模型在界面附近体现出的波动明显高于单元型近场动力学模型。采用以上三种模型计算边界条件 3 对应的应力分布如图 9-7 所示。单元型近场动力学模型

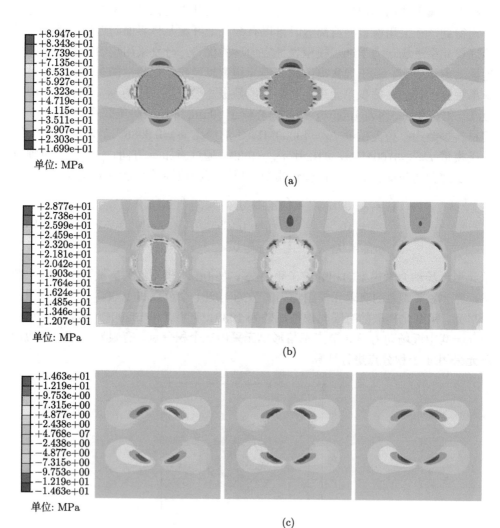

图 9-6　边界条件 1 对应的代表性体积单元应力云图，左侧为 EBPD 结果，中间为 FEM 像素网格结果，右侧为 FEM 精细化网格结果

(a) 应力 σ_x；(b) 应力 σ_y；(c) 应力 σ_{xy}

和基于像素离散的有限元模型在计算应力 σ_{xy} 时，在纤维基体界面附近体现出了明显的波动，且基于像素离散的有限元模型体现出的波动明显高于单元型近场动力学模型。

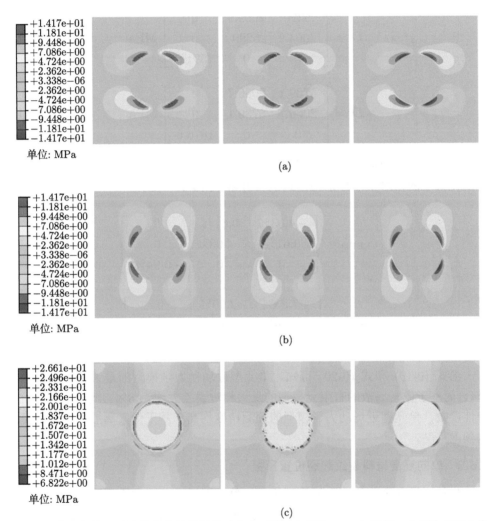

图 9-7 边界条件 3 对应的代表性体积单元应力云图，左侧为 EBPD 结果，中间为 FEM 像素网格结果，右侧为 FEM 精细化网格结果

(a) 应力 σ_x；(b) 应力 σ_y；(c) 应力 σ_{xy}

采用单元型近场动力学模型、基于像素离散的有限元模型以及精细化离散的有限元模型预测得到的弹性常数分别由式 (9-16)~ 式 (9-18) 表示

$$
\boldsymbol{D} = \begin{bmatrix} 5507.9 & 2079.3 & 0 \\ 2079.3 & 5507.9 & 0 \\ 0 & 0 & 1660.8 \end{bmatrix} \text{MPa} \tag{9-16}
$$

$$
\boldsymbol{D} = \begin{bmatrix} 5290 & 2004.9 & 0 \\ 2004.9 & 5290 & 0 \\ 0 & 0 & 1591.6 \end{bmatrix} \text{MPa} \tag{9-17}
$$

$$
\boldsymbol{D} = \begin{bmatrix} 5739.1 & 2066.7 & 0 \\ 2066.7 & 5739.1 & 0 \\ 0 & 0 & 1676.6 \end{bmatrix} \text{MPa} \tag{9-18}
$$

和精细化离散的有限元模型相比，单元型近场动力学模型和基于像素离散的有限元模型的相对误差分别为由式 (9-19) 和式 (9-20) 表示

$$
\boldsymbol{e}_{\text{EBPD}} = \begin{bmatrix} -4.03\% & 0.61\% & 0 \\ 0.61\% & -4.03\% & 0 \\ 0 & 0 & -0.94\% \end{bmatrix} \tag{9-19}
$$

$$
\boldsymbol{e}_{\text{FEM}} = \begin{bmatrix} -7.83\% & -2.99\% & 0 \\ -2.99\% & -7.83\% & 0 \\ 0 & 0 & -5.07\% \end{bmatrix} \tag{9-20}
$$

由式 (9-19) 和式 (9-20) 可知，单元型近场动力学模型的最大相对误差约为 4%，而基于像素离散的有限元模型的最大相对误差大约为 8%。此外，对于所有弹性参数，单元型近场动力学模型的预测精度均高于基于像素离散的有限元模型的预测精度。

9.6.2　单向复合材料裂纹起裂位置预报

与基于像素离散的有限元模型相比，单元型近场动力学模型除了能够有效降低纤维基体界面附近应力的误差之外，还可以更准确地表征裂纹的起裂位置。如图 9-8 所示的双纤维代表性体积单元，其中长度 L_x 和宽度 L_y 分别为 150μm 和 100μm，纤维圆心分别位于 (−30μm, 0μm) 和 (30μm, 0μm)，纤维直径均为 40μm。纤维以及基体的材料参数与 9.6.1 节中的材料参数相同，基体强度值为 σ_{m} =90MPa，分别采用均匀离散的单元型近场动力学模型、基于像素离散的有限元模型以及精细化离散的有限元模型模拟裂纹形核以及扩展过程。单元型近场动力学模型的相邻粒子距离 $\Delta x = 1$μm，模型均匀离散为 16536 个粒子，基于像素

离散的有限元模型均匀离散为 15251 个节点和 15000 个 4 节点四边形单元，精细化离散的有限元模型离散为 17589 个节点和 17356 个 4 节点四边形单元。其中近场动力学 3 节点三角形单元采用三个积分点、有限元 4 节点四边形单元采用 4 个积分点进行计算。

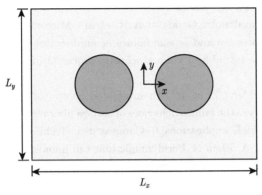

图 9-8　双纤维代表性体积单元

采用以上三种模型计算得到的裂纹起裂位置如图 9-9 所示。从图 9-9 可以看出，单元型近场动力学模型和精细化离散的有限元模型预测的裂纹起裂位置相同，均位于纤维与基体相交处中部，而基于像素离散的有限元模型预测的裂纹起裂位置位于纤维与基体相交处中上部和中下部，这是由界面附近应力预测不准造成的。

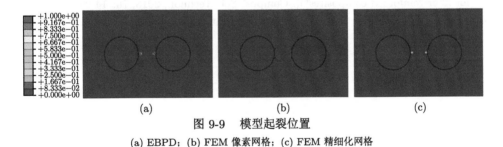

图 9-9　模型起裂位置
(a) EBPD；(b) FEM 像素网格；(c) FEM 精细化网格

9.7　小　　结

本章将单元型近场动力学理论扩展至复合材料细观模型，并给出了周期性边界条件施加方案和求解方案。与基于像素离散的有限元模型相比，单元型近场动力学细观模型可以降低纤维基体界面附近的应力波动，更准确地预报复合材料弹性参数以及裂纹起裂位置。本章提出的单元型近场动力学模型有望拓展至三维编织复合材料等复杂几何结构的性能预报工作。

参 考 文 献

[1] Herráez M, González C, Lopes C S, et al. Computational micromechanics evaluation of the effect of fiber shape on the transverse strength of unidirectional composites: an approach to virtual materials design[J]. Composites Part A: Applied Science and Manufacturing, 2016, 91: 484-492.

[2] Varandas L F, Catalanotti G, Melro A R, et al. Micromechanical modelling of the longitudinal compressive and tensile failure of unidirectional composites: the effect of fiber misalignment introduced via a stochastic process[J]. Int. J. Solids Struct., 2020, 203: 157-176.

[3] Sun Q, Zhou G, Meng Z, et al. An integrated computational materials engineering framework to analyze the failure behaviors of carbon fiber reinforced polymer composites for lightweight vehicle applications[J]. Compos. Sci. Technol., 2021, 202: 108560.

[4] Madenci E, Barut A, Phan N. Peridynamic unit cell homogenization for thermo-elastic properties of heterogenous microstructures with defects[J]. Compos. Struct., 2018, 188: 104-115.

[5] Macek R W, Silling S A. Peridynamics via finite element analysis[J]. Finite. Elem. Anal. Des., 2007, 43: 1169-1178.

[6] Li S, Sitnikova E. Representative volume elements and unit cells: concepts, theory, applications and implementation[J]. London: Woodhead Publishing, 2019.

[7] Melro A R, Camanho P P, Pinho S T. Generation of random distribution of fibers in long-fiber reinforced composites[J]. Compos. Sci. Technol., 2008, 68: 2092-2102.

[8] Yang L, Yan Y, Ran Z, et al. A new method for generating random fiber distributions for fiber reinforced composites[J]. Compos. Sci. Technol., 2013, 76: 14-20.

[9] 李景涌. 有限元法 [M]. 北京: 北京邮电学院出版社, 1999.

附录 A 转 换 矩 阵

G 表示单元刚度密度矩阵向总体刚度矩阵添加元素时用到的转换矩阵，对于一维、二维以及三维问题，它的表达式分别为

$$G = \begin{matrix} 1 & \cdots & i & \cdots & j & \cdots & J \\ \begin{bmatrix} 0 & \cdots & 1 & \cdots & 0 & \cdots & 0 \\ 0 & \cdots & 0 & \cdots & 1 & \cdots & 0 \end{bmatrix} \end{matrix} \qquad \text{(A-1a)}$$

$$G = \begin{matrix} 1 & \cdots & 2i-1 & 2i & \cdots & 2j-1 & 2j & \cdots & 2m-1 & 2m & \cdots & 2J \\ \begin{bmatrix} 0 & \cdots & 1 & 0 & \cdots & 0 & 0 & \cdots & 0 & 0 & \cdots & 0 \\ 0 & \cdots & 0 & 1 & \cdots & 0 & 0 & \cdots & 0 & 0 & \cdots & 0 \\ 0 & \cdots & 0 & 0 & \cdots & 1 & 0 & \cdots & 0 & 0 & \cdots & 0 \\ 0 & \cdots & 0 & 0 & \cdots & 0 & 1 & \cdots & 0 & 0 & \cdots & 0 \\ 0 & \cdots & 0 & 0 & \cdots & 0 & 0 & \cdots & 1 & 0 & \cdots & 0 \\ 0 & \cdots & 0 & 0 & \cdots & 0 & 0 & \cdots & 0 & 1 & \cdots & 0 \end{bmatrix} \end{matrix}$$

$$\text{(A-1b)}$$

$$G = \begin{matrix} 1 & \cdots & 3i-2 & 3i-1 & 3i & \cdots & 3j-2 & 3j-1 & 3j & \cdots & 3m-2 & 3m-1 & 3m & \cdots & 3n-2 & 3n-1 & 3n & \cdots & 3J \\ \begin{bmatrix} 0 & \cdots & 1 & 0 & 0 & \cdots & 0 & 0 & 0 & \cdots & 0 & 0 & 0 & \cdots & 0 & 0 & 0 & \cdots & 0 \\ 0 & \cdots & 0 & 1 & 0 & \cdots & 0 & 0 & 0 & \cdots & 0 & 0 & 0 & \cdots & 0 & 0 & 0 & \cdots & 0 \\ 0 & \cdots & 0 & 0 & 1 & \cdots & 0 & 0 & 0 & \cdots & 0 & 0 & 0 & \cdots & 0 & 0 & 0 & \cdots & 0 \\ 0 & \cdots & 0 & 0 & 0 & \cdots & 1 & 0 & 0 & \cdots & 0 & 0 & 0 & \cdots & 0 & 0 & 0 & \cdots & 0 \\ 0 & \cdots & 0 & 0 & 0 & \cdots & 0 & 1 & 0 & \cdots & 0 & 0 & 0 & \cdots & 0 & 0 & 0 & \cdots & 0 \\ 0 & \cdots & 0 & 0 & 0 & \cdots & 0 & 0 & 1 & \cdots & 0 & 0 & 0 & \cdots & 0 & 0 & 0 & \cdots & 0 \\ 0 & \cdots & 0 & 0 & 0 & \cdots & 0 & 0 & 0 & \cdots & 1 & 0 & 0 & \cdots & 0 & 0 & 0 & \cdots & 0 \\ 0 & \cdots & 0 & 0 & 0 & \cdots & 0 & 0 & 0 & \cdots & 0 & 1 & 0 & \cdots & 0 & 0 & 0 & \cdots & 0 \\ 0 & \cdots & 0 & 0 & 0 & \cdots & 0 & 0 & 0 & \cdots & 0 & 0 & 1 & \cdots & 0 & 0 & 0 & \cdots & 0 \\ 0 & \cdots & 0 & 0 & 0 & \cdots & 0 & 0 & 0 & \cdots & 0 & 0 & 0 & \cdots & 1 & 0 & 0 & \cdots & 0 \\ 0 & \cdots & 0 & 0 & 0 & \cdots & 0 & 0 & 0 & \cdots & 0 & 0 & 0 & \cdots & 0 & 1 & 0 & \cdots & 0 \\ 0 & \cdots & 0 & 0 & 0 & \cdots & 0 & 0 & 0 & \cdots & 0 & 0 & 0 & \cdots & 0 & 0 & 1 & \cdots & 0 \end{bmatrix} \end{matrix}$$

$$\text{(A-1c)}$$

G_1 表示单元刚度密度矩阵向总体刚度矩阵添加元素或体力密度矢量向总体

荷载矢量添加元素时用到的转换矩阵，对于一维、二维以及三维问题，

$$\boldsymbol{G}_1 = \begin{matrix} 1 & \cdots & i & \cdots & J \\ [0 & \cdots & 1 & \cdots & 0] \end{matrix} \tag{A-2a}$$

$$\boldsymbol{G}_1 = \begin{matrix} 1 & \cdots & 2i-1 & 2i & \cdots & 2J \\ \begin{bmatrix} 0 & \cdots & 1 & 0 & \cdots & 0 \\ 0 & \cdots & 0 & 1 & \cdots & 0 \end{bmatrix} \end{matrix} \tag{A-2b}$$

$$\boldsymbol{G}_1 = \begin{matrix} 1 & \cdots & 3i-2 & 3i-1 & 3i & \cdots & 3J \\ \begin{bmatrix} 0 & \cdots & 1 & 0 & 0 & \cdots & 0 \\ 0 & \cdots & 0 & 1 & 0 & \cdots & 0 \\ 0 & \cdots & 0 & 0 & 1 & \cdots & 0 \end{bmatrix} \end{matrix} \tag{A-2c}$$

$\boldsymbol{G}_2$ 表示单元热传导密度矩阵向总体热传导矩阵添加元素时用到的转换矩阵，对于一维、二维以及三维问题，它的表达式分别为

$$\boldsymbol{G}_2 = \begin{matrix} 1 & \cdots & i & \cdots & j & \cdots & J \\ \begin{bmatrix} 0 & \cdots & 1 & \cdots & 0 & \cdots & 0 \\ 0 & \cdots & 0 & \cdots & 1 & \cdots & 0 \end{bmatrix} \end{matrix} \tag{A-3a}$$

$$\boldsymbol{G}_2 = \begin{matrix} 1 & \cdots & i & \cdots & j & \cdots & m & \cdots & J \\ \begin{bmatrix} 0 & \cdots & 1 & \cdots & 0 & \cdots & 0 & \cdots & 0 \\ 0 & \cdots & 0 & \cdots & 1 & \cdots & 0 & \cdots & 0 \\ 0 & \cdots & 0 & \cdots & 0 & \cdots & 1 & \cdots & 0 \end{bmatrix} \end{matrix} \tag{A-3b}$$

$$\boldsymbol{G}_2 = \begin{matrix} 1 & \cdots & i & \cdots & j & \cdots & m & \cdots & n & \cdots & J \\ \begin{bmatrix} 0 & \cdots & 1 & \cdots & 0 & \cdots & 0 & \cdots & 0 & \cdots & 0 \\ 0 & \cdots & 0 & \cdots & 1 & \cdots & 0 & \cdots & 0 & \cdots & 0 \\ 0 & \cdots & 0 & \cdots & 0 & \cdots & 1 & \cdots & 0 & \cdots & 0 \\ 0 & \cdots & 0 & \cdots & 0 & \cdots & 0 & \cdots & 1 & \cdots & 0 \end{bmatrix} \end{matrix} \tag{A-3c}$$

$\boldsymbol{G}_3$ 表示单元热传导密度矩阵向总体热传导矩阵添加元素或热源密度向总体热荷载矢量添加元素时用到的转换矩阵，

$$\boldsymbol{G}_3 = \begin{matrix} 1 & \cdots & i & \cdots & J \\ [0 & \cdots & 1 & \cdots & 0] \end{matrix}$$ (A-4)

$\boldsymbol{G}_4$ 表示有限元区域单元刚度矩阵向总体刚度矩阵添加元素或热力耦合分析中有限元区域由温度变化引起的荷载向总体荷载矩阵添加元素时用到的转换矩阵，对于一维问题，

$$\boldsymbol{G}_4 = \begin{matrix} 1 & \cdots & i_1 & \cdots & i_2 & \cdots & J \\ [0 & \cdots & 1 & \cdots & 0 & \cdots & 0] \\ [0 & \cdots & 0 & \cdots & 1 & \cdots & 0] \end{matrix}$$ (A-5a)

对于二维问题，$\boldsymbol{G}_4$ 为一个 8 行 $2J$ 列的矩阵，矩阵中除了 (A-5b) 给出的位置的元素为 1 之外，其他元素均为 0，

$$(1, 2i_1 - 1), (2, 2i_1), (3, 2i_2 - 1), (4, 2i_2), (5, 2i_3 - 1), (6, 2i_3), (7, 2i_4 - 1), (8, 2i_4)$$ (A-5b)

对于三维问题，$\boldsymbol{G}_4$ 为一个 24 行 $3J$ 列的矩阵，矩阵中除了 (A-5c) 给出的位置元素为 1 之外，其他元素均为 0，

$$(1, 3i_1 - 2), (2, 3i_1 - 1), (3, 3i_1), (4, 3i_2 - 2), (5, 3i_2 - 1), (6, 3i_2), (7, 3i_3 - 2),$$
$$(8, 3i_3 - 1), (9, 3i_3), (10, 3i_4 - 2), (11, 3i_4 - 1), (12, 3i_4), (13, 3i_5 - 2),$$
$$(14, 3i_5 - 1), (15, 3i_5), (16, 3i_6 - 2), (17, 3i_6 - 1), (18, 3i_6), (19, 3i_7 - 2),$$
$$(20, 3i_7 - 1), (21, 3i_7), (22, 3i_8 - 2), (23, 3i_8 - 1), (24, 3i_8)$$ (A-5c)

$\boldsymbol{G}_5$ 表示有限元区域单元热传导矩阵向总体热传导矩阵添加元素时用到的转换矩阵，对于一维、二维以及三维问题，它的表达式分别为

$$\boldsymbol{G}_5 = \begin{matrix} 1 & \cdots & i_1 & \cdots & i_2 & \cdots & J \\ [0 & \cdots & 1 & \cdots & 0 & \cdots & 0] \\ [0 & \cdots & 0 & \cdots & 1 & \cdots & 0] \end{matrix}$$ (A-6a)

$$\boldsymbol{G}_5 = \begin{matrix} 1 & \cdots & i_1 & \cdots & i_2 & \cdots & i_3 & \cdots & i_4 & \cdots & J \\ [0 & \cdots & 1 & \cdots & 0 & \cdots & 0 & \cdots & 0 & \cdots & 0] \\ [0 & \cdots & 0 & \cdots & 1 & \cdots & 0 & \cdots & 0 & \cdots & 0] \\ [0 & \cdots & 0 & \cdots & 0 & \cdots & 1 & \cdots & 0 & \cdots & 0] \\ [0 & \cdots & 0 & \cdots & 0 & \cdots & 0 & \cdots & 1 & \cdots & 0] \end{matrix}$$ (A-6b)

$$
\boldsymbol{G}_5 =
\begin{array}{c}
\begin{matrix} 1 & \cdots & i_1 & \cdots & i_2 & \cdots & i_3 & \cdots & i_4 & \cdots & i_5 & \cdots & i_6 & \cdots & i_7 & \cdots & i_8 & \cdots & J \end{matrix} \\
\begin{bmatrix}
0 & \cdots & 1 & \cdots & 0 & \cdots & 0 & \cdots & 0 & \cdots & 0 & \cdots & 0 & \cdots & 0 & \cdots & 0 & \cdots & 0 \\
0 & \cdots & 0 & \cdots & 1 & \cdots & 0 & \cdots & 0 & \cdots & 0 & \cdots & 0 & \cdots & 0 & \cdots & 0 & \cdots & 0 \\
0 & \cdots & 0 & \cdots & 0 & \cdots & 1 & \cdots & 0 & \cdots & 0 & \cdots & 0 & \cdots & 0 & \cdots & 0 & \cdots & 0 \\
0 & \cdots & 0 & \cdots & 0 & \cdots & 0 & \cdots & 1 & \cdots & 0 & \cdots & 0 & \cdots & 0 & \cdots & 0 & \cdots & 0 \\
0 & \cdots & 0 & \cdots & 0 & \cdots & 0 & \cdots & 0 & \cdots & 1 & \cdots & 0 & \cdots & 0 & \cdots & 0 & \cdots & 0 \\
0 & \cdots & 0 & \cdots & 0 & \cdots & 0 & \cdots & 0 & \cdots & 0 & \cdots & 1 & \cdots & 0 & \cdots & 0 & \cdots & 0 \\
0 & \cdots & 0 & \cdots & 0 & \cdots & 0 & \cdots & 0 & \cdots & 0 & \cdots & 0 & \cdots & 1 & \cdots & 0 & \cdots & 0 \\
0 & \cdots & 0 & \cdots & 0 & \cdots & 0 & \cdots & 0 & \cdots & 0 & \cdots & 0 & \cdots & 0 & \cdots & 1 & \cdots & 0
\end{bmatrix}
\end{array}
\tag{A-6c}
$$

式中，$i_k(k=1,\cdots,8)$ 表示有限元单元中的节点在总体粒子中的编号。

$\boldsymbol{G}_6$ 和 $\boldsymbol{G}_7$ 表示梁模型中，单元刚度密度矩阵向总体刚度矩阵添加元素或粒子体力密度矢量向总体荷载矢量添加元素时用到的转换矩阵

$$
\boldsymbol{G}_6 =
\begin{array}{c}
\begin{matrix} 1 & \cdots & 6i-5 & 6i-4 & 6i-3 & 6i-2 & 6i-1 & 6i & \cdots & 6M \end{matrix} \\
\begin{bmatrix}
0 & \cdots & 1 & 0 & 0 & 0 & 0 & 0 & \cdots & 0 \\
0 & \cdots & 0 & 1 & 0 & 0 & 0 & 0 & \cdots & 0 \\
0 & \cdots & 0 & 0 & 1 & 0 & 0 & 0 & \cdots & 0 \\
0 & \cdots & 0 & 0 & 0 & 1 & 0 & 0 & \cdots & 0 \\
0 & \cdots & 0 & 0 & 0 & 0 & 1 & 0 & \cdots & 0 \\
0 & \cdots & 0 & 0 & 0 & 0 & 0 & 1 & \cdots & 0
\end{bmatrix}
\end{array}
\tag{A-7}
$$

$$
\boldsymbol{G}_7 =
\begin{array}{c}
\begin{matrix} 1 & \cdots & 6i-5 & 6i-4 & 6i-3 & 6i-2 & 6i-1 & 6i & \cdots & 6j-5 & 6j-4 & 6j-3 & 6j-2 & 6j-1 & 6j & \cdots & 6M \end{matrix} \\
\begin{bmatrix}
0 & \cdots & 1 & 0 & 0 & 0 & 0 & 0 & \cdots & 0 & 0 & 0 & 0 & 0 & 0 & \cdots & 0 \\
0 & \cdots & 0 & 1 & 0 & 0 & 0 & 0 & \cdots & 0 & 0 & 0 & 0 & 0 & 0 & \cdots & 0 \\
0 & \cdots & 0 & 0 & 1 & 0 & 0 & 0 & \cdots & 0 & 0 & 0 & 0 & 0 & 0 & \cdots & 0 \\
0 & \cdots & 0 & 0 & 0 & 1 & 0 & 0 & \cdots & 0 & 0 & 0 & 0 & 0 & 0 & \cdots & 0 \\
0 & \cdots & 0 & 0 & 0 & 0 & 1 & 0 & \cdots & 0 & 0 & 0 & 0 & 0 & 0 & \cdots & 0 \\
0 & \cdots & 0 & 0 & 0 & 0 & 0 & 1 & \cdots & 0 & 0 & 0 & 0 & 0 & 0 & \cdots & 0 \\
0 & \cdots & 0 & 0 & 0 & 0 & 0 & 0 & \cdots & 1 & 0 & 0 & 0 & 0 & 0 & \cdots & 0 \\
0 & \cdots & 0 & 0 & 0 & 0 & 0 & 0 & \cdots & 0 & 1 & 0 & 0 & 0 & 0 & \cdots & 0 \\
0 & \cdots & 0 & 0 & 0 & 0 & 0 & 0 & \cdots & 0 & 0 & 1 & 0 & 0 & 0 & \cdots & 0 \\
0 & \cdots & 0 & 0 & 0 & 0 & 0 & 0 & \cdots & 0 & 0 & 0 & 1 & 0 & 0 & \cdots & 0 \\
0 & \cdots & 0 & 0 & 0 & 0 & 0 & 0 & \cdots & 0 & 0 & 0 & 0 & 1 & 0 & \cdots & 0 \\
0 & \cdots & 0 & 0 & 0 & 0 & 0 & 0 & \cdots & 0 & 0 & 0 & 0 & 0 & 1 & \cdots & 0
\end{bmatrix}
\end{array}
\tag{A-8}
$$

$\boldsymbol{G}_8$、$\boldsymbol{G}_9$ 为层合板模型中面内作用的单元刚度密度矩阵向总体刚度矩阵添加

元素时用到的转换矩阵，

$$\boldsymbol{G}_8 = \begin{matrix} 1 & \cdots & 3i'-2 & 3i'-1 & \cdots & 3J' \\ \begin{bmatrix} 0 & \cdots & 1 & 0 & \cdots & 0 \\ 0 & \cdots & 0 & 1 & \cdots & 0 \end{bmatrix} \end{matrix} \qquad (A\text{-}9)$$

$$\boldsymbol{G}_9 = \begin{matrix} 1 & \cdots & 3i'-2 & 3i'-1 & \cdots & 3j'-2 & 3j'-1 & \cdots & 3m'-2 & 3m'-1 & \cdots & 3J' \\ \begin{bmatrix} 0 & \cdots & 1 & 0 & \cdots & 0 & 0 & \cdots & 0 & 0 & \cdots & 0 \\ 0 & \cdots & 0 & 1 & \cdots & 0 & 0 & \cdots & 0 & 0 & \cdots & 0 \\ 0 & \cdots & 0 & 0 & \cdots & 1 & 0 & \cdots & 0 & 0 & \cdots & 0 \\ 0 & \cdots & 0 & 0 & \cdots & 0 & 1 & \cdots & 0 & 0 & \cdots & 0 \\ 0 & \cdots & 0 & 0 & \cdots & 0 & 0 & \cdots & 1 & 0 & \cdots & 0 \\ 0 & \cdots & 0 & 0 & \cdots & 0 & 0 & \cdots & 0 & 1 & \cdots & 0 \end{bmatrix} \end{matrix}$$

$$(A\text{-}10)$$

式中，k' 和 J' 分别表示粒子 $^{(n)}k$ 在所有粒子中的编号以及层合板模型粒子总数

$$k' = (n-1) \times {}^{(n)}J + {}^{(n)}k \quad (k = i, j, m) \qquad (A\text{-}11)$$

式中，J' 代表层合板模型粒子总数，

$$J' = N \times {}^{(n)}J \qquad (A\text{-}12)$$

$\boldsymbol{G}_{10}$ 表示层合板模型中层间作用的单元刚度密度矩阵向总体刚度矩阵添加元素或粒子体力密度向总体荷载向量添加元素时用到的转换矩阵，

$$\boldsymbol{G}_{10} = \begin{matrix} 1 & \cdots & 3i'-2 & 3i'-1 & 3i' & \cdots & 3J' \\ \begin{bmatrix} 0 & \cdots & 1 & 0 & 0 & \cdots & 0 \\ 0 & \cdots & 0 & 1 & 0 & \cdots & 0 \\ 0 & \cdots & 0 & 0 & 1 & \cdots & 0 \end{bmatrix} \end{matrix} \qquad (A\text{-}13)$$

式中，i' 代表粒子 $^{(n)}i$ 在所有粒子中的编号

$$i' = (n-1) \times {}^{(n)}J + {}^{(n)}i \qquad (A\text{-}14)$$

$\boldsymbol{G}_{11}$、$\boldsymbol{G}_{12}$ 表示层合板模型中层间作用的单元刚度密度矩阵向总体刚度矩

添加元素时用到的转换矩阵,

$$
\boldsymbol{G}_{11} = \begin{array}{c}
\begin{array}{ccccccccccc}
1 & \cdots & 3i'-2 & 3i'-1 & 3i' & \cdots & 3j'-2 & 3j'-1 & 3j' & \cdots & 3J'
\end{array} \\
\begin{bmatrix}
0 & \cdots & 1 & 0 & 0 & \cdots & 0 & 0 & 0 & \cdots & 0 \\
0 & \cdots & 0 & 1 & 0 & \cdots & 0 & 0 & 0 & \cdots & 0 \\
0 & \cdots & 0 & 0 & 1 & \cdots & 0 & 0 & 0 & \cdots & 0 \\
0 & \cdots & 0 & 0 & 0 & \cdots & 1 & 0 & 0 & \cdots & 0 \\
0 & \cdots & 0 & 0 & 0 & \cdots & 0 & 1 & 0 & \cdots & 0 \\
0 & \cdots & 0 & 0 & 0 & \cdots & 0 & 0 & 1 & \cdots & 0
\end{bmatrix}
\end{array}
$$

$$\text{(A-15)}$$

式中, j' 代表粒子 $^{(m)}j$ 在所有粒子中的编号

$$j' = (n-1) \times {}^{(n)}J + {}^{(m)}j \tag{A-16}$$

$$
\boldsymbol{G}_{12} = \begin{array}{c}
\begin{array}{ccccccccccc}
1 & \cdots & 3i'-2 & 3i'-1 & 3i' & \cdots & 3j'-2 & 3j'-1 & 3j' & \cdots & 3J'
\end{array} \\
\begin{bmatrix}
0 & \cdots & 1 & 0 & 0 & \cdots & 0 & 0 & 0 & \cdots & 0 \\
0 & \cdots & 0 & 1 & 0 & \cdots & 0 & 0 & 0 & \cdots & 0 \\
0 & \cdots & 0 & 0 & 1 & \cdots & 0 & 0 & 0 & \cdots & 0 \\
0 & \cdots & 0 & 0 & 0 & \cdots & 1 & 0 & 0 & \cdots & 0 \\
0 & \cdots & 0 & 0 & 0 & \cdots & 0 & 1 & 0 & \cdots & 0 \\
0 & \cdots & 0 & 0 & 0 & \cdots & 0 & 0 & 1 & \cdots & 0
\end{bmatrix}
\end{array}
$$

$$\text{(A-17)}$$

式中, i' 和 j' 分别代表粒子 $^{(m)}i$ 和粒子 $^{(m)}j$ 在所有粒子中的编号

$$i' = (n-1) \times {}^{(n)}J + {}^{(m)}i \tag{A-18}$$

$$j' = (n-1) \times {}^{(n)}J + {}^{(n)}i \tag{A-19}$$

附录 B 塑 性 参 数

1. 初始屈服条件

该条件用于确定材料在塑性变形开始时的应力状态。对于各向同性材料，初始屈服条件可表示为

$$F^0(\boldsymbol{\sigma}, k_0) = 0 \tag{B-1}$$

式中，$\boldsymbol{\sigma}$ 代表应力张量，本书采用 Mises 屈服条件，则式 (B-1) 可以改写为 [1]

$$F^0(\sigma_{ij}, k_0) = f(\sigma_{ij}) - k_0 = 0 \tag{B-2}$$

式中，

$$f(\sigma_{ij}) = \frac{1}{2} s_{ij} s_{ij} \tag{B-3}$$

$$k_0 = \frac{1}{3}\left(\sigma^{s0}\right)^2 \tag{B-4}$$

$$s_{ij} = \sigma_{ij} - \sigma_{\mathrm{m}} \delta_{ij} \tag{B-5}$$

$$\sigma_{\mathrm{m}} = \frac{1}{3}(\sigma_{11} + \sigma_{22} + \sigma_{33}) \tag{B-6}$$

式中，σ^{s0} 代表初始屈服应力；s_{ij} 表示应力偏张量的分量；σ_{m} 和 δ_{ij} 为平均法向应力和 Kronecker 符号。应力偏张量 s_{ij} 和等效应力 σ_{eq} 的关系可表示为

$$\frac{1}{2} s_{ij} s_{ij} = \frac{1}{3} \sigma_{\mathrm{eq}}^2 \tag{B-7}$$

2. 流动法则

流动法则规定了塑性应变增量的分量、应力分量以及应力增量的分量之间的关系。法向流动法则可以写为 [1]

$$\mathrm{d}\varepsilon_{ij}^{\mathrm{p}} = \mathrm{d}\lambda \frac{\partial F}{\partial \sigma_{ij}} \tag{B-8}$$

式中，$\mathrm{d}\varepsilon_{ij}^{\mathrm{p}}$ 代表塑性应变增量的分量；$\mathrm{d}\lambda$ 代表一个正标量；F 表示屈服函数。

3. 硬化法则

硬化法则用来规定材料发生塑性变形后的屈服函数, 本书采用各向同性硬化法则, 即

$$F\left(\sigma_{ij}, k\right) = f\left(\sigma_{ij}\right) - k = 0 \tag{B-9}$$

$$f\left(\sigma_{ij}\right) = \frac{1}{2} s_{ij} s_{ij} \tag{B-10}$$

$$k = \frac{1}{3}\left(\sigma^{s}(\bar{\varepsilon}^{p})\right)^{2} \tag{B-11}$$

式中, σ^{s} 表示屈服应力。通过单轴拉伸试验可以确定屈服应力 σ^{s} 与等效塑性应变 $\bar{\varepsilon}^{p}$ 之间的关系。

参 考 文 献

[1]　王勖成. 有限单元法 [M]. 北京: 清华大学出版社, 2003.

附录 C　本构关系积分

采用切向预测径向返回子增量法[1,2]求解应力增量，预测的弹塑性应力增量表示为

$$\Delta \tilde{\boldsymbol{\sigma}}' = {}^{\tau}\boldsymbol{D}^{\mathrm{ep}}({}^{t}\boldsymbol{\sigma}, {}^{t}E_{\mathrm{p}})\Delta \boldsymbol{\varepsilon}' \quad (t \leqslant \tau \leqslant t + \Delta t) \tag{C-1}$$

应力的预测值可以表示为

$$^{t+\Delta t}_{n+1}\tilde{\boldsymbol{\sigma}} = {}^{t+\Delta t}_{n}\boldsymbol{\sigma} + m_e \Delta \tilde{\boldsymbol{\sigma}} + \Delta \tilde{\boldsymbol{\sigma}}' \tag{C-2}$$

等效塑性应变增量为

$$\Delta \bar{\varepsilon}^{\mathrm{p}} = \frac{2}{3}\Delta\lambda\sigma^{\mathrm{s}} \tag{C-3}$$

其中屈服应力 σ^{s} 与等效塑性应变 $\bar{\varepsilon}^{\mathrm{p}}$ 之间的关系可以通过单轴拉伸试验确定，

$$\sigma_{\mathrm{s}} = \sigma_{\mathrm{s}}\left({}^{t+\Delta t}_{n}\bar{\varepsilon}_{\mathrm{p}}\right) \tag{C-4}$$

$\Delta\lambda$ 可以写为

$$\Delta\lambda = \frac{(\partial F/\partial({}^{t+\Delta t}_{n}\boldsymbol{\sigma}))^{\mathrm{T}}\boldsymbol{D}_e\Delta\boldsymbol{\varepsilon}}{(\partial F/\partial({}^{t+\Delta t}_{n}\boldsymbol{\sigma}))^{\mathrm{T}}\boldsymbol{D}_e(\partial F/\partial({}^{t+\Delta t}_{n}\boldsymbol{\sigma})) + (4/9)\sigma_{\mathrm{s}}^2 E_{\mathrm{p}}} \tag{C-5}$$

则 $t + \Delta t$ 时刻的等效塑性应变可以写为

$$^{t+\Delta t}_{n+1}\bar{\varepsilon}^{\mathrm{p}} = {}^{t+\Delta t}_{n}\bar{\varepsilon}^{\mathrm{p}} + \Delta\bar{\varepsilon}^{\mathrm{p}} \tag{C-6}$$

$\boldsymbol{D}^{\mathrm{ep}}({}^{t+\Delta t}_{n}\boldsymbol{\sigma}, {}^{t}E^{\mathrm{p}})$ 表示 $t + \Delta t$ 时刻的弹塑性矩阵，预测应力一般在屈服面之外。然而，应力张量只能出现在屈服面或屈服面内。因此，采用径向回归法得到满足屈服条件的应力张量，

$$^{t+\Delta t}_{n+1}\boldsymbol{\sigma} = r\,^{t+\Delta t}_{n+1}\tilde{\boldsymbol{\sigma}} \tag{C-7}$$

式中，r 表示比例因子，对于 Mises 屈服条件和各向同性硬化准则，r 可表示为[1]

$$r = \sqrt{\frac{2\,(\sigma^{\mathrm{s}})^2\,\left({}^{t+\Delta t}_{n+1}\bar{\varepsilon}^{\mathrm{p}}\right)/3}{{}^{t+\Delta t}_{n+1}\boldsymbol{s}^{\mathrm{T}\,t+\Delta t}_{n+1}\boldsymbol{s}}} \tag{C-8}$$

式中，$\boldsymbol{s}$ 表示应力偏张量。

需要注意的是，修正后得到的应力位于屈服面。为了减小应变增量和等效塑性应变保持不变引起的误差，可以将总应变增量划分为若干个子增量。子增量的个数 N 可以由增量步或迭代步开始时的应力偏张量 s_{ij}^{c} 与增量步或迭代步结束时预测的弹性应力偏张量 s_{ij}^{F} 之间的夹角 ψ 来确定 [1,3]

$$N = 1 + \frac{\psi}{k_0} \tag{C-9}$$

式中

$$\psi = \arccos\left[\frac{s_{ij}^{\mathrm{c}} s_{ij}^{\mathrm{F}}}{(s_{ij}^{\mathrm{c}} s_{ij}^{\mathrm{c}})^{1/2} (s_{ij}^{\mathrm{F}} s_{ij}^{\mathrm{F}})^{1/2}}\right] \tag{C-10}$$

k_0 代表一常数，$k_0 = 0.01$ 可以保证计算精度 [1]。

参 考 文 献

[1] 王勖成. 有限单元法 [M]. 北京: 清华大学出版社, 2003.

[2] Owen D R J, Hinton E. Finite Elements in Plasticity[M]. Swansea: Pineridge Press, 1980.

[3] Schreyer H L, Kulak R F, Kramer J M. Accurate numerical solutions for elastic-plastic models[J]. Journal of Pressure Vessel Technology Asme, 1979, 101(2): 226-234.